鸡病

鉴别诊断与安全用药

（附视频）

孙卫东 李 银 主编

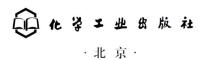

·北京·

图书在版编目（CIP）数据

鸡病鉴别诊断与安全用药：附视频 / 孙卫东，李银主编． -- 北京：化学工业出版社，2024. 12. -- ISBN 978-7-122-46591-7

Ⅰ．S858.31

中国国家版本馆CIP数据核字第202421WR04号

责任编辑：邵桂林
责任校对：宋　玮
装帧设计：韩　飞

出版发行：化学工业出版社
　　　　　（北京市东城区青年湖南街13号　邮政编码100011）
印　　装：北京缤索印刷有限公司
787mm×1092mm　1/16　印张20¾　字数469千字
2025年1月北京第1版第1次印刷

购书咨询：010-64518888　　　　　　　售后服务：010-64518899
网　　址：http://www.cip.com.cn
凡购买本书，如有缺损质量问题，本社销售中心负责调换。

定　　价：138.00元　　　　　　　　　版权所有　违者必究

编写人员名单

主　　　编：孙卫东　李　银

副　主　编：吴志强　瞿瑜萍　王效田　吕英军
　　　　　　喻永福　缪　超

其他编写人员：（按姓氏笔画排列）

万　峰　王　权　王大军　王玉燕
王金勇　史修远　庄皓翔　刘大方
刘永旺　刘亚玲　刘呈进　李　鑫
李同峰　何　熙　何成华　闫丽萍
余祖功　宋增财　羌　晶　张　青
张　勇　张忠海　陈　甫　邵煜波
金耀忠　郎应仁　姚太平　秦卓明
夏圣奎　徐　蕾　徐清华　郭士兵
郭东春　崔锦鹏　彭保亮　蒋佑帮
程龙飞　程雨法　鲁　宁　谭应文
樊彦红

前言

鸡病鉴别诊断与安全用药（附视频）

PREFACE

养鸡业已经成为我国畜牧业的一个重要支柱产业，在丰富城乡菜篮子、增加农民收入、改善人民生活等方面发挥了巨大的作用。然而集约化、规模化、连续式的生产方式使鸡病越来越多，致使鸡病呈现出老病未除、新病不断，多种疾病混合感染，非典型性疾病、营养代谢和中毒性疾病增多的态势，这不但直接影响了养鸡者的经济效益，同时由于防治疾病过程中药物的大量使用，成为食品安全（药残）领域亟待解决的问题。因此，加强鸡病的防控意义十分重大，而鸡病防控的前提是要对疾病进行正确的诊断，因为只有正确的诊断，才能及时采取合理、正确、有效的防控措施。

目前不少养鸡者识别诊断鸡病的专业技能和知识相对不足，使鸡场不能有效地控制好疾病，导致鸡场生产水平逐步降低，经济效益不高，甚至亏损，给养鸡者的积极性带来了负面影响，阻碍了养鸡业的可持续发展。对此，我们组织了多年来一直在养鸡生产一线为广大养鸡场（户）从事鸡病防治具有丰富经验的多位专家和学者，从他们积累的近万张图片中精选出64个鸡场常见疾病的典型图片和视频，从养鸡者如何通过症状和病理剖检变化认识鸡病、如何分析症状诊断鸡病、如何在饲养过程中对鸡病做出及时防治的角度，编写了《鸡病鉴别诊断与安全用药（附视频）》一书，让养鸡者按图索骥，做好鸡病的早期干预工作，克服鸡病防治的盲目性，降低养殖成本，使广大养殖户从养鸡中获取最大的经济效益。

编者在编写过程中力求图文和小视频并茂，文字简洁、易懂，科学性、先进性和实用性兼顾，力求做到内容系统、准确、深入浅出。治疗方案具有很强的操作性和合理性，让广大养鸡者一看就懂、一学就会，用后见效。本书可供基层兽医技术人员和养殖户在实际工作中参考，也可供教学、科学研究工作者参考，还可作为培训教材使用。

由于编者水平有限，书中不妥之处在所难免，恳请广大读者和同仁批评指正，以便再版时修正。

在本书出版之际，向为本书提供部分资料的阎光阁、胡巍、赵雁冰、徐岚、徐芳、李鹏飞、张永庆、乔士阳、王永鑫、张文明、贡奇胜、袁呈玉、张正华、肖宁、何熙、赵秀美、王峰等，以及所引用参考资料的作者表示最诚挚的谢意！祝愿广大养鸡和鸡病防治工作者取得更大的成绩，得到实实在在的回报。

孙卫东
2024年8月于南京农业大学

目 录

第一章　鸡被皮、运动、神经系统疾病的鉴别诊断与安全用药 / 1

第一节　鸡被皮、运动、神经系统疾病的发生 …………………………… 1
一、鸡被皮、运动、神经系统疾病发生的因素 ………………………… 1
二、鸡关节炎发生的感染途径 …………………………………………… 4

第二节　鸡运动障碍的诊断思路及鉴别诊断要点 ……………………… 5
一、鸡运动障碍的诊断思路 ……………………………………………… 5
二、引起鸡运动障碍的常见疾病鉴别诊断要点 ………………………… 6

第三节　鸡被皮、神经和运动系统常见疾病的鉴别诊断与安全用药 …… 7
一、鸡痘 ……………………………………………………………………… 7
二、禽传染性脑脊髓炎 …………………………………………………… 11
三、病毒性关节炎 ………………………………………………………… 15
四、葡萄球菌病 …………………………………………………………… 18
五、盲肠球菌病 …………………………………………………………… 23
六、滑液支原体感染 ……………………………………………………… 25
七、鸡冠癣 ………………………………………………………………… 29
八、鸡螨病 ………………………………………………………………… 33
九、鸡虱病 ………………………………………………………………… 35
十、维生素 A 缺乏症 ……………………………………………………… 38
十一、维生素 D 缺乏症 …………………………………………………… 42
十二、维生素 B_1 缺乏症 ………………………………………………… 44

十三、维生素 B_2 缺乏症 47

十四、维生素 B_6 缺乏症 50

十五、锰缺乏症 51

十六、肉鸡胫骨软骨发育不良 53

十七、食盐中毒 55

十八、肉毒梭菌毒素中毒 57

十九、中暑 58

二十、异食（嗜）癖 61

第二章 鸡呼吸系统疾病的鉴别诊断与安全用药 / 66

第一节 鸡呼吸系统疾病的发生 66

一、鸡呼吸系统疾病发生的因素 66

二、鸡呼吸系统疾病发生的感染途径 69

第二节 鸡呼吸困难的诊断思路及鉴别诊断要点 69

一、鸡呼吸困难的诊断思路 69

二、引起鸡呼吸困难的常见疾病的鉴别诊断要点 70

第三节 鸡呼吸系统常见疾病的鉴别诊断与安全用药 71

一、传染性支气管炎 71

二、传染性喉气管炎 78

三、禽流感 86

四、禽偏肺病毒感染 100

五、大肠杆菌病 103

六、鸡毒支原体感染 113

七、传染性鼻炎 119

八、曲霉菌病 122

九、一氧化碳中毒 ·· 128

第三章　鸡消化系统疾病的鉴别诊断与安全用药 / 131

第一节　鸡消化系统疾病的发生 ·· 131
　　一、鸡消化系统疾病发生的因素 ·· 131
　　二、鸡消化系统疾病发生的感染途径 ·· 134

第二节　鸡腹泻的诊断思路及鉴别诊断要点 ·· 135
　　一、鸡腹泻的诊断思路 ·· 135
　　二、引起鸡腹泻的常见疾病的鉴别诊断要点 ·· 136

第三节　鸡消化系统常见疾病的鉴别诊断与安全用药 ·· 137
　　一、新城疫 ·· 137
　　二、腺胃型传染性支气管炎 ·· 147
　　三、鸡沙门菌病 ·· 148
　　四、禽霍乱 ·· 165
　　五、鸡弯曲菌病 ·· 172
　　六、鸡坏死性肠炎 ·· 176
　　七、念珠菌病 ·· 180
　　八、球虫病 ·· 183
　　九、鸡蛔虫病 ·· 197
　　十、绦虫病 ·· 201
　　十一、鸡组织滴虫病 ·· 204
　　十二、脂肪肝综合征 ·· 209
　　十三、鸡生石灰中毒 ·· 214
　　十四、有机磷农药中毒 ·· 215
　　十五、呕吐毒素中毒 ·· 217

十六、肌胃糜烂症 ··· 220

第四章　鸡心血管系统疾病的鉴别诊断与安全用药 / 222

第一节　鸡心血管系统系统疾病的发生 ·· 222

一、概述 ··· 222

二、鸡心血管系统疾病发生的因素 ··· 222

第二节　鸡心血管系统常见疾病的鉴别诊断与安全用药 ····················· 223

一、鸡传染性贫血 ··· 223

二、禽白血病 ·· 225

三、包涵体肝炎 ·· 234

四、心包积水综合征 ··· 237

五、鸡住白细胞虫病 ··· 240

六、肉鸡腹水综合征 ··· 245

七、肉鸡猝死综合征 ··· 252

第五章　鸡泌尿生殖系统疾病的鉴别诊断与安全用药 / 254

第一节　鸡泌尿生殖系统疾病的发生 ·· 254

一、蛋的形成与产出 ··· 254

二、鸡泌尿生殖系统疾病发生的因素 ······································· 254

第二节　鸡泌尿生殖系统常见疾病的鉴别诊断与安全用药 ················· 255

一、肾病型传染性支气管炎 ··· 255

二、生殖型传染性支气管炎 ··· 257

三、产蛋下降综合征 ··· 260

    四、嗜输卵管型滑液囊支原体 …………………………………………………… 264
    五、鸡前殖吸虫病 ………………………………………………………………… 265
    六、鸡输卵管积液 ………………………………………………………………… 270
    七、鸡右侧输卵管囊肿 …………………………………………………………… 272
    八、鸡痛风 ………………………………………………………………………… 273

第六章 鸡免疫抑制和肿瘤性疾病的鉴别诊断与安全用药 / 281

第一节 鸡免疫抑制和肿瘤性疾病的发生 …………………………………… 281
    一、概述 …………………………………………………………………………… 281
    二、鸡免疫抑制和肿瘤性疾病发生的因素 ……………………………………… 281

第二节 鸡免疫抑制性疾病的诊断思路及鉴别诊断要点 ………………… 282
    一、鸡免疫抑制性疾病的诊断思路 ……………………………………………… 282
    二、引起鸡免疫抑制常见疾病的鉴别诊断 ……………………………………… 283

第三节 鸡常见免疫抑制和肿瘤性疾病的鉴别诊断与安全用药 ………… 283
    一、鸡传染性法氏囊病 …………………………………………………………… 283
    二、鸡马立克病 …………………………………………………………………… 291
    三、网状内皮组织增生症 ………………………………………………………… 297
    四、黄曲霉毒素中毒 ……………………………………………………………… 299

附录 / 304

附录一 鸡的病理剖检方法 ……………………………………………………… 304
    一、病理剖检的准备 ……………………………………………………………… 304
    二、病理剖检的注意事项 ………………………………………………………… 304

三、病理剖检的程序 …………………………………………… 306

附录二　鸡场常用免疫方法 …………………………………… 310
　　一、滴鼻、点眼免疫 …………………………………………… 310
　　二、肌内注射免疫 ……………………………………………… 311
　　三、颈部皮下注射免疫 ………………………………………… 312
　　四、皮肤刺种免疫 ……………………………………………… 313
　　五、饮水免疫 …………………………………………………… 313
　　六、气雾免疫 …………………………………………………… 313

附录三　鸡场参考免疫程序 …………………………………… 314
　　一、种鸡和蛋鸡的建议参考免疫程序 ………………………… 314
　　二、肉种鸡的建议参考免疫程序 ……………………………… 315
　　三、商品肉鸡的建议参考免疫程序 …………………………… 316

主要参考文献 / 317

视频目录

CONTENTS

鸡病鉴别诊断与安全用药（附视频）

视频编号	视频说明	二维码页码
视频 1-1	垫料中的暗黑甲虫及幼虫	4
视频 1-2	鸡场用药灭杀后鸡舍地面留下的暗黑甲虫	4
视频 1-3	鸡场隐翅虫视频	4
视频 1-4	鸡痘 - 眼部 - 下颌 - 鼻部的痘斑和结痂	8
视频 1-5	鸡痘 - 脚部 - 鸡冠上的痘斑与结痂	8
视频 1-6	禽脑脊髓炎 - 头部震颤	12
视频 1-7	禽脑脊髓炎 - 鸡头部震颤	12
视频 1-8	葡萄球菌 - 感染关节流出的浑浊渗出物	19
视频 1-9	暗黑甲虫处理前鸡酮体皮肤被咬破的造成"花身"	21
视频 1-10	在暗黑甲虫等措施处理后鸡酮体皮肤上的"花身"几乎消失	21
视频 1-11	鸡滑液囊支原体剖检 - 跗关节和腱鞘流出灰白色渗出物	26
视频 1-12	鸡滑液囊支原体 - 胸部囊肿	26
视频 1-13	鸡蛋上的红螨	34
视频 1-14	鸡螨病 - 膝螨引起的皮炎及损害	34
视频 1-15	损伤掉落的羽毛周围的羽螨	34
视频 1-16	显微镜下的螨虫	35
视频 1-17	鸡虱病 - 羽虱平时主要潜藏在水线的接头处	36
视频 1-18	雏鸡维生素 B_1 缺乏死胚增加或逐壳无力	46
视频 1-19	雏鸡维生素 B_1 缺乏 - 刚出壳呈现明显的观星姿势	46
视频 1-20	鸡维生素 B_2 缺乏 - 运动障碍 - 以跗关节着地行走	47
视频 1-21	鸡维生素 B_2 缺乏 - 运动障碍 - 脚趾关节变形	47
视频 1-22	鸡腿向侧方伸出 - 锰缺乏	51
视频 1-23	鸡腿向侧方伸出 - 共济失调 - 锰缺乏	52
视频 1-24	鸡食盐中毒 1- 鸡快速转圈	55
视频 1-25	鸡食盐中毒 2- 伸腿	55

续表

视频编号	视频说明	二维码页码
视频 1-26	鸡肉毒梭菌毒素中毒 - 软颈	57
视频 1-27	鸡中暑 - 苗鸡热性喘息	58
视频 1-28	鸡中暑 - 肉种鸡中暑出现神经症状	58
视频 1-29	鸡啄羽癖	62
视频 1-30	鸡啄肛癖 - 内脏已被掏出 1	62
视频 1-31	鸡啄肛癖 - 内脏已被掏出 2	62
视频 2-1	鸡舍内排烟管接口封闭不严 - 漏烟	67
视频 2-2	及时检查风扇的运行情况 - 防止风机倒转	67
视频 2-3	传染性支气管炎 - 鸡张口呼吸 - 喘气	72
视频 2-4	传染性支气管炎 - 鸡伸头张口伴小的气管啰音	72
视频 2-5	传染性支气管炎 - 呼吸困难，伴较大的气管啰音	72
视频 2-6	传染性支气管炎 - 混合性呼吸困难，伴气管啰音和咳嗽	72
视频 2-7	传染性支气管炎 - 堵塞型 - 张口呼吸	72
视频 2-8	鸡传染性喉气管炎 - 伸颈、张嘴、喘气	79
视频 2-9	鸡大肠杆菌病 - 苗鸡的脐带炎	104
视频 2-10	鸡大肠杆菌病 - 病鸡呼吸困难 - 伴呼啰音	105
视频 2-11	鸡大肠杆菌病 - 卵黄性腹膜炎	108
视频 2-12	大肠杆菌 - 单眼全眼球炎	108
视频 2-13	鸡毒支原体病 - 呼吸困难伴啰音 - 眼睛内有泡沫样的眼泪 1	114
视频 2-14	鸡毒支原体病 - 呼吸困难伴啰音 - 眼睛内有泡沫样的眼泪 2	114
视频 2-15	鸡支原体病剖检 - 眶下窦内的渗出物	115
视频 2-16	传染性鼻炎 - 鸡一侧眼脸肿胀	120
视频 2-17	曲霉菌病 - 雏鸡张口呼吸 1	122
视频 2-18	曲霉菌病 - 雏鸡张口呼吸 2	122
视频 2-19	曲霉菌病 - 雏鸡张口呼吸 3	122
视频 2-20	曲霉菌病 - 鸡舍内垫草霉变	128
视频 2-21	一氧化碳中毒 - 鸡舍外的排烟管伸出短导致烟倒灌	128
视频 3-1	水线乳头下杯托中的垫料污染	131
视频 3-2	水线乳头下杯托表面不洁	131
视频 3-3	水线的水滴到料槽中致饲料变质 1	131
视频 3-4	水线的水滴到料槽中致饲料变质 2	131

续表

视频编号	视频说明	二维码页码
视频3-5	玉米发霉	134
视频3-6	鸡新城疫-鸡极度精神沉郁、羽毛逆立等	138
视频3-7	鸡新城疫-神经症状-扭颈	138
视频3-8	鸡沙门菌病-因垂直感染等没有孵化出苗鸡的死胚蛋	149
视频3-9	鸡沙门菌病-病雏精神沉郁、怕冷、扎堆、尖叫、两翅下垂、反应迟钝	149
视频3-10	鸡沙门菌病-鸡白痢-5日龄雏鸡糊肛	149
视频3-11	鸡沙门菌病-病雏张口呼吸-无啰音	149
视频3-12	鸡沙门菌病-眼睛肿胀	149
视频3-13	鸡沙门菌病-病雏心脏肉芽肿	152
视频3-14	鸡沙门菌病-脑炎型-扭颈等神经症状	161
视频3-15	禽霍乱-鸡突然死亡	166
视频3-16	盲肠球虫剖检	186
视频3-17	鸡小肠球虫外观-剖检见肠道黏膜增厚-出血等	188
视频3-18	鸡小肠球虫外观-剖检见肠道黏膜出血点等	188
视频3-19	鸡球虫药盐霉素与泰妙菌素配伍毒性反应-鸡运动障碍-瘫痪	194
视频3-20	鸡球虫药盐霉素与泰妙菌素配伍毒性反应-鸡运动障碍	194
视频3-21	鸡蛔虫病-从感染鸡的小肠中取出的蛔虫外观	199
视频3-22	鸡绦虫产物能使鸡中毒，引起腿脚麻痹、进行性瘫痪（甚至劈叉）	202
视频3-23	鸡排出的绦虫节片	202
视频3-24	从鸡肠道中取出的绦虫	202
视频3-25	鸡组织滴虫病-病鸡头部的皮肤发绀，但鸡冠及肉髯颜色正常	208
视频3-26	鸡脂肪肝综合征-肝脏破裂-腹腔积血	210
视频3-27	鸡脂肪肝综合征-剖开腹腔-见腹腔积血-血液不凝固	210
视频4-1	禽白血病-冠、肉髯和耳垂渐进性发白、皱缩-眼窝下陷	226
视频4-2	成髓细胞性白血病型-翅下出血-病鸡不停梳理	230
视频4-3	心包积液综合征-剖检见心包积液	237
视频4-4	肉鸡腹水综合征-腹部膨大-皮肤发红-有波动感	245
视频4-5	肉鸡腹水综合征-肉鸡肝脏包膜腔流出淡黄色透明腹水	247
视频4-6	肉鸡腹水综合征-肝脏包膜腔一侧积液一侧胶冻样渗出	247
视频5-1	传染性支气管炎-肾型-鸡泄殖腔白色粪便	255
视频5-2	传染性支气管炎-生殖型-蛋鸡输卵管积液-波动感	258

续表

视频编号	视频说明	二维码页码
视频 5-3	传染性支气管炎 - 生殖型 - 蛋鸡输卵管积液 - 企鹅状走路姿势	258
视频 5-4	传染性支气管炎 - 生殖型 - 蛋鸡输卵管积液 - 张口呼吸	258
视频 5-5	传染性支气管炎 - 生殖型 - 鸡输卵管积液 - 剖检见输卵管有大量积液等	259
视频 5-6	前殖吸虫 - 蛋鸡产无壳蛋掉落到笼架下	265
视频 5-7	前殖吸虫 - 剖检	266
视频 6-1	黄曲霉毒素中毒 - 种鸡肝包膜腔积液 - 晃动有波动感	300
视频 6-2	黄曲霉毒素中毒 - 腹腔积液 - 有波动感	300
视频 6-3	黄曲霉毒素中毒 - 肝脏包膜腔积液 - 肝脏硬化	300
视频 6-4	黄曲霉毒素中毒 - 肝脏流出血水	300
附视频 1	滴鼻点眼疫苗滴瓶的操作	311
附视频 2	鸡颈部皮下疫苗注射	312
附视频 3	断喙和鸡颈部皮下疫苗注射	312
附视频 4	鸡疫苗普拉松饮水器饮水免疫	313
附视频 5	鸡疫苗水线乳头饮水免疫	313
附视频 6	孵化场 1 日龄喷雾免疫	313

第一章

鸡被皮、运动、神经系统疾病的鉴别诊断与安全用药

第一节 鸡被皮、运动、神经系统疾病的发生

一、鸡被皮、运动、神经系统疾病发生的因素

1. 生物性因素

包括病毒（如禽脑脊髓炎病毒、新城疫病毒、禽流感病毒等）、细菌（如脑炎型大肠杆菌、脑炎型沙门菌、鼻气管鸟杆菌、粪肠球菌等）等除引起神经系统病变外，还引起鸡的运动障碍。此外，一些病毒（如鸡病毒性关节炎引起腓肠肌断裂）、细菌（如葡萄球菌、链球菌、大肠杆菌、巴氏杆菌、滑液囊支原体等感染引起关节炎、腱鞘炎、脚垫炎）等均可引起鸡的被皮系统损害和运动障碍；一些引起鸡呼吸困难的疾病或引起鸡贫血的疾病还可引起鸡皮肤颜色的变化。

2. 营养因素

如维生素 E、B 族维生素（维生素 B_1、维生素 B_2）缺乏、微量元素硒缺乏等不仅可引起鸡神经系统的损害，也会引起运动障碍；维生素 D/ 钙磷缺乏可引起雏鸡的佝偻病或成鸡的骨软症或笼养鸡产蛋疲劳综合征；生物素（维生素 B_7）缺乏引起鸡的皮肤损害（红掌病）；锰缺乏引起滑腱症；饲料中维生素 A 缺乏、动物蛋白含量过高、高钙等引起的关节型痛风等也可引起鸡的运动障碍。

3. 饲养管理因素

垫料内含尖锐异物、垫网粗糙／破损（见图1-1）或强碱消毒的地面等引起鸡脚垫或关节的损伤；垫网过硬引起鸡胸部囊肿（见图1-2）和脚垫损伤；圈养鸡水线密封不好

（见图1-3）或水壶固定不牢（见图1-4），漏水导致垫料潮湿；散养鸡运动场积水（见图1-5）、潮湿；鸡的脚趾形成趾瘤（见图1-6）；料槽上方的压栏板未及时调整，或鸡料槽上方鸡采食进口的高度不足（见图1-7）引起鸡的脚变形等均会引起鸡的运动障碍。

图1-1　鸡笼内垫网破损（郭士兵 供图）

图1-2　鸡笼内垫网过硬致胸部囊肿（郭士兵 供图）

图1-3　水线漏水引起垫料潮湿（孙卫东 供图）

图1-4　水壶固定不牢，漏水引起垫料潮湿（孙卫东 供图）

图 1-5 饲养场地不能及时排出积水（孙卫东 供图）

图 1-6 鸡的脚趾形成趾瘤（孙卫东 供图）

图 1-7 鸡笼内垫网至鸡采食进口的高度不足（郭士兵 供图）

4. 中毒因素

如食盐中毒，不仅会引起鸡的脑水肿和颅内压升高，也会引起鸡的运动障碍等。亚硝酸盐和一氧化碳中毒等会引起鸡皮肤颜色的变化。

5. 医源性因素

某些肠道吸收比较差的抗生素（如庆大霉素），由于使用不当引起肠道菌群紊乱，鸡因能量不足而蹲伏不动。某些药物的光敏反应会引起鸡裸露皮肤的损伤。

6. 其他因素

如夏季高温时，鸡舍通风不良或突然停电等引起的中暑，造成鸡的神经系统损伤；鸡舍内的传播媒介（昆虫），如暗黑甲虫（见视频1-1和视频1-2）、隐翅虫（见视频1-3）、蚊、螨虫、虱子等引起鸡皮肤的损害；疫苗注射时消毒不严或未勤换针头引发注射部位皮肤与肌肉的感染等。

 视频1-1　　 视频1-2　　 视频1-3

二、鸡关节炎发生的感染途径

鸡的关节在生物性、物理性、化学性、机械性等因素的作用下以及其他器官疾病的影响下，导致外源性病原、内源性病原（败血症）的侵入或机体代谢产物沉积于关节，引起关节炎。关节炎的发生和传播可以从两个方面来分析，即感染途径可能是由外而来和由内而来，见图1-8。

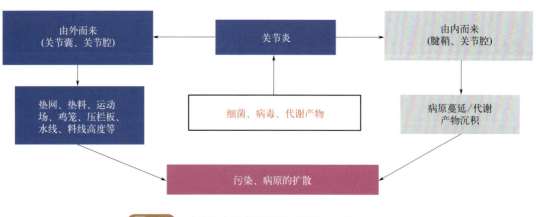

图1-8　鸡关节炎感染途径的示意图　（孙卫东　供图）

第二节　鸡运动障碍的诊断思路及鉴别诊断要点

一、鸡运动障碍的诊断思路

当发现鸡群中出现运动障碍或跛行的病鸡时，首先应考虑的是引起运动系统的疾病，其次要考虑病鸡的被皮系统是否受到侵害，神经支配系统是否受到损伤，最后还要考虑营养的平衡及其他因素。其诊断思路见表 1-1。

表 1-1　鸡运动障碍的诊断思路

所在系统	损伤部位	临床表现	初步印象诊断
运动系统	关节	感染、红肿、坏死、变形	异物损伤、细菌/病毒性关节炎
	骨骼	变形、有弹性、可弯曲	雏鸡佝偻病、钙磷代谢紊乱、维生素D缺乏症
		变形或畸形、断裂、明显跛行	骨折、骨软症、笼养鸡产蛋疲劳综合征、股骨头坏死、钙磷代谢紊乱、氟骨症
		骨髓发黑或形成小结节	骨髓炎、骨结核
		胫骨骨骺端肿大、断裂	肉鸡胫骨软骨发育不良
	肌肉	腓肠肌（腱）断裂或损伤	病毒性关节炎
	肌腱	腱鞘炎症、肿胀	滑液囊支原体病
被皮系统	脚垫	肿胀	滑液囊支原体病、外伤感染
		表皮脱落	化学腐蚀药剂使用不当、垫料湿度过大或场地潮湿等
	脚趾	肿瘤	趾瘤病、鸡舍及场地地面的湿度太大
神经支配系统	中枢神经	脑水肿	食盐中毒、鸡传染性脑脊髓炎
		脑软化	硒缺乏症、维生素E缺乏症
		脑脓肿	大肠杆菌性脑病、沙门杆菌性脑病等
	脊髓	瘫痪	盲肠球菌病
	外周神经	坐骨神经肿大，劈叉姿势	鸡马立克病
		迷走神经损伤，扭颈	神经型新城疫
		颈神经损伤，软颈	肉毒梭菌毒素中毒、C型产气荚膜梭菌β毒素中毒
营养平衡系统	脚垫	粗糙	维生素A缺乏症
		红掌病（表皮脱落）	生物素缺乏症

续表

所在系统	损伤部位	临床表现	初步印象诊断
营养平衡系统	关节	肿胀、变形	关节型痛风
	肌肉	变性、坏死	硒缺乏症、维生素E缺乏症
	肌腱	滑脱	锰缺乏症
	神经	多发性神经炎，观星姿势	维生素B_1缺乏症
		趾蜷曲姿势	维生素B_2缺乏症
其他	眼	损伤	眼型马立克病、禽脑脊髓炎、氨气灼伤等
	肠道	消化吸收不良（障碍）	长期腹泻、消化吸收不良、肠毒综合征等
	全身	慢性消耗性、免疫抑制性疾病	鸡线虫/绦虫病、白血病、霉菌毒素中毒等

二、引起鸡运动障碍的常见疾病鉴别诊断要点

引起鸡运动障碍的常见疾病鉴别诊断，见表1-2。

表1-2 鸡运动障碍的常见疾病鉴别诊断要点

病名	易感日龄	流行季节	群内传播	发病率	病死率	典型症状	神经	肌肉肌腱	关节肿胀	关节腔	骨、关节软骨
神经型马立克病	2~5月龄	无	慢	有时较高	高	劈叉姿势	坐骨神经肿大	正常	正常	正常	正常
病毒性关节炎	4~7周龄	无	慢	高	小于6%	蹲伏姿势	正常	腱鞘炎	明显	有草黄色或血样渗出物	有时有坏死
细菌性关节炎	3~8周龄	无	较慢	较高	较高	跛行或跳跃步行	正常	正常	明显	有脓性或干酪样渗出物	有时有坏死
滑液囊支原体病	4~16周龄	无	较慢	较高	较高	跛行	正常	腱鞘炎	明显	有奶油样或干酪样渗出物	滑膜炎
关节型痛风	全龄	无	无	较高	较高	跛行	正常	正常	明显	有白色黏稠的尿酸盐	有时有溃疡
维生素B_1缺乏症	无	无	无	较高	较高	观星姿势	正常	正常	正常	正常	正常
维生素B_2缺乏症	2~3周龄	无	无	较高	较高	趾向内蜷曲	坐骨、臂神经肿大	正常	正常	正常	正常

续表

病名	鉴别诊断要点										
	易感日龄	流行季节	群内传播	发病率	病死率	典型症状	神经	肌肉肌腱	关节肿胀	关节腔	骨、关节软骨
锰缺乏症	无	无	无	不高	不高	腿骨短粗、扭转	正常	腓肠肌腱滑脱	明显	正常	骨骺肥厚
雏鸡佝偻病	雏鸡	无	无	高	不高	橡皮喙龙骨"S"状弯曲	正常	正常	正常	正常	肋骨跗骨变软
笼养鸡产蛋疲劳综合征	产蛋期	无	无	高	不高	蹲伏、瘫痪	正常	正常	正常	正常	正常

第三节 鸡被皮、神经和运动系统常见疾病的鉴别诊断与安全用药

一、鸡痘

鸡痘（avian pox）是由鸡痘病毒引起的家禽和鸟类的一种急性、热性、高度接触性传染病。临床上该病传播较慢、发病率高，体表无羽毛部位出现散在结节状的增生性皮肤病灶（皮肤性），也可在上呼吸道、口腔和食道黏膜出现纤维素性、坏死性增生病灶（白喉型），两者皆有的称为混合型。本病分布于世界各地，任何年龄（多发于雏鸡）、性别和品种的鸡和鸽等均可感染，影响生长和产蛋性能，造成较严重的经济损失，我国将其列为三类动物疫病。

【病原】本病病原是鸡痘病毒（fowl pox virus，FPV），是一种比较大的线状双股DNA病毒，有囊膜。病毒可在患部皮肤或黏膜上皮细胞以及感染鸡胚的绒毛尿囊膜上皮细胞的胞质内形成包涵体，包涵体中可以看到大量病毒粒子，即原生小体。病毒对外界的抵抗力相当强，特别是对干旱的耐受力，上皮细胞屑和痘结节中的病毒可抗干燥数年之久，阳光照射数周仍可保持活力。对热的抵抗力差。痂皮中的病毒在4℃保存8年仍有感染力。一般消毒药在常用浓度下均能迅速灭活病毒。

【流行特征】①易感动物：各种品种、日龄的鸡和火鸡都可受到侵害，但以雏鸡和青年鸡较多见，并且以大冠品种鸡的易感性较高。所有品系的产蛋鸡都能感染，特别是产褐壳蛋的种鸡最易感。鸭、鹅虽能发生，但不严重。许多鸟类，如孔雀、金丝雀、麻雀、鸽、鹌鹑、野鸡、松鸡和一些野鸟也有易感性。②传染源：病禽（鸡）。③传播途径：病毒随病鸡的皮屑和脱落的痘痂等散布到饲养环境中，通过受损伤的皮肤、黏膜和蚊子（库蚊、疟蚊、按蚊）、蝇和其他吸血昆虫等的叮咬传播。此外，体表寄生虫（如鸡皮刺螨）

在传播本病中也起着重要的作用。④流行季节：本病一年四季均可发生，夏秋季多发生皮肤型鸡痘，冬季则以黏膜型鸡痘多见。南方地区春末夏初由于气候潮湿、蚊虫多，鸡更易发病且病情也更严重。

【临床症状】本病的潜伏期为4～10天，鸡群常是逐渐发病，发病率高，死亡率在5%～60%。根据发病部位的不同可分为皮肤型、黏膜型、混合型三种，发生混合感染时病程会延长。①皮肤型：在鸡冠、肉髯、眼睑、鼻部、嘴角等部位（见图1-9和视频1-4），有时也见于下颌（见图1-10）、耳垂（见图1-11）、腿和脚趾（见图1-12和视频1-5）、泄殖腔、翅内侧、颈部等无毛或少毛部位（见图1-13）出现痘斑。典型发痘的过程顺序是红斑 - 痘疹（呈黄色）- 糜烂（暗红色）- 痂皮（巧克力色）- 脱落 - 痊愈。人为剥去痂皮会露出出血病灶。病程持续30天左右，一般无明显全身症状，若感染细菌，结节则形成化脓性病灶。雏鸡的症状较重，产蛋鸡产蛋减少或停止。②黏膜型：痘斑发生于口腔、咽喉、食道或气管，初呈圆形黄色斑点，以后小结节相互融合形成黄白色假膜，随后变厚成棕色痂块，不易剥离，常引起呼吸、吞咽困难，甚至窒息死亡。③混合型：是指病鸡的皮肤和黏膜同时受到侵害。

图1-9　病鸡鸡冠、肉髯、眼睑、嘴角等部位的痘斑（孙卫东 供图）

图1-10　病鸡眼睑、下颌等部位的痘斑（郎应仁 供图）

视频1-4

视频1-5

图1-11　病鸡眼睑、耳垂等部位的痘斑（郎应仁 供图）

图 1-12　病鸡腿、脚趾的痘斑（宋增财 供图）

图 1-13　病鸡皮肤上的痘斑（孙卫东 供图）

【剖检变化】在口腔、咽喉（见图1-14）、食道或气管（见图1-15）黏膜上可见到处于不同时期的病灶，如小结节、大结节、结痂或疤痕等。肠黏膜可出现小点状出血，肝、脾、肾肿大，心肌有时呈实质性变性。

图 1-14　病鸡口腔、咽喉部的痘斑（郎应仁 供图）

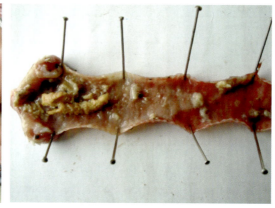

图1-15　病鸡气管内的痘斑（左）和结痂（右）（郎应仁 供图）

【诊断】根据典型流行特征、临床症状和剖检变化可做出初步诊断，确诊需进一步做实验室诊断。实验室诊断包括病灶抹片经瑞氏染色或吉姆萨染色，进行痘病毒原生小体的观察，也可将病灶的组织切片通过常规方法染色，观察胞质内包涵体的存在。此外，还可采用琼脂扩散试验、被动血凝试验、荧光抗体技术、ELISA（感染后7～10天可检测到抗体）、中和试验、免疫印迹等方法进行诊断。

【类症鉴别】

1. 与白色念珠菌病、毛滴虫病的鉴别

（1）相似点　口腔黏膜病变与鸡痘相似。

（2）不同点　白色念珠菌病、毛滴虫病在口腔形成的伪膜是较松脆的干酪样物，容易剥离，且剥离后不留痕迹。而鸡痘的假膜常与其下的组织紧密相连，强行剥离后则露出粗糙的溃疡面。

2. 与维生素A缺乏的鉴别

（1）相似点　眼和口腔黏膜的病变与鸡痘相似。

（2）不同点　维生素A缺乏时全身症状较为明显，眼明显肿胀，有大量干酪样渗出物，肾脏肿大，输尿管肿胀，充满大量尿酸盐，呈"花斑肾"。病鸡黏膜上的干酪样物质易于剥离，其下面的黏膜常无损害，食道有白色的小脓灶。

【预防措施】

1. 免疫接种

免疫预防使用的是活疫苗，常用的有鸡痘鹌鹑化疫苗F282E株（适合20日龄以上的鸡接种）、鸡痘汕系弱毒苗（适合小日龄鸡免疫）和澳大利亚引进的自然弱毒M株。疫苗开启后应在2小时内用完。接种方法采用刺种法或毛囊接种法。刺种法更常用，是用消过毒的钢笔尖或带凹槽的特制针蘸取疫苗，在鸡翅内侧无血管处皮下刺种，毛囊接种法适合40日龄以内鸡群，用消毒过的毛笔或小毛刷蘸取疫苗涂擦在颈背部或腿外侧拔去羽毛

后的毛囊上。一般刺种后14天即可产生免疫力。雏鸡的免疫期为2个月，成年鸡免疫期为5个月。一般免疫程序为：20～30日龄时首免，开产前二免；或1日龄用弱毒苗首免，20～30日龄时二免，开产前再免疫一次。

【注意事项】接种后3～5天即可发生痘疹，7天后到达高峰，以后逐渐形成痂皮，3周内完全恢复。接种后必须检查出痘情况。若给易感鸡正确接种了疫苗，则大部分鸡应有"出痘"现象。接种后而不"出痘"，可能是接种鸡已经具备免疫力，或使用疫苗的效力不够，也可能是疫苗使用不当。在一般情况下，疫苗接种后2～3周产生免疫力，免疫期可持续3～5个月。

2. 做好卫生防疫，杜绝传染源

引进鸡种时应隔离观察，证明无病时方可入场。驱除蚊虫和其他吸血昆虫，采取必要的除螨措施。经常检查和维修鸡笼和器具，避免造成鸡外伤。

【安全用药】一旦发现，应隔离病鸡再进行治疗。对重病鸡或死亡鸡应作无害化处理（烧毁或深埋）。

（1）特异疗法　用患过鸡痘的康复禽血液，每天给病鸡注射0.2～0.5毫升，连用2～5天，疗效较好。

（2）抗病毒　请参考低致病性禽流感相关安全用药条目的叙述。

（3）对症疗法　皮肤型鸡痘一般不进行治疗，必要时可用消毒剂（如0.1%高锰酸钾溶液）冲洗后，用镊子小心剥离痂皮，再在伤口处涂擦碘酊、紫药水或苯酚凡士林。黏膜型鸡痘的口腔和喉黏膜上的假膜，妨碍病鸡的呼吸和吞咽运动，可用镊子将伪膜轻轻剥离，用0.1%高锰酸钾溶液冲洗后，再用碘甘油（碘化钾10克、碘片5克、甘油20毫升，混合后加蒸馏水100毫升）或醋酸可的松软膏涂擦口腔。眼部肿胀的，可用2%硼酸溶液或0.1%高锰酸钾液冲洗干净，再滴入一些5%的蛋白银溶液。在饲料或饮水中添加抗生素如环丙沙星等防止继发感染。同时在饲料中添加维生素A、鱼肝油等有利于患鸡的康复。

【注意事项】剥离的痘痂、伪膜或干酪样分泌物等要集中销毁，避免散毒。

（4）中草药疗法　①将金银花、连翘、板蓝根、赤芍、葛根各20克，蝉蜕、甘草、竹叶、桔梗各10克，水煎取汁，备用，为100只鸡用量，用药液拌料喂服或饮服，连服3日，对治疗皮肤与黏膜混合型鸡痘有效。②将大黄、黄柏、姜黄、白芷各50克，生南星、陈皮、厚朴、甘草各20克，天花粉100克，共研为细末，备用。临用前取适量药物置于干净盛器内，水酒各半调成糊状，涂于剥除鸡痘痂皮的创面上，每天2次，第3天即可痊愈。③也可使用冰片散、喉风散等中成药。

二、禽传染性脑脊髓炎

禽传染性脑脊髓炎（avian encephalomyelitis，AE）俗称流行性震颤，是由禽脑脊髓炎病毒引起的一种主要侵害雏鸡的病毒性传染病。临床上以两腿轻微不全麻痹、共济失调，头颈震颤等为主要特征。

【病原】本病病原是禽脑脊髓炎病毒，属于小RNA病毒科的肠道病毒属。病毒的不同分离株属于同一个血清型，但毒株的毒力及对器官组织的嗜性略有不同，大部分野生毒株是嗜肠性的，但有些毒株是嗜神经性的，使雏鸡出现严重的神经症状。病毒对氯仿、乙醚、酸、胰蛋白酶、去氧胆酸盐、去氧核酸酶等有抵抗力，病毒在1摩尔/升氧化镁溶液中对50℃的温度也有抵抗力。

【流行特征】（1）易感动物　鸡、雉、日本鹌鹑、火鸡，各种日龄均可感染，以1～3周龄的雏鸡最易感。雏鸭、雏鸽可被人工感染。（2）传染源　病鸡、带毒的种蛋。（3）传播途径：①经种蛋垂直传播是本病的重要传播途径，有资料认为产蛋母鸡感染后3周内所产的种蛋均带有病毒，这些种蛋的一部分可能在孵化过程中死亡，另一些虽可以孵化出壳，但出壳的雏鸡会陆续出现典型的临床症状。由于受感染的母鸡在感染后逐渐产生循环抗体，因而母鸡的带毒和排毒程度也随之减轻，一般在感染后3～4周所产种蛋内的母源抗体即可保护雏鸡顺利出壳，并不再出现任何该病的临床症状。②通过直接或间接接触进行水平传播，鸡感染本病毒后通过粪便排毒的时间为5～14天，病毒在粪便中可存活4周以上，当敏感鸡接触到被污染的饲料或饮水时便可发生感染。（4）流行季节　该病无明显的季节性，一年四季均可发生。

【临床症状】经胚传播感染的雏鸡的潜伏期为1～7天，经接触或经口感染的雏鸡，其最短的潜伏期为11天。通常自出壳后1～7日龄和11～20日龄出现两个发病和死亡的高峰期，前者为病毒垂直传播所致，后者为水平传播所致。典型症状多见于雏鸡，病雏初期眼神呆滞，走路不稳，随后头颈部震颤（见图1-16和视频1-6）、共济失调或完全瘫痪（见图1-17），后期衰竭卧地，被驱赶时摇摆不定或以翅膀扑地。部分病雏还可见一侧或两侧眼球的晶状体浑浊或呈浅蓝色褪色，眼球增大，眼失明。本病的感染率很高，死亡率不定，从刚受野毒株感染后几天的种蛋孵出的雏鸡死亡率可高达90%以上。1月龄以上鸡感染后很少表现临床症状，偶有发病（见视频1-7）。产蛋鸡感染后的1～2周，其产蛋率下降，下降幅度为10%～20%，蛋重减轻，一般经15天后产蛋量尚可恢复。种鸡感染后3周内所产种蛋内均带有病毒，孵化率会降低（降幅5%～20%），孵化出的苗鸡往往发育不良，此过程会持续3～5周。

视频1-6

视频1-7

图1-16　病鸡出现走路不稳，向一侧摔倒（左）或蹲伏不起（右），头颈部震颤（程龙飞和李同峰　供图）

【剖检变化】病/死雏禽可见腺胃的肌层及胰腺中有浸润的淋巴细胞团块所形成的数目不等的从针尖大到米粒大的灰白色坏病灶，脑组织变软，有不同程度淤血，在大小脑表面有针尖大出血点（见图1-18），有时仅见到脑水肿。在成年鸡偶见脑水肿。病毒接种鸡胚后发现鸡胚发育不良、弱小（见图1-19），感染鸡胚的肝脏出现斑斓肝病变（见图1-20）。

图1-17　病鸡共济失调或完全瘫痪
（程龙飞 供图）

图1-18　病鸡的脑部淤血、出血明显
（程龙飞 供图）

图1-19　鸡胚感染病毒后鸡胚发育不良、弱小
（右为健康对照）（秦卓明 供图）

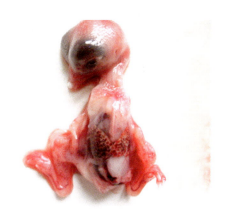

图1-20　鸡胚感染病毒后鸡胚出现斑斓肝病变
（秦卓明 供图）

【诊断】根据典型流行特征、临床症状和剖检变化可做出初步诊断，确诊需进一步做实验室诊断。实验室诊断包括病原的分离鉴定和有关组织的病理切片检验（在腺胃的黏膜肌层以及肌胃、肝、肾、胰腺中可见到密集的淋巴细胞增生灶），若分离到病毒，还可采用鸡胚易感性试验、中和试验、荧光抗体试验、琼脂扩散试验等方法进行诊断。

【类症鉴别】

1. 与新城疫的鉴别

（1）相似点　共济失调等神经症状与禽脑脊髓炎相似。

（2）不同点　新城疫可使雏鸡出现较高的死亡率，也可能呈现瘫痪、扭颈等神经症状，且常伴有呼吸困难、呼吸啰音，剖检见喉头、气管充血、出血，这些与禽脑脊髓炎不同。在病理组织学上，主要显示病毒性脑炎的病变，如神经元变性、胶质细胞增生和血管套等。在延髓和脊髓灰质中可见神经元中央染色质溶解、神经元胞体肿大、细胞核膨胀、胞核移向细胞体边缘等变化。大多数神经元细胞核消失，有时还可见到以神经元细胞核固缩、细胞染色较深为特征的渐进性坏死。在中脑的圆形核和卵圆核、小脑、延髓和脊髓中可见有胶质细胞增生。在大脑、视叶、小脑、延髓、脊髓中容易见到以淋巴细胞浸润为主的血管套。在腺胃的黏膜肌层以及肌胃、肝、肾、胰腺中可见到密集的淋巴细胞增生灶等。这些均为禽脑脊髓炎所特有。

2. 与维生素 B_1 缺乏的鉴别

（1）相似点　共济失调等神经症状与禽脑脊髓炎相似。

（2）不同点　维生素 B_1 缺乏的雏鸡主要表现为头颈扭曲、抬头望天的"观星"姿势，在肌内注射维生素 B_1 注射液后大多能较快康复，据此可与禽脑脊髓炎相区别。

3. 与维生素 E 缺乏的鉴别

（1）相似点　共济失调等神经症状与禽脑脊髓炎相似。

（2）不同点　维生素 E 缺乏的雏鸡也有头颈扭曲、前冲、后退、转圈等神经症状，但发病大多在 3～6 周龄，有时可发现胸腹皮下有蓝紫色胶冻样液体。剖检见小脑出血。鸡群口服或肌内注射维生素 E 后，一般不再出现新的病例，据此可与禽脑脊髓炎相区别。

4. 与硒缺乏的鉴别

同维生素 E 缺乏的鉴别。

5. 与马立克病的鉴别

（1）相似点　麻痹、瘫痪等神经症状与禽脑脊髓炎相似。

（2）不同点　马立克病的发病日龄比禽脑脊髓炎迟，一般在 6～8 周之后才逐渐出现麻痹、瘫痪等症状，两病在发病日龄上易于区别。

【预防措施】

1. 免疫接种

（1）疫区的免疫程序　蛋鸡在 75～80 日龄时用弱毒苗饮水口服或点眼滴鼻免疫，开产前 1 个月肌内注射灭活苗；或蛋鸡在 90～100 日龄用弱毒苗饮水口服或点眼滴鼻免疫。种鸡在 10～12 周龄饮水口服或点眼滴鼻免疫弱毒苗，开产前 1 个月肌内注射禽脑脊髓炎病毒油乳剂灭活苗。

(2) 非疫区的免疫程序　一律于 90～100 日龄时用禽脑脊髓炎病毒油乳剂灭活苗肌注。禁用弱毒苗进行免疫。

【注意事项】产蛋种鸡免疫弱毒苗，在接种后 6 周内种蛋不能孵化。

2. 严格检疫

不引进本病污染场的鸡苗。种鸡在患病 1 个月内所产的种蛋不能用于孵化。

【安全用药】本病目前尚无有效的治疗方法。对已发的病雏和死雏及时焚烧或深埋，以免散布病毒，减轻同群感染。如发病率高，可考虑全群扑杀并作无害化处理，彻底消毒鸡舍。舍内的垫料清理后在远离鸡舍的下风口处集中发酵处理，舍内地面清扫冲刷干净后，连同周围场地用 3% 浓度的火碱溶液喷洒消毒，鸡舍和饲养用具进行熏蒸消毒。若发病较轻，也可将病鸡隔离，给予舒适的环境，提供充足的饮水和饲料，避免尚能走动的鸡踩踏病鸡，减少死亡。

三、病毒性关节炎

病毒性关节炎（viral arthritis）是一种由呼肠孤病毒引起的鸡传染病，临床上以关节炎、腱鞘炎、呼吸道病、肠病、吸收障碍综合征和骨质疏松等为特征。本病往往造成家禽死亡、生长停滞、饲料利用率降低以及死淘增多，给养鸡业带来巨大的经济损失。我国将其列为三类动物疫病。

【病原】本病病原是呼肠孤病毒，属于呼肠孤病毒科正呼肠孤病毒属禽呼肠孤病毒（avian reovirus，ARV），为双股分节段 RNA 病毒，共 10 个节段，无囊膜。不同宿主来源的禽呼肠孤病毒其核酸序列存在差异，通过中和试验将禽呼肠孤病毒分为 11 个血清型，可以通过多种途径进行分离和增殖。病毒对热有抵抗力，病毒对 4.8% 氯仿、0.1 摩尔/升的盐酸不敏感，0.5% 胰蛋白酶能影响其生长，对 2% 来苏尔、3% 甲醛溶液均有抵抗力，在 pH 3.0～9.0 保持稳定，但对 2%～3% 氢氧化钠溶液、70% 乙醇溶液较敏感，可使其灭活。

【流行特征】①易感动物　鸡和火鸡是已知的该病的自然宿主和试验宿主。②传染源　病鸡/火鸡，带毒家禽（病毒可在禽体内存活 289 天以上，经肠道排出）。③传播途径　病毒主要经空气传播，也可通过污染的饲料和饮水经消化道传播，经蛋垂直传播的概率较低，约为 1.7%。④流行季节　该病一年四季均可发生。

【临床症状】本病潜伏期一般为 1～11 天，多数病鸡呈隐性感染。2～16 周龄的鸡多发，尤以 4～7 周龄的鸡易感。可发生于不同品系的鸡群，但肉仔鸡比其他鸡的发病概率高。鸡群的发病率可达 100%，死亡率从 0～6% 不等。病鸡多在感染后 3～4 周发病，初期步态稍见异常，逐渐发展为跛行（见图 1-21），慢性感染时跛行更严重。跗关节肿胀，病鸡常蹲伏，驱赶时才跳动，眼观见跗关节上方腱鞘肿胀，触之有波动感。严重者卧地不愿走动，胫跗关节上方腱索肿大，趾曲腱鞘和趾伸肌腱肿胀。成年鸡有时可见腓肠肌肌腱断裂（见图 1-22），腿变形，不能负重。种鸡及蛋鸡感染后，产蛋率下降 10%～15%，种鸡感染后因运动功能障碍而影响正常交配，使种蛋受精率下降。病程在1周左右到1个月之久。

图1-21　病鸡跛行（郎应仁 供图）

图1-22　病鸡的肌腱断裂形成的突出肿胀（郎应仁 供图）

【剖检变化】病/死鸡剖检时可见足部和胫部的腱及腱鞘水肿、充血或出血，关节腔内含有棕黄色或棕色血染的关节分泌物（见图1-23），皮下组织、趾伸肌腱和趾屈肌腱周围有水样、黏稠透明的渗出液（见图1-24），跗关节上方腱鞘内有黄白色干酪样物。当腱部的炎症转为慢性时，可见腱鞘硬化和粘连（见图1-25）、关节软骨出现点状溃疡、糜烂、坏死、融合并可延展到其下方的骨质，伴发骨膜增厚（见图1-26）。严重病例可见腓肠肌肌腱断裂、出血、坏死（见图1-27）。有时还可见到心外膜炎，肝、脾和心肌上有细小的坏死灶。组织学变化表现为患部水肿、凝固性坏死、滑膜细胞肿胀与增生，伴有异嗜性粒细胞、淋巴细胞和巨噬细胞浸润与网状细胞增生，从而导致腱鞘增厚。

图1-23　病鸡的关节囊及腱鞘水肿、充血或出血（郎应仁 供图）

图1-24　病鸡的跖伸肌腱和跖屈肌腱发生炎性水肿（郎应仁 供图）

图 1-25　病鸡的腱鞘粘连（郎应仁 供图）

图 1-26　病鸡的骨膜增生、出血（郎应仁 供图）

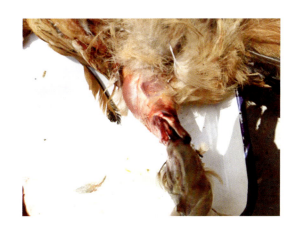

图 1-27　病鸡腓肠肌肌腱断裂、出血、坏死（孙卫东 供图）

【诊断】根据典型流行特征、临床症状和剖检变化可做出初步诊断，确诊需进一步做实验室诊断。实验室诊断包括采集病料分离病毒、进行血清学（琼脂扩散试验）或分子生物学（RT-PCR）诊断和致病性试验。

【类症鉴别】在临床上本病应与滑液囊支原体引起的腱鞘炎/滑膜炎及细菌性关节炎等造成的跛行相区别。请参考上文第二节"鸡运动障碍的诊断思路及鉴别诊断要点"。

【预防措施】

1. 免疫接种

（1）种鸡群　1～7日龄和4周龄各用一次弱毒疫苗饮水，开产前2～3周肌内注射接种一次灭活苗。

（2）肉鸡群　在1日龄用弱毒疫苗饮水。

【注意事项】有人认为在1日龄接种呼肠孤S1133弱毒株疫苗会对马立克病疫苗免疫产生干扰现象，须引起重视。

2. 加强饲养管理

做好环境的清洁、消毒工作，防止感染源传入。对肉鸡/火鸡、种禽采用全进全出的饲养程序是非常有效的控制本病的重要预防措施。不从受本病感染的种禽场进鸡/火鸡。

【安全用药】目前尚无有效的治疗方法。一旦发病，应淘汰病鸡/火鸡，加强病鸡/火鸡的隔离，对禽舍及环境采用2%～3%氢氧化钠溶液或0.5%聚维酮碘溶液彻底消毒。

四、葡萄球菌病

葡萄球菌病（staphylococcosis）主要是由金黄色葡萄球菌引起的鸡和其他禽类各种疾病的总称。在临床上主要引起禽类的腱鞘炎、化脓性关节炎、黏液囊炎、败血症、脐炎、眼炎，偶见细菌性心内膜炎和脑脊髓炎等多种病型。该病的流行往往可造成较高的淘汰率和病死率，给养鸡生产带来较大的经济损失。此外，还有约50%的葡萄球菌菌株可产生肠毒素，造成人类食物中毒。

【病原】本病病原是葡萄球菌，属于微球菌科葡萄球菌属，为革兰阳性球菌，无鞭毛，无荚膜，不产生芽孢，固体培养物涂片镜检呈典型的葡萄串状，液体培养基涂片或病料触片镜检时见菌体成对或呈短链状排列。葡萄球菌属约有36个种和21个亚种，其中金黄色葡萄球菌是对家禽有致病力的重要的一个种。葡萄球菌为兼性厌氧菌，在普通培养基上即可生长，培养24小时形成直径1～3毫米的圆形光滑型菌落；培养时间稍长后，依菌株的不同，可产生金黄色或白色色素。在血液平板培养基上生长旺盛，产溶血素的菌株在菌落周围出现β溶血环，在麦康凯培养基上不生长。该菌对热、消毒剂等理化因素的抵抗力较强，并耐高渗。利用其对高浓度（7.5% NaCl）溶液的抗性，可将其从严重污染的病料中分离出来。

【流行特征】白羽产白壳蛋的轻型鸡种易发，而褐羽产褐壳蛋的中型鸡种很少发生。4～12周龄多发，地面平养和网上平养较笼养鸡发生多。其发病率与饲养管理水平、环境卫生状况以及饲养密度等因素有直接的关系，死亡率2%～50%不等。本病一年四季均可发生，以雨季、潮湿和气候多变的季节多发。该细菌主要经破损的皮肤和黏膜（如带翅号、断喙、注射疫苗、刮伤、刺伤或扭伤、断趾、啄伤）侵入体内，也可经局部（如刚出壳的雏鸡脐孔、因肠炎损伤的肠黏膜、鸡痘或蚊蝇等引起的皮肤和黏膜损伤）侵入体内而引发本病。此外，不正确的限饲造成鸡群的抢食，引发皮肤受损；应激因素（长途运输、气温骤变、通风不良等）或其他疾病（鸡传染性贫血、马立克病、传染性法氏囊病）可降低机体的抵抗力，均成为本病的诱因。病鸡的分泌物、排泄物增加了环境中葡萄球菌的密度，如不及时进行消毒处理，可能形成恶性循环，进一步促进本病的发生。

【临床症状和剖检变化】由于病菌侵害的部位不同，在临床上表现为多种病型。①葡萄球菌脑脊髓炎型：多见于10日龄内的雏鸡，表现为扭颈、头后仰、两翅下垂、腿轻度麻痹等神经症状，有的病鸡以喙着地支持身体平衡，一般发病后3～5天死亡。②败血型鸡葡萄球菌病：以30日龄左右的鸡多见，肉鸡较蛋鸡发病率高。病鸡表现体温升高，精神沉郁，食欲下降，羽毛蓬乱，缩颈闭目，呆立一隅，腹泻；同时在翼下、下腹部等处有局部炎症，呈散发流行，病后1～2天死亡，病死率较高。剖检有时可见到肝、脾有小化脓灶。③葡萄球菌性皮炎：以30～70日龄的鸡多发，病鸡的精神极度沉郁，羽毛蓬松（见图1-28），少食或不食，翅膀、胸部、臀部和下腹部的皮下有浆液性渗出液（见图1-29），呈现紫黑色的浮肿，用手触摸有明显的波动感，轻抹羽毛即掉下，有时皮肤破溃或结痂（见图1-30），有的流出紫红色有臭味的液体。在出现上述症状后2～3天内死亡，尸体极易腐败。病程多在2～5天，死亡率为5%～10%，严重时高达100%。有的因疫苗接种或断喙消毒不严，常引起注射部位和断喙处的感染（见图1-31）。④葡萄球菌性关节炎：多发生于成年鸡和肉种鸡的育成阶段，感染发病的关节主要是胫跗关节、趾关节和翅关节。发病时关节肿胀（见图1-32），有时呈紫红色（见图1-33），有热痛感，破溃后形成黑色的痂皮（见图1-34）。病鸡精神较差，食欲减退，跛行、不愿走动。严重者不能站立，最终因运动、采食困难，导致衰竭或继发其他疾病死亡。剖检见受害关节及邻近的腱鞘肿胀、变形，关节周围结缔组织增生，关节腔内有浑浊或干酪样渗出物（见图1-35和视频1-8）。⑤葡萄球菌性肺炎：多见于中雏，表现为呼吸困难。剖检特征为肺淤血、水肿和肺实质变化等。⑥葡萄球菌性卵巢囊肿：剖检可见卵巢表面密布着粟粒大或黄豆大的橘黄色囊泡，囊腔内充满红黄色积液。输卵管肿胀、湿润，黏膜面有弥漫性针尖大的出血，泄殖腔黏膜弥漫性出血。少数病鸡的输卵管内滞留未完全封闭的连柄畸形卵，卵表面沾满暗紫色的淤血。⑦葡萄球菌性眼炎：病鸡表现为头部肿大，眼睑肿胀，闭眼，有脓性分泌物，病程长者眼球下陷，失明。⑧葡萄球菌性脐炎：新生雏鸡的脐环发炎肿大，腹部膨胀（大肚脐），与大肠杆菌所致脐炎相似，可在1～2天内死亡。⑨鸡胚葡萄球菌病：一般在孵化的第17～20天死亡，已经出壳的雏鸡多数出现腹部膨大、脐部肿胀、脚软乏力等症状，个别病雏胫、跗关节肿大，在出壳后24～48小时死亡。

视频1-8

图1-28 病鸡的精神极度沉郁，羽毛蓬松、逆立（孙卫东 供图）

图1-29 病鸡的背部、臀部皮肤呈现浮肿，羽毛易脱落（孙卫东 供图）

图 1-30　病鸡皮肤上的破溃与结痂（孙卫东 供图）

图 1-31　病鸡胸部疫苗注射部位（左）和断喙处（右）的感染（孙卫东 供图）

 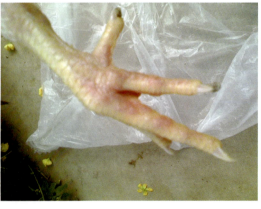

图 1-32　病鸡脚趾关节肿胀（李鑫 供图）　　图 1-33　病鸡的感染脚趾关节呈紫红色（王金勇 供图）

图1-34 感染关节破溃后形成黑色痂皮

（孙卫东 供图）

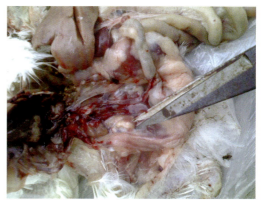

图1-35 感染髋关节内的干酪样渗出物

（王金勇 供图）

【诊断】根据典型流行特征、临床症状和剖检变化可做出初步诊断，确诊需进一步做实验室诊断。实验室诊断包括采集病料进行病原菌的分离鉴定。此外，不断有利用 PCR 技术、核酸探针、ELISA 方法等检测葡萄球菌的毒力基因和抗原的报道，可根据情况选择使用。

【类症鉴别】

1. 与硒缺乏的鉴别

（1）相似点　在腹部皮下渗出性积液方面有相似之处。

（2）不同点　硒缺乏症，即鸡渗出性素质，表现为皮肤无任何外伤，且渗出液呈蓝绿色，局部的羽毛不易脱落，属非炎性水肿的漏出液。

2. 与暗黑甲虫造成的皮肤损害的鉴别

（1）相似点　在鸡皮肤（酮体）损害有相似之处。

（2）不同点　暗黑甲虫除了可以传播疾病（如马立克病、球虫病、鸡痘、白血病、48 种致病性大肠杆菌病、5 种沙门菌病、肉毒梭菌病、绦虫病、组织滴虫病等），还对鸡造成机械损伤，即暗黑甲虫可以咬破鸡的皮肤造成"花身"（见图 1-36、视频 1-9 和视频 1-10），严重影响鸡屠宰后的酮体品质，直接降低鸡肉的价值。

在临床上本病应与病毒性关节炎、滑液囊支原体引起的腱鞘炎/滑膜炎及大肠杆菌、巴氏杆菌等引起的细菌性关节炎等造成的跛行相区别。请参考上文第二节"鸡运动障碍的诊断思路及鉴别诊断要点"。

视频 1-9

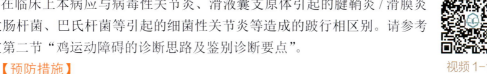

视频 1-10

【预防措施】

1. 免疫接种

可用葡萄球菌多价氢氧化铝灭活菌苗与油佐剂灭活菌苗给 20～30 日龄的鸡皮下注射 1 毫升。

图 1-36　暗黑甲虫导致的鸡酮体"花身"（孙卫东 供图）

2. 防止发生外伤

在鸡饲养过程中，要定期检查笼具、垫网是否光滑平整、破损，有无外露的铁丝尖头或其他尖锐物，网眼是否过大，发现问题后及时处理。平养的地面应平整，垫料宜松软无异物，防硬物刺伤脚垫。合理限饲和喂给全价饲料，防止鸡群抢食、互斗和啄伤等。

3. 做好皮肤消毒

在断喙、带翅号（或脚号）、剪趾及免疫接种（皮下注射、肌内注射、刺种）时，要做好消毒工作。

4. 加强饲养管理

注意鸡舍内通风换气，防止密集饲养，严格限饲和控光的时间，喂给必需的营养物质，特别要供给足够的维生素。做好孵化场和孵化过程中的卫生及消毒工作。

【安全用药】

1. 隔离病鸡，加强消毒

一旦发病，应及时隔离病鸡，对可疑被污染的鸡舍、鸡笼和环境，可进行带鸡消毒。常用的消毒药有 2%～3% 石炭酸、0.3% 过氧乙酸等。

2. 药物治疗

投药前最好进行药物敏感试验，选择最有效且口服易吸收的敏感药物进行全群投药，对病情严重的病例可经肌内注射给药。①青霉素：注射用青霉素钠或青霉素钾按每千克体重 5 万单位一次肌内注射，1 天 2～3 次，连用 2～3 天。②维吉尼亚霉素（弗吉尼亚霉素）：50% 维吉尼亚霉素预混剂按每千克饲料 5～20 毫克混饲（以维吉尼亚霉素计）。产蛋期及超过 16 周龄母鸡禁用。休药期 1 天。③阿莫西林（羟氨苄青霉素）：阿莫西林片按每千克体重 10～15 毫克一次内服，1 天 2 次。④头孢氨苄（先锋霉素Ⅳ）：头孢氨苄片或胶囊按每千克体重 35～50 毫克一次内服，雏鸡 2～3 小时一次，成年鸡可 6 小时一次。⑤林可霉素（洁霉素、林肯霉素）：30% 盐酸林可霉素注射液按每千克体重 30 毫克一次肌内注射，一天 1 次，连用 3 天。盐酸林可霉素片按每千克体重 20～30 毫克一次内服，每日 2 次。11% 盐酸林可霉素预混剂按每千克饲料 22～44 毫克混饲 1～3 周。40% 盐酸林可霉素可溶性粉按每升饮水 200～300 毫克混饮 3～5 天。以上均以林可霉素计，产蛋期禁用。此外，其他抗鸡葡萄球菌病的药物还有庆大霉素（正泰霉素）、新霉素（弗氏霉素、新霉素 B）、土霉素（氧四环素）（用药剂量请参考鸡白痢治疗部分）、头孢噻呋（赛得福、速解灵、速可生）、氟苯尼考（氟甲砜霉素）（用药剂量请参考鸡大肠杆菌病治疗部分）、磺胺甲噁唑（磺胺甲基异噁唑、新诺明、新明磺、SMZ）（用药剂量请参考禽霍乱治疗部分）、泰妙菌素、替米考星（用药剂量请参考鸡慢性呼吸道病治疗部分）。

3. 外科治疗

对于脚垫肿、关节炎病例，可用外科手术排出脓汁，用碘酊消毒创口，配合抗生素治疗即可。

4. 中草药治疗

①黄芩、黄连叶、焦大黄、黄柏、板蓝根、茜草、大蓟、车前子、神曲、甘草各等份加水煎汤，取汁拌料，按每只每天 2 克生药计算，每天 1 剂，连用 3 天。②鱼腥草、麦芽各 90 克，连翘、白及、地榆、茜草各 45 克，大黄、当归各 40 克，黄柏 50 克，知母 30 克，菊花 80 克，粉碎混匀，按每只鸡每天 3.5 克拌料，4 天为一疗程。

五、盲肠球菌病

盲肠球菌病（cecal coccosis）是指由盲肠肠球菌（*Enterococcus Cecorum*）引起的一种脊椎骨关节炎或关节炎。在肉鸡较为常见。

【病原】盲肠肠球菌是 *Enterococcus* 属的微生物。

【流行特征】在肉鸡（尤其是雄性肉鸡）、处于育成期（4～9 周龄）的肉种鸡的公鸡中最经常出现。其发病率与水壶/水线（见图 1-37）或料线/盘（见图 1-38）中污染的粪便和垫料等有直接的关系。本病一年四季均可发生。

【临床症状和剖检变化】病鸡表现为跛行、瘫痪或完全瘫痪（见图 1-39）。剖检见受害髋关节附近有浆液性至干酪样渗出物（见图 1-40），有的病鸡见股骨头坏死（见图 1-41），有的病鸡可见胸椎之间有肿块，并伴有椎体骨髓炎和脊椎炎（见图 1-42）。

图 1-37　粪便污染的水壶（左）和垫料污染的杯托（右）（孙卫东 供图）

图 1-38　粪便污染的料盘（左）和料盘内的垫料（右）（孙卫东 供图）

 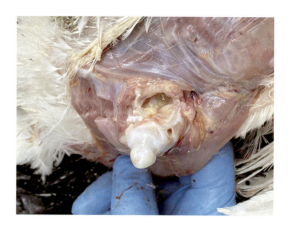

图 1-39　病鸡瘫痪或完全瘫痪（孙卫东 供图）　　图 1-40　病鸡髋关节附近有浆液性至干酪样渗出物（孙卫东 供图）

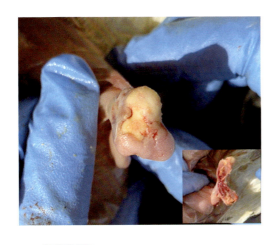
图1-41 病股骨头坏死（孙卫东 供图）

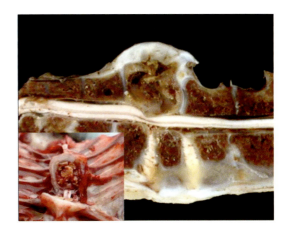
图1-42 病鸡伴有椎体骨髓炎和脊椎炎（孙卫东 供图）

【诊断】根据典型流行特征、临床症状和剖检变化可做出初步诊断，从脊柱炎等病灶中培养出盲肠肠球菌即可确诊。

【类症鉴别】本病与鸡葡萄球菌病的临床表现类似，请参照葡萄球菌病的类症鉴别。

【预防措施】避免粪便或垫料进入水壶/水线、料槽/料盘是防控本病最有效的措施。

【安全用药】请参照葡萄球菌病。

六、滑液支原体感染

滑液支原体感染（mycoplasma synoviae infection）是由滑液支原体引起的鸡和火鸡的一种急性或慢性传染病，主要损害关节的滑液囊膜和腱鞘，引起渗出性滑膜炎、腱鞘炎和滑液囊炎。此外，滑液支原体还可引起上呼吸道感染，或与鸡毒支原体、新城疫病毒、传染性支气管炎病毒协同感染，引起气囊炎。

【病原】本病病原是滑液支原体（*Mycoplasma synoviae*，MS），革兰染色阴性。滑液支原体能凝集鸡或火鸡的红细胞，病鸡的血清中有特异性血凝抑制抗体，故可用血凝抑制试验将滑液支原体和鸡毒支原体加以鉴别。滑液支原体在pH 6.9或更低时不稳定，对39℃以上的温度敏感，可耐受冰冻，但滴度会降低，卵黄中的滑液支原体于-63℃ 7年、-20℃ 2年仍能存活。

【流行特征】鸡和火鸡是自然宿主。急性感染常见于4～16周龄鸡（以9～12周龄青年鸡最易感）和10～24周龄的火鸡，成年鸡则较为少见。急性感染可转为慢性感染，使体内长期带菌。在一次流行之后，很少再次流行。本病可通过呼吸道传播感染，感染率有时可达100%，一般没有或很少发生关节病变；垂直传播也是重要的传播途径，经种蛋传递感染的雏鸡可能在6日龄发病，在雏鸡群中会造成很高的感染率。蚊、螨等似乎不是滑液支原体的传播媒介，而通过污染物和人传播本病则不容忽视。鸡的发病率介于2%～75%，通常为5%～15%，死亡率在1%～10%。火鸡的发病率通常较低，介于

1%～20%，但因踩踏等造成的死亡则可能很多。

【临床症状和剖检变化】自然接触感染的潜伏期通常为11～21天，经蛋传播的潜伏期则相当短。病鸡最初表现为鸡冠苍白，生长迟缓，羽毛蓬松，鸡冠萎缩；继而不愿运动，蹲伏（见图1-43）或借助翅膀向前运动（见图1-44），跗关节（见图1-45）及脚趾关节或脚垫部肿大（见图1-46），肿胀部有热感和波动感，久病不能走动，病鸡消瘦，排浅绿色粪便且含有大量的尿酸，常伴有胸部囊肿（见图1-47）。若将饲料和饮水置于病鸡附近，见其仍有食欲和饮欲，上述急性期症状过后转为缓慢的恢复期，但滑膜炎可持续5年之久。火鸡的症状通常与鸡的症状相同，其中的跛行则更为明显。剖检见腱鞘处有黄白色增生物（见图1-48），关节滑液囊（见图1-49和视频1-11）或脚垫内有黏液性呈灰白色的乳酪样渗出物（见图1-50）。有时酮体胸部囊肿（见图1-51和视频1-12）或胸部皮下的囊泡样病变（见图1-52），严重影响屠宰企业的经济效益。有时关节软骨出现糜烂，严重病例在颅骨和颈部背侧有干酪样渗出物。有时肝、脾肿大，肾苍白呈花斑状。偶见气囊炎的病变。

视频1-11

视频1-12

图1-43　病鸡表现为不愿运动、蹲伏
（孙卫东　供图）

图1-44　病鸡借助翅膀向前运动
（孙卫东　供图）

图1-45　病鸡跗关节及脚垫肿胀
（孙卫东　供图）

图1-46　病鸡脚趾关节及脚垫发红、肿胀
（孙卫东　供图）

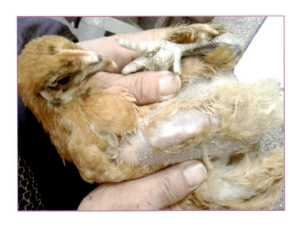 

图 1-47　病鸡胸部囊肿（孙卫东 供图）

图 1-48　病鸡剖检见腱鞘处有黄白色增生物（孙卫东 供图）

图 1-49　病鸡剖检见跗关节内有黏稠渗出物（孙卫东 供图）　　图 1-50　病鸡剖检见脚垫内有黏液性呈灰白色的乳酪样渗出物（孙卫东 供图）

图 1-51　病鸡酮体的胸部囊肿（孙卫东 供图）

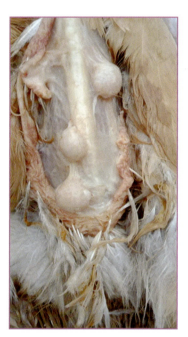 

图 1-52　病鸡胸部皮下的囊泡样病变（孙卫东 供图）

【诊断】根据病史、典型临床症状和剖检变化可做出初步诊断，确诊应进行病原分离（只在含 NAD 的培养基上才能生长而在不含 NAD 的培养基上不生长）及血清学检验（生长抑制试验、代谢抑制试验等）。

【类症鉴别】临床诊断时，本病应与病毒性关节炎、葡萄球菌、链球菌、盲肠肠球菌、大肠杆菌、巴氏杆菌等引起的细菌性关节炎等造成的跛行相区别。请参考上文第二节"鸡运动障碍的诊断思路及鉴别诊断要点"。做血清学试验及病原分离时，则应注意与鸡毒支原体相区别。

【预防措施】请参考鸡毒支原体病相关部分的叙述。

【安全用药】请参考鸡毒支原体病相关部分的叙述。

七、鸡冠癣

鸡冠癣（Lophophytosis），又称头癣或黄癣，是由头癣菌引起的一种慢性皮肤传染病。在临床上以在患病鸡的头部无毛处，尤其是在鸡冠上形成黄白色、鳞片状的癣痂为特征，是造成鸡皮肤感染和损伤、骚动不安、产品外观质量下降较为严重的疾病之一。

【病原】鸡头癣菌。

【流行特征】各种年龄、各种品种（尤其是重型品种）的鸡均易感染，偶见于岩鸡和其他禽类。通常情况下，6月龄以内的鸡很少发病。病禽和带毒禽是本病的主要传染源，库蠓是本病的主要传播媒介。一般通过皮肤伤口传染或互相接触传染。病鸡脱落的鳞屑和污染的器具物品可引起广泛传播。本病多发于多雨潮湿的夏季，在鸡群拥挤、通风不良以及卫生条件较差等情况下均可加剧该病的发生与传播。

【临床症状和剖检变化】冠部最先受到损害，其病变为一种白色或灰黄色的圆斑或小丘疹（见图1-53）。鸡冠皮肤表面有一层麦麸状的鳞屑（见图1-54），逐渐由冠部蔓延到肉髯、眼睑和耳（见图1-55）。重症病例可蔓延到颈部和躯体，羽毛逐渐脱落（见图1-56）。随着病情的发展，鳞屑增多，形成原痂，使病鸡痒痛不安，体温升高，精神萎靡，羽毛松乱，排黄白色或黄绿色稀粪，逐渐瘦弱、贫血、黄疸，母鸡产蛋量下降甚至停产。

重症病鸡剖检时可见上呼吸道和消化道黏膜有点状坏死，形成一种坏死结节和淡黄色干酪样沉着物，肺脏及支气管偶见炎症变化。

图1-53 病鸡鸡冠部有白色或灰黄色的圆斑或小丘疹（孙卫东 供图）

图1-54 病鸡鸡冠部皮肤表面有一层麦麸状的鳞屑（孙卫东 供图）

图 1-55　病鸡冠部皮肤表面麦麸状的鳞屑从冠部蔓延到肉髯、眼睑和耳（孙卫东 供图）

图 1-56　重症病鸡病变可蔓延到颈部，羽毛逐渐脱落（孙卫东 供图）

【诊断】根据病史、典型临床症状和剖检变化可做出初步诊断，采集病料分离到鸡头癣菌即可确诊。

【类症鉴别】

1. 与鸡葡萄球菌病的鉴别

（1）相似点　病鸡的鸡冠、肉髯、眼睑、耳垂等部位会发生感染。

（2）不同点　鸡葡萄球菌病主要见于大冠品种的鸡，其感染往往是由外伤引起，感染部位早期多形成结痂（见图1-57），严重继发感染时才有少量皮屑，真菌药物治疗无效。

2. 与鸡痘的鉴别

（1）相似点　皮肤型鸡痘的病鸡的鸡冠、肉髯、眼睑、耳垂等部位会出现痘斑损害（见图1-58）。

图 1-57　葡萄球菌感染病鸡鸡冠、肉髯、眼睑、耳垂等处的感染与结痂（孙卫东 供图）

（2）不同点　皮肤型鸡痘的病鸡除在上述部位出现病变外，还可在下颌、腿、爪、泄殖腔等处出现痘斑，典型的发痘顺序是红斑—痘疹（呈黄色）—糜烂（暗红色）—痂皮（巧克力色）—脱落—痊愈。严重病例可造成继发细菌感染，真菌药物治疗无效。

3. 与某些喹诺酮类药物中毒的鉴别

（1）相似点　某些品种的鸡在较长时间（大于5天）使用喹诺酮类药物后病鸡的鸡冠、

肉髯、眼睑、耳垂等部位会出现糠麸样损害（见图1-59）。

（2）不同点　该病变在停药后，只需要加强管理，不需要治疗，病变会自愈。

图1-58　鸡痘病鸡鸡冠、肉髯、眼睑等处的疱疹（左）、溃疡和结痂（右）（宋增财 供图）

图1-59　病鸡鸡冠上出现的糠麸样损害（孙卫东 供图）

【预防措施】主要是扑灭传播媒介库蠓，在流行季节对鸡舍内外每周喷洒杀虫药（可用0.01%敌百虫或0.03%蝇毒磷溶液），同时在鸡饲料中添加泰灭净等药物进行预防。搞好环境卫生，饲养密度适当，并保证良好的通风换气。此外，应注意检疫，严防本病传入。

【安全用药】发现病鸡及时隔离，重症病鸡必须淘汰，以防疫情扩散，轻症病鸡可治疗。病鸡治疗时，先用肥皂水清洗患部皮肤表面的结痂和污垢，然后选用下列药物。

①酮康唑软膏（或 3%～5% 克霉唑软膏）：涂抹患部，每天 2 次，连用 3～5 天，疗效显著（见图 1-60）。

图 1-60　用酮康唑软膏涂抹前（左上），涂抹 2 天时（右上）、3 天时（左下）、5 天时（右下）病鸡冠癣逐渐消失至愈（孙卫东 供图）

②用福尔马林软膏（福尔马林 1 份、凡士林 20 份，凡士林熔化后加入福尔马林，在玻璃瓶中摇匀）（或用碘甘油）：涂抹患部，每天 2 次，连用 2～3 天。

③泰灭净：拌料（2.5 千克饲料中加入 1 克原粉），连用 5～7 天，或用增效磺胺嘧啶，每千克体重用 25 毫克拌料喂服，首次用量可以加倍，连用 3～4 天。

④中药治疗：取苦参 1000 克、白矾 750 克、蛇床子 250 克、地肤子 250 克、黄连

150 克、黄柏 500 克、五倍子 100 克，将其混合后加 8 倍水浸泡 2 小时，然后大火煎煮，水开后，再用文火继续煎煮 2 小时，滤出药液；药渣中再加 6 倍量水继续煎煮，水开后维持 1.5 小时，滤出药液；将两次药液混合，加入食醋 500 毫升，然后用文火浓缩至每毫升含 1 克生药备用。在西药治疗约 1 小时后，将备用中药药液装入小型喷雾器，操作人员对准鸡冠两侧喷雾，使全部鸡冠湿润即可，每天 3 次，连续 7 天。

【注意事项】该病治愈后易复发，故应加强饲养管理。鸡群出栏后，应对鸡舍用福尔马林或氢氧化钠彻底消毒。

八、鸡螨病

鸡螨病（chicken mite disease）是由多种对鸡具有侵袭、寄生性质的螨类引发的鸡体内外寄生螨病的总称。临床上以鸡群贫血、骚动不安、消瘦、皮肤损害、羽毛损伤等为特征。目前人们对鸡螨病的危害尚未有足够的重视。

【病原】鸡新勋恙螨（鸡新棒恙螨、鸡奇棒恙螨）、鸡皮刺螨（家禽红螨）、突变膝螨、鸡膝螨、各类羽螨等。属节肢动物门、蛛形纲、蜱螨目、皮刺科、皮刺螨属的一类螨虫。体形微小，主要靠吸食鸡血等为生，通过叮咬鸡体可传播鸡痘病毒病、新城疫、大肠杆菌病等。

【流行特征】鸡和其他家禽均易感。病鸡、带虫鸡、野鸟、老鼠等为传染源。主要传播方式是宿主间的直接接触传播，也可以通过公共用具间接传播。一年四季均可发病，但是在炎热的夏季以及秋季是鸡螨病的高发期。

【临床症状】由于螨的特殊生物习性，传播快，一旦感染，可引起鸡只不安，影响采食，继而消瘦体弱，生长缓慢，生产性能下降，严重影响上市品质，容易并发其他传染病（如鸡皮刺螨还是鸡螺旋体等的传播媒介和宿主），甚至死亡，从而给养鸡场带来巨大经济损失。由于鸡螨的不同，其临床表现有一定的差异。①鸡新勋恙螨：其幼螨成群地用口器刺着在鸡体皮肤上，容易引起皮肤严重损伤。起初皮肤上见一洞状小点或脓肿，以后成为痘疹状病灶，故有人称之为"鸡螨痘"（见图 1-61）。病灶周围隆起、中央凹陷，呈痘脐形，中央可见一小红点，即幼螨聚集处。大量寄生时，鸡腹部和腋下布满此种痘状病灶。②鸡皮刺螨：被严重侵袭的鸡表现为骚动不安，贫血消瘦，蛋鸡产蛋率下降，蛋壳上有螨（见图 1-62 和视频 1-13）不停移动。有的雏鸡和青年鸡可致死。人被侵袭后，皮肤上会出现红疹，甚至螨性皮炎。③突变膝螨：寄生于脚和脚趾皮肤鳞片下面（俗称"石灰脚"），可引发病鸡的食羽癖，在我国分布广泛。④鸡膝螨：通常侵入羽毛的根部，以致诱发炎症（见视频 1-14），羽毛变脆、脱落（见图 1-63），体表形成了赤裸裸的斑点，皮肤发红，上覆鳞片，抚摸时觉有脓疱，因其寄生部剧痒，病鸡啄拨羽毛，使羽毛脱落，故通常称脱羽痒症，病灶常见于背部、翅膀、腹部、尾部（见图 1-64）等处，在我国分布广泛。⑤各类羽螨主要寄生在鸡羽毛上（见图 1-65），能损坏部分或全部羽毛等（见视频 1-15）。

视频 1-13

视频 1-14

视频 1-15

图 1-61　鸡感染新勋恙螨后呈现的"鸡螨痘"（何熙 供图）

图 1-62　蛋壳上的鸡皮刺螨（家禽红螨）（孙卫东 供图）

图 1-63　鸡的膝螨诱发尾根部皮炎（孙卫东 供图）

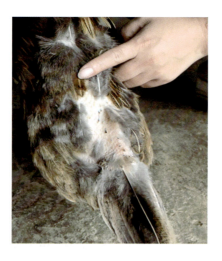

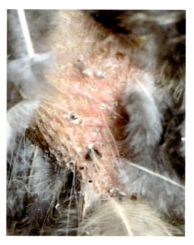

图 1-64　鸡膝螨引起的脱羽部位见于背部、尾部等（孙卫东 供图）

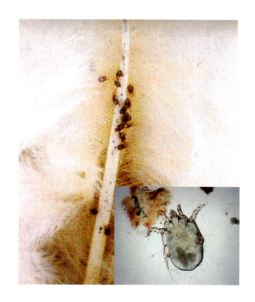

图1-65 鸡羽毛上的羽螨（右下角为显微镜的羽螨）（孙卫东 供图）

【诊断】根据临床症状，翻开羽毛能发现小的羽螨可做出初步诊断。刮取病变处的组织碎片、羽毛、羽管等，收集食槽附近的饲料残渣、羽毛等，加少许甘油或盐水于载玻片上，在显微镜下观察（见视频1-16），发现有螨即可确诊。

【类症鉴别】临床诊断时，本病应与鸡舍内其他传播媒介，如暗黑甲虫、隐翅虫、虱子等引起鸡皮肤的损害相区别。

【预防措施】防止野鸟和老鼠进入鸡舍。严格执行卫生防疫制度，进出鸡场的人员应洗澡更衣，进出鸡场的运输车辆和工具应用热水、酸、碱彻底消毒。定期检查，每月检查3次，每次可抽检10只，检查其泄殖腔周围的皮肤和羽毛上有无虫体。同时加强饲养管理，降低饲养密度，保持鸡舍清洁和干燥，定期用药物杀灭鸡场内外的传播（昆虫）媒介，良好的饲养管理可以提高鸡群抵抗力，螨病的发病率可控制在最低限度。

视频1-16

【安全用药】

（1）喷洒药物 用0.5%的乐果与0.1%的溴氰菊酯（或氯氰菊酯、速灭菊酯）混合悬液，喷药时要让鸡羽毛湿透，间隔7天再喷洒1次，要求用药前让鸡群饮水充足。有条件的鸡场应对笼具用洗涤液彻底清洗，晾干后再用火焰烤1次，同时对鸡舍墙壁也烘烤一下。

（2）0.1%伊维菌素注射液 按每千克体重0.2毫升皮下注射，1个月后再注射1次；或用阿维菌素拌料，间隔1个月再用1次。

九、鸡虱病

鸡虱病（chicken lice disease）是由鸡羽虱寄生于鸡的体表的一种外寄生虫病。临床上以皮肤发痒，鸡因啄痒而咬断自体羽毛，病鸡逐渐消瘦，雏鸡生长发育受阻，母鸡产蛋率下降等为特征。在世界各地和我国各省分布广泛，尤其在鸡群中极为普遍。

【病原】鸡羽虱，又称羽干虱，属短角羽虱科禽羽虱属。

【流行特征】鸡羽虱只寄生于鸡。病鸡、带虫鸡为传染源。主要的传播方式是通过宿主间的直接接触传播，也可通过物体间接传播，若鸡舍过于拥挤，鸡群密度大，容易互相感染蔓延。一年四季均可发病，但是在炎热的夏季以及秋季是鸡羽虱的高发期，这主要是由于天气炎热、温度较高，并且湿度较大，适合鸡羽虱的繁殖。另外，冬季由于鸡的羽毛较为浓密，适合鸡羽虱卵发育繁殖，因此冬季鸡羽虱的发病率也较高。

【临床症状】鸡羽虱寄生于鸡的羽毛干部，虫体非常活跃，咬食羽毛的羽枝和羽小枝，并常成族产卵于羽毛上，用手逆翻头颈部、翅及尾部的羽毛，可见到淡黄色或灰白色的针尖大小的羽虱在羽毛、绒毛或皮肤上爬动（见图1-66）。羽虱往往藏在鸡笼的水线等的接头处（见图1-67和视频1-17）。鸡受到羽虱的刺激而皮肤发痒，表现为用喙啄痒，而使羽毛和皮肤受损，出现皮炎或者出现皮肤出血（见图1-68），并有大量皮屑（见图1-69），严重时会导致羽毛脱落。有的病鸡的鸡冠被啄，鸡冠损伤，鲜血直流（见图1-70）。病鸡因皮肤痒得不到良好的休息，食欲不佳，逐渐消瘦，病情严重时会导致幼鸡死亡，生长发育阶段的鸡生长发育受阻，甚至会停止发育，蛋鸡的产蛋量下降。虽然单纯患该病的致死率较低，但是会导致病鸡对疾病的抵抗力下降，易继发感染其他疾病而使死亡率升高。

【诊断】根据禽体发痒、羽毛折断脱落等症状，并在体表毛根和羽毛上见到灰色或淡黄色的虱体，或在羽毛上发现虱卵即可确诊。

【类症鉴别】临床出现羽毛断折脱落等症状，还应与鸡的啄羽癖、鸡螨病等相区别。

视频1-17

图1-66　鸡羽毛上的羽虱（右下角为显微镜的羽虱）（孙卫东 供图）

图 1-67 鸡的羽虱，出现皮炎，伴有大量皮屑（李鹏飞 供图）

图 1-68 羽虱常集结在水线的接头处（左上角是放大的虱子）（孙卫东 供图）

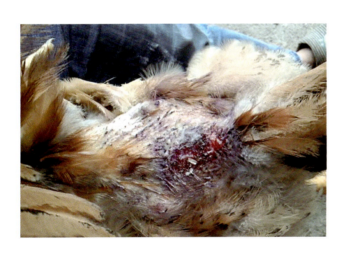

图 1-69 重症病鸡尾部羽毛被啄，皮肤损伤（张青 供图）

图 1-70 鸡冠被啄，鲜血流出（徐卫平 供图）

【预防措施】对于该病的预防主要是通过加强鸡群的饲养管理，提高鸡体的抗病能力。进行合理的饲喂，加强养殖环境的控制工作，每天都要及时清理鸡舍的粪污，保持鸡舍的环境卫生，做好定期的消毒工作。加强鸡舍的通风换气的力度，减少舍内有害气体的浓度。调整鸡群的饲养密度，避免鸡群过于拥挤。保持鸡舍环境干燥，勤换垫料。

【安全用药】鸡羽虱的防治应从两个方面进行：一是杀灭环境中的虱，二是驱杀鸡体上的虱。

① 樟脑丸治虱。将樟脑丸研成粉末后在夜晚鸡入窝休息时均匀地撒在鸡舍内，3天后检查病鸡，如果身上还存在鸡虱则可加大用量，或者使用樟脑粉擦鸡身，让其进入羽毛丛

中，可起到更好的防治效果。

②药液喷雾。将精制敌百虫片研细后与灭毒威和水混合后喷雾，可起到良好的防治效果。用量为每1000只成年鸡使用规格为0.3克的敌百虫片250片、灭毒威粉75克，混入15千克温水中，等完全溶解后进行全方位喷雾，1周后再喷雾1次，可彻底杀灭鸡虱。也可选用0.7%～1%的氟化钠水溶液药浴。

③喷雾灭虱。在鸡虱高发季节，选用无毒灭虱精或无毒多灭灵等配制成稀释液后再进行喷雾，方法是将鸡抓起后逆羽毛生长的方向喷雾。同时使用上述药剂对养殖环境，包括鸡舍、运动场、墙壁、垫草等进行喷洒，以杀灭环境中的鸡虱。也可选用5%马拉硫磷粉、10%二氯苯醚菊酯喷雾。

④卫生球治虱。根据鸡舍和鸡的大小将卫生球用布包起来，将其固定在鸡舍的几个角落，可消除鸡舍内的鸡虱，对于鸡身上的鸡虱，则可以将包好的卫生球绑在鸡的翅膀下，一般每只鸡用2颗，2～3天即可驱除体表的鸡虱。

⑤洗衣粉灭虱。洗衣粉水溶液可以有效脱去虫体体表的蜡质，堵塞气孔，使虫体窒息死亡。使用方法是用洗衣粉水溶液洗涤鸡体，杀灭效果较好，同时还可以起到清洗鸡体污垢、保持体表清洁卫生的作用。

⑥灭虫素治虱。灭虫素是防治鸡虱的有效药物，每毫升灭虫素中含有伊维菌素10毫克，使用时按1千克体重0.2毫克注射于病鸡翅内侧皮下，隔10天后再注射1次，一般2次即可治好。

⑦白酒治虱。500毫升白酒，放入20～30克百部草，每天摇晃2～5次，3天后用棉球蘸药酒涂抹在病鸡的皮肤上，每天1次，连用3～4天，即可根治。

【注意事项】一般杀虱药剂难以直接杀灭虫卵，为彻底起见，须在第一次用药后7～10天再进行一次。

十、维生素A缺乏症

维生素A缺乏症（vitamin A deficiency）是由于日粮中维生素A供应不足或吸收障碍而引起的以鸡生长发育不良、器官黏膜损害、上皮角化不全、视觉障碍、产蛋率和孵化率下降、胚胎畸形等为特征的一种营养代谢性疾病。

【病因】日粮中缺乏维生素A或胡萝卜素（维生素A原）；饲料储存、加工不当，导致维生素A缺乏；日粮中蛋白质和脂肪不足，导致鸡发生功能性维生素A缺乏症；需要量增加，许多学者认为鸡维生素A的实际需要量应高于NRC标准。此外，胃肠吸收障碍，发生腹泻或其他疾病，使维生素A消耗或损失过多；肝病使其不能利用及储存维生素A，均可引起维生素A缺乏。

【临床症状】雏鸡和初产蛋鸡易发生维生素A缺乏症。鸡一般发生在6～7周龄，若1周龄的雏鸡发病，则与种鸡缺乏维生素A有关。成年鸡通常在2～5个月内出现症状。

雏鸡主要表现精神委顿，衰弱，运动失调，羽毛松乱，生长缓慢，消瘦。流泪，常将上下眼睑粘在一起（见图 1-71），眼睑内有干酪样物质积聚，角膜混浊不透明（见图 1-72），严重的角膜软化或穿孔，失明。喙和小腿部皮肤的黄色消退，趾关节肿胀，脚垫粗糙、增厚（见图 1-73）。有些病鸡受到外界刺激即可引起阵发性神经症状，作圆圈式扭头并后退和惊叫，病鸡在发作的间隙期尚能采食。成年鸡发病呈慢性经过，主要表现为食欲不佳，羽毛松乱，消瘦，爪、喙色淡，冠白有皱褶，趾爪粗糙，两肢无力，步态不稳，往往用尾支地。母鸡产蛋量和孵化率降低，血斑蛋增加。公鸡性机能降低，精液品质下降。病鸡的呼吸道和消化道黏膜受损，易感染多种病原微生物，使死亡率增加。

图 1-71　病鸡眼睑肿胀，上下眼睑粘连（孙卫东 供图）

 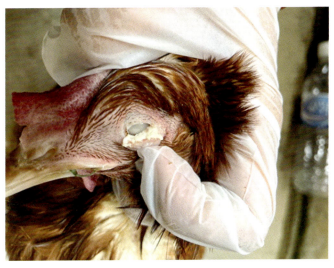

图 1-72　病鸡眼睑挤压后露出的干酪样积聚物，角膜混浊（右）（孙卫东 供图）

图 1-73　病鸡腿部鳞片褪色，趾关节肿胀，脚垫粗糙、增厚（左上角小图）（孙卫东 供图）

【剖检变化】病/死鸡口腔、咽喉和食道黏膜过度角化，有时从食道上端直至嗉囊入口有散在粟粒大白色结节或脓疱（见图 1-74），或覆盖一层白色豆腐渣样伪膜。呼吸道黏膜被一层鳞状角化上皮代替，鼻腔内充满水样分泌物，液体流入副鼻窦后，导致一侧或两侧颜面肿胀，泪管阻塞或眼球受压，视神经损伤，严重病例角膜穿孔。肾呈灰白色，肾小管和输尿管充塞着白色尿酸盐沉积物（见图 1-75），心包、肝和脾表面有时可见尿酸盐沉积（见图 1-76）。

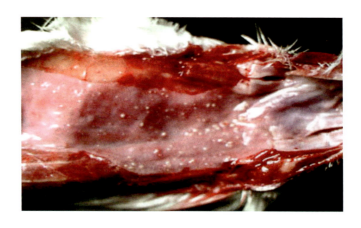

图 1-74　病鸡食道黏膜有散在粟粒大白色结节或脓疱（孙卫东 供图）

【诊断】根据饲养管理情况的调查，结合临床症状和病理剖检变化，可做出初步诊断。测定血清或肝脏中的维生素 A 的含量，有助于本病的确诊。

【类症鉴别】本病出现的鸡食道黏膜覆盖的白色豆腐渣样伪膜，与鸡黏膜型鸡痘的病变相似，应注意区别；本病蛋（种）鸡出现的产蛋率、孵化率下降和胚胎畸形等临床症状与鸡产蛋下降综合征、低致病性禽流感、鸡传染性支气管炎等病的症状类似，应注意鉴别；本病出现的眼及面部肿胀症状与眼型大肠杆菌病、鸡传染性鼻炎、氨气眼部灼伤等病类似，应注意鉴别；本病出现的呼吸道症状与鸡传染性鼻炎、传染性喉气管炎等病的症状类似，可通过病原分离或血清学方法区别；本病剖检出现的"花斑肾"病变与鸡传染性法氏囊病、鸡肾型传染性支气管炎、鸡痛风、雏鸡的供水不足或脱水等的病变类似，应注意鉴别。

图 1-75　病鸡输尿管有明显的白色尿酸盐沉积（孙卫东 供图）

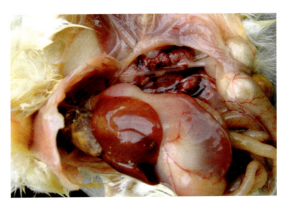

图 1-76　病鸡心包等内脏表面有明显的白色尿酸盐沉积（孙卫东 供图）

【预防措施】防止本病的发生，须从日粮的配制、保管、储存等方面采取综合措施。

（1）优化饲料配方，供给全价日粮　鸡因消化道内微生物少，大多数维生素在体内不能合成，必须从饲料中摄取。因此要根据鸡的生长与产蛋不同阶段的营养要求特点，添加足量维生素 A，以保证其生理、产蛋、抗应激和抗病的需要。调节维生素、蛋白质和能量水平，以保证维生素 A 的吸收和利用。如硒和维生素 E，可以防止维生素 A 遭氧化破坏，蛋白质和脂肪有利于维生素 A 的吸收和储存，如果这些物质缺乏，即使日粮中有足够的维生素 A，也可能发生维生素 A 缺乏症。

（2）饲料最好现配现喂，不宜长期保存　由于维生素 A 或胡萝卜素存在于油脂中而易被氧化，因此饲料放置时间过长或预先将脂溶性维生素 A 掺入到饲料中，尤其是在大量不饱和脂肪酸的环境中更易被氧化。鸡易吸收黄色及橙黄色的类胡萝卜素，所以黄色玉米和绿叶粉等富含类胡萝卜素的饲料可以增加蛋黄和皮肤的色泽，但这些色素随着饲料的储存时间过长也易被破坏。此外，储存饲料的仓库应阴凉、干燥，防止饲料发生酸败、霉变、发酵、发热等，以免维生素 A 被破坏。

（3）完善饲喂制度　饲喂时，应勤添少加，饲槽内不应留有剩料，以防维生素 A 或胡萝卜素被氧化失效。必要时，平时可以补充饲喂一些含维生素 A 或维生素 A 原丰富的饲料，如牛奶、肝粉、胡萝卜、菠菜、南瓜、黄玉米、苜蓿等。

（4）加强胃肠道疾病的防控　保证鸡的肠胃、肝脏功能正常，以利于维生素 A 的吸收和储存。

（5）加强种鸡维生素 A 的监测　选用维生素 A 检测合格的种鸡所产的种蛋进行孵化，

以防雏鸡发生先天性维生素A缺乏。

【注意事项】健康鸡血清含维生素A为1000～1500单位/升；每克肝脏维生素A含量，雏鸡≥2单位。

【安全用药】消除致病病因，淘汰重症鸡，立即用维生素A治疗，剂量为日维持需要量的10～20倍。

(1) 使用维生素A制剂　可投服鱼肝油，每只鸡每天喂1～2毫升，雏鸡则酌情减少。对发病鸡所在的鸡群，在每千克饲料中拌入2000～5000单位的维生素A，或在每千克配合饲料中添加精制鱼肝油15毫升，连用10～15天。或补充含有抗氧化剂的高含量维生素A的食用油，日粮约补充维生素A 11000单位/千克。对于病重的鸡应口服鱼肝油丸（成年鸡每天可口服1粒）或滴服鱼肝油数滴，也可肌内注射维生素AD注射液，每只0.2毫升。其眼部病变可用2%～3%的硼酸溶液进行清洗，并涂以抗生素软膏。在短期内给予大剂量维生素A，对急性病例疗效迅速而安全，但慢性病例不可能完全康复。

【注意事项】维生素A不易从机体内迅速排出，应防止长期过量使用引起维生素A中毒。

(2) 其他疗法　用羊肝拌料，取鲜羊肝0.3～0.5千克切碎，沸水烫至变色，然后连汤加肝一起拌于10千克饲料中，连续喂鸡1周，此法主要适用于雏鸡。或取苍术末，按每次每只鸡1～2克，1天2次，连用数天。

十一、维生素D缺乏症

维生素D的主要功能是诱导钙结合蛋白的合成和调控肠道对钙的吸收以及血液对钙的转运。维生素D缺乏（vitamin D deficiency）可降低雏鸡骨钙沉积而出现佝偻病、成鸡骨钙流失而出现软骨病。临床上以骨骼、喙和蛋壳形成受阻为特征。

【病因】日粮中维生素D缺乏，在生产实践中要根据实际情况灵活掌握维生素D用量（这对缺少日光照射的舍内笼养鸡和雏鸡尤为重要），如果日粮中有效磷少则维生素D需要量就多，钙和有效磷的比例以2∶1为宜；日光照射不足，在鸡皮肤表面及食物中含有维生素D原经紫外线照射转变为维生素D，因其具有抗佝偻病作用，故又称为抗佝偻病维生素；消化吸收功能障碍等因素影响脂溶性维生素D的吸收；患有肾、肝疾病，维生素D_3羟化作用受到影响而易发病。

【临床症状】雏鸡通常在2～3周龄时出现明显的症状，最早可在10～11日龄发病。病鸡生长发育受阻，羽毛生长不良，喙柔软易变形，跗骨易弯曲成弓形（图1-77）。腿部

图1-77　病雏跗骨弯曲成弓形（王金勇　供图）

衰弱无力，行走时步态不稳，躯体向两边摇摆，站立困难，不稳定地移行几步后即以跗关节着地伏下。

产蛋鸡往往在缺乏维生素D2～3个月后才开始出现症状。表现为产薄壳蛋和软壳蛋的数量显著增多，蛋壳强度下降、易碎（图1-78）。随后产蛋量明显减少。产蛋量和蛋壳的硬度下降一段时间后，接着会有一个相对正常时期，可能循环反复，形成几个周期。有的产蛋鸡可能出现暂时性的不能走动，常在产一个无壳蛋之后即能复原。病重母鸡表现出"企鹅状"蹲伏的特殊姿势，以后鸡的喙、爪和龙骨渐变软，胸骨常弯曲（图1-79）。胸骨与脊椎骨接合部向内凹陷，产生肋骨沿胸廓呈内向弧形的特征。种蛋孵化率降低，胚胎多在入孵后第10～17天死亡。

图1-78 产蛋母鸡产薄壳蛋，蛋壳强度下降、易碎（孙卫东 供图）

图1-79 产蛋母鸡胸骨弯曲成"S"状（孙卫东 供图）

【剖检变化】病/死雏鸡，其最特征的病理变化是龙骨呈"S"状弯曲（图1-80），肋骨与肋软骨、肋骨与椎骨连接处出现串珠状（图1-81）。在胫骨或股骨的骨骺部可见钙化不良。

成年产蛋/种鸡死于维生素D缺乏症时，其尸体剖检所见的特征性病变局限于骨骼和甲状旁腺。骨骼软而容易折断。腿骨组织切片呈现缺钙和骨样组织增生现象。胫骨用硝酸银染色，可显示出胫骨的骨骺有未钙化区。

【诊断】通过病史调查，结合运动机能障碍、骨骼变形、母鸡产薄壳蛋及软壳蛋数量增多等典型临床症状和病理剖检变化，可做出初步诊断。必要时进行血清钙、磷的测定，有助于本病的确诊。

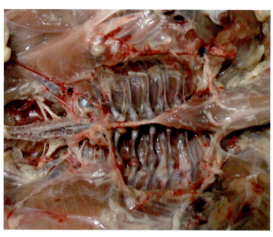

图 1-80　鸡龙骨呈"S"状弯曲（上为雏鸡，下为成年鸡）（孙卫东 供图）

图 1-81　病雏肋骨与肋软骨、肋骨与椎骨连接处出现串珠状结节（孙卫东 供图）

【类症鉴别】本病出现的运动障碍与钙、磷不足，钙、磷比例失调，锰缺乏症等出现的症状类似，详细鉴别诊断见上文第二节"鸡运动障碍的诊断思路及鉴别诊断要点"。

【预防措施】改善饲养管理条件，补充维生素 D；将病鸡置于光线充足、通风良好的鸡舍内；合理调配日粮，注意日粮中钙、磷比例，喂给含有充足维生素 D 的混合饲料。此外，还需加强饲养管理，尽可能让病鸡多晒太阳，笼养鸡还可在鸡舍内用紫外线进行照射。

加强种鸡血清钙、磷的监测，选用血清钙、磷检测合格种鸡所产的种蛋进行孵化，以防雏鸡发生先天性维生素 D 缺乏。

【注意事项】健康鸡血清钙为 4.25～5.50 摩尔/升，血清磷为 0.97～3.23 摩尔/升。

【安全用药】首先应找出病因，针对病因采取有效措施。雏鸡佝偻病可一次性大剂量喂给维生素 D_3 1.5 万～2.0 万单位，或一次性肌内注射维生素 D_3 1 万单位，或滴服鱼肝油数滴，每天 3 次，或用维丁胶性钙注射液肌内注射 0.2 毫升，同时配合使用钙片，连用 7 天左右。发病鸡群除在其日粮中增加富含维生素 D 的饲料（如苜蓿等）外，还应在每千克饲料中添加鱼肝油 10～20 毫升。但在临床实践中，应根据维生素 D 缺乏的程度补充适宜的剂量，以防止添加剂量过大而引起鸡维生素 D 中毒。

十二、维生素 B_1 缺乏症

维生素 B_1 是由一个嘧啶环和一个噻唑环结合而成的化合物，因分子中含有硫和氨基，故又称硫胺素（Thiamine）。因维生素 B_1 缺乏而引起鸡碳水化合物代谢障碍及神经系统的病变为主要临床特征的疾病，称为维生素 B_1 缺乏症（vitamin B_1 deficiency）。

【病因】大多数常用饲料中硫胺素均很丰富，特别是禾谷类籽实的加工副产品糠麸以及饲用酵母中每千克含量可达 7～16 毫克。植物性蛋白质饲料每千克约含 3～9 毫克。所以家禽实际应用的日粮中都含有充足的硫胺素，无需补充。然而，鸡仍有硫胺素缺乏症发生，其主要病因是由于日粮中硫胺素遭受破坏（如饲粮被蒸煮加热、碱化处理）所致。此外，日粮中含有硫胺素拮抗物质而使硫胺素缺乏，如日粮中含有蕨类植物，球虫抑制剂氨丙啉，某些植物、真菌、细菌产生的拮抗物质，均可能使硫胺素缺乏而致病。

【临床症状】雏鸡对硫胺素缺乏十分敏感，饲喂缺乏硫胺素的饲粮后约经 10 天即可出现多发性神经炎症状。病鸡表现为突然发病，鸡蹲坐在其屈曲的腿上，头缩向后方呈现特征性的"观星"姿势。由于腿麻痹不能站立和行走，病鸡以跗关节和尾部着地，坐在地面或倒地侧卧，严重时会突然倒地，抽搐死亡。见图 1-82。

图 1-82　鸡维生素 B_1 缺乏时的临床表现（孙卫东 供图）

（A—病鸡以跗关节和尾部着地；B—病鸡头后仰、以翅支撑；C—病鸡头后仰、脚趾离地；D—病鸡倒地、抽搐）

视频 1-18

视频 1-19

成年鸡硫胺素缺乏约 3 周后才出现临床症状。病初食欲减退，生长缓慢，羽毛松乱无光泽，腿软无力和步态不稳。鸡冠常呈蓝紫色。以后神经症状逐渐明显，开始是脚趾的屈肌麻痹，随后向上发展，其腿、翅膀和颈部的伸肌明显出现麻痹。有些病鸡出现贫血和腹泻。体温下降至 35.5℃。呼吸次数呈进行性减少。衰竭死亡。种蛋孵化率降低，死胚增加，有的因无力破壳而死亡有的因无力破壳而死亡（图 1-83 和视频 1-18）。能出壳的苗鸡呈现明显的观星症状（图 1-84 和视频 1-19）。

图 1-83 死胚增加，有的因无力破壳而死亡（吴志强 供图）

图 1-84 刚出壳的苗鸡呈现典型的"观星"姿势（吴志强 供图）

【剖检变化】病/死雏鸡的皮肤呈广泛性水肿，其水肿的程度决定于肾上腺的肥大程度。肾上腺肥大雌鸡比雄鸡更为明显，肾上腺皮质部的肥大比髓质部更大一些。心脏轻度萎缩，右心可能扩大，肝脏呈淡黄色，胆囊肿大。肉眼可观察到胃和肠壁的萎缩，而十二指肠肠腺（里贝昆氏腺）却扩张。

【诊断】根据饲料成分分析和典型的观星姿势，可做出初步诊断。临床病理学检验有助于本病的确诊，检验项目为，血液丙酮酸浓度从 20～30 微克/升高至 20～30 微克/升，血浆硫胺素浓度从正常时的 80～100 微克/升降至 25～30 微克/升，脑脊液中的细胞数量由正常时的 3～5 个/毫升增加到 25～100 个/毫升。

【类症鉴别】本病出现的"观星"等神经系统症状与鸡新城疫、禽脑脊髓炎、维生素 E 缺乏症等出现的症状类似，详细鉴别诊断见上文第二节"鸡运动障碍的诊断思路及鉴别诊断要点"。

【预防措施】饲养标准规定每千克饲料中维生素 B_1 含量为：肉用仔鸡和 0～6 周龄的育成蛋鸡 1.8 毫克，7～20 周龄鸡 1.3 毫克，产蛋鸡和母鸡 0.8 毫克，注意按标准饲料搭配和合理调制，就可以防止维生素 B_1 缺乏症。注意日粮配合，添加富含维生素 B_1 的糠麸、青绿饲料或添加维生素 B_1。对种鸡要监测血液中丙酮酸的含量，以免影响种蛋的孵化率。某些药物（抗生素、磺胺药、球虫药等）是维生素 B_1 的拮抗剂，不宜长期使用，若用药应加大维生素 B_1 的用量。天气炎热，因需求量高，注意额外补充维生素 B_1。

【安全用药】 发病严重者，可给病鸡口服维生素 B_1，在数小时后即可见到疗效。由于维生素 B_1 缺乏可引起极度的厌食，因此在急性缺乏尚未痊愈之前，在饲料中添加维生素 B_1 的治疗方法是不可靠的，所以要先口服维生素 B_1，然后再在饲料中添加，雏鸡的口服量为每只每天 1 毫克，成年鸡每只内服量为每千克体重 2.5 毫克。对神经症状明显的病鸡应按每千克体重 0.25～0.5 毫克肌内或静脉注射盐酸硫胺素（维生素 B_1）注射液，因维生素 B_1 代谢较快，应每 3 小时注射 1 次，连用 3～4 天，效果较好。此外，还可取大活络丹 1 粒，分 4 次投服，每天 1 次，连用 14 天。

【注意事项】 当饲料中含有磺胺类药物、氨丙啉等时，应多供给维生素 B_1，防止其拮抗作用。

十三、维生素 B_2 缺乏症

维生素 B_2 是由核醇与二甲基异咯嗪结合构成的，由于异咯嗪是一种黄色色素，故又称之为核黄素（riboflavin）。维生素 B_2 缺乏症（vitamin B_2 deficiency）是由于饲料中维生素 B_2 缺乏或被破坏引起鸡机体内黄素酶形成减少，导致物质代谢性障碍，临床上以足趾向内蜷曲、飞节着地、两腿发生瘫痪为特征的一种营养代谢病。

【病因】 常用的禾谷类饲料中维生素 B_2 特别贫乏，每千克不足 2 毫克。所以，肠道比较缺乏微生物的鸡，又以禾谷类饲料为食，若不注意添加维生素 B_2 易发生缺乏症。核黄素易被紫外线、碱及重金属破坏；另外还要注意，饲喂高脂肪、低蛋白日粮时核黄素需要量增加；种鸡比非种用蛋鸡的需要量需提高 1 倍；低温时供给量应增加；患有胃肠病的，影响核黄素转化和吸收。这些因素都可能引起维生素 B_2 缺乏。

【临床症状】 雏鸡喂饲缺乏维生素 B_2 的日粮后，多在 1～2 周龄发生腹泻，食欲尚良好，但生长缓慢，逐渐变得衰弱消瘦。其特征性症状是足趾向内蜷曲，以跗/趾关节着地行走（图 1-85 和视频 1-20），强行驱赶则以跗关节支撑并在翅膀的帮助下走动，两腿发生瘫痪（图 1-86），腿部肌肉萎缩和松弛，皮肤干而粗糙。病鸡有时排出带大量气泡的粪便（图 1-87）。缺乏症的后期，病雏不能运动，只是伸腿俯卧，多因吃不到食物而饿死。

育成鸡可出现轻度至重度的脚趾严重内蜷变形（图 1-88），造成鸡的运动障碍（见视频 1-21）。母鸡的产蛋量下降，蛋白稀薄，种鸡则产蛋率、受精率、孵化率下降。种母鸡日粮中核黄素的含量低，其所产的蛋和出壳雏鸡的核黄素含量也低，而核黄素是胚胎正常发育和孵化所必需的物质，孵化种蛋内的核黄素用完，鸡胚就会死亡（入孵第 2 周死亡率高）。死胚呈现皮肤结节状绒毛、颈部弯曲、躯体短小、关节变形、水肿、贫血和肾脏变性等病理变化。有时也能孵出雏，但多数带有先天性麻痹症状、体小、水肿。种公鸡会出现脚趾的弯曲、变形（图 1-89），影响鸡的配种。

视频 1-20

视频 1-21

图 1-85　病雏脚趾向内蜷曲，以跗/趾关节着地行走（孙卫东 供图）

图 1-86　病雏脚趾向内蜷曲，瘫痪、行走困难（孙卫东 供图）

图 1-87　病鸡排出带大量气泡的粪便（孙卫东 供图）

图 1-88　育成鸡脚趾严重向内蜷曲，行走困难（张正华 供图）

图 1-89　种公鸡会出现脚趾的弯曲、变形（王大军 供图）

【剖检变化】病/死雏鸡胃肠道黏膜萎缩，肠壁薄，肠内充满泡沫状内容物（图1-90）。病/死的产蛋鸡皆有肝脏增大和脂肪量增多；有些病例有胸腺充血和成熟前期萎缩；病/死成年鸡的坐骨神经和臂神经显著肿大和变软，尤其是坐骨神经的变化更为显著，其直径比正常大4～5倍。

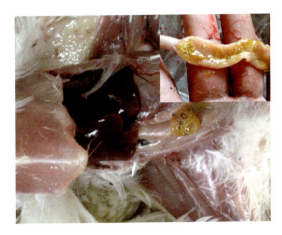 

图1-90　病鸡肠道内充满泡沫状内容物（孙卫东　供图）

【诊断】根据饲料成分分析和特征性趾蜷曲姿势，可做出初步诊断。全血中维生素B_2的含量低于0.0399微摩尔/升有助于本病的确诊。

【类症鉴别】本病出现的趾爪蜷曲、两腿瘫痪等症状与禽脑脊髓炎、维生素E-硒缺乏症、马立克病等出现的运动障碍类似，详细鉴别诊断见上文第二节"鸡运动障碍的诊断思路及鉴别诊断要点"。

【预防措施】饲喂的日粮必须能满足鸡生长、发育和正常代谢对维生素B_2的需要。0～7周龄的雏鸡，每千克饲料中维生素B_2含量不能低于3.6毫克；8～18周龄时，不能低于1.8毫克；种鸡不能低于3.8毫克；产蛋鸡不能低于2.2毫克。配制全价日粮，应遵循多样化原则，选择谷类、酵母、新鲜青绿饲料和苜蓿、干草粉等富含维生素B_2的原料，或在每吨饲料中添加2～3克核黄素，对预防本病的发生有较好的作用。维生素B_2在碱性环境以及暴露于可见光特别是紫外光中，容易分解变质，混合料中的碱性药物或添加剂也会破坏维生素B_2，因此，在饲料加工、储存过程中应避免碱性物质及阳光对维生素B_2的破坏作用。防止鸡群因胃肠道疾病（如腹泻等）或其他疾病影响对维生素B_2的吸收而诱发本病。

【安全用药】雏鸡按每只1～2毫克，成年鸡按每只5～10毫克口服维生素B_2片或肌注维生素B_2注射液，连用2～3天。或在每千克饲料中加入维生素B_2 20毫克治疗1～2周，即可见效。此外，可取山苦荬（别名七托莲、小苦麦菜、苦菜、黄鼠草、小苦苣、活血草、隐血丹），按10%（预防按5%）的比例在饲料中添喂，每天3次，连喂30天。

【注意事项】对趾爪蜷曲、腿部肌肉萎缩、卧地不起的重症病例往往治疗效果不佳，应及早淘汰。

十四、维生素 B_6 缺乏症

维生素 B_6（Vitamin B_6 deficiency）又名吡哆素，包括吡哆醇、吡哆醛、吡哆胺等 3 种化合物。维生素 B_6 缺乏症是维生素 B_6 引起的以家禽食欲下降、生长不良、骨短粗病和神经症状为特征的一种疾病。

【病因】饲料在碱性或中性溶液中，以及受光线、紫外线照射均能使维生素 B_6 破坏，也可引起维生素 B_6 缺乏。曾发现饲喂肉用仔鸡每千克含吡哆醇低于 3 毫克的饲粮，引起大群发生中枢神经系统紊乱。

【临床症状】雏鸡出现食欲下降、生长不良、贫血及特征性神经症状。病鸡双脚神经性的颤动，多以强烈痉挛抽搐而死亡。有些小鸡发生惊厥时，无目的地乱跑，翅膀扑击，趴伏或仰翻在地（见图 1-91），头和腿急剧摆动，这种较强烈的活动和挣扎导致病鸡衰竭而死。另有些病鸡无神经症状而发生严重的骨短粗病（见图 1-92）。成年病鸡食欲减退，产蛋量和孵化率明显下降，由于体内氨基酸代谢障碍，蛋白质的沉积率降低，生长缓慢；甘氨酸和琥珀酰辅酶 A 缩合成卟啉基的作用受阻，对铁的吸收利用降低而发生贫血。随后病鸡体重减轻，逐渐衰竭死亡。

图 1-91　病雏趴伏或仰翻在地（孙卫东 供图）

【剖检变化】剖检病死鸡见皮下水肿（见图 1-93），内脏器官肿大，脊髓和外周神经变性。有些病例呈现肝脏变性。骨短粗病的组织学特征是跗跖关节的软骨骺的囊泡区排列紊乱和血管参差不齐地向骨板伸入，致使骨弯曲。

【诊断】根据发病经过，日粮的分析，临床上食欲下降、生长不良、贫血及特征性的神经症状以及病理变化综合分析后可作出诊断。

【预防措施】应根据病因采取有针对性防治措施。饲喂量不足需增加供给量；有些禽类品种需要量大就应加大供给量。有人发现洛岛红与芦花杂交种雏鸡的需要量比白来航雏鸡高得多。有研究指出，在育成鸡饲料中将吡哆醇的含量提高至 NRC 推荐量的 2 倍，且在其所产的蛋内注射吡哆醇时，可提高受精卵的孵化率。

图 1-92　病雏鸡跖骨短粗（左），右为正常对照（孙卫东 供图）

图 1-93　剖检病雏见皮下水肿（孙卫东 供图）

十五、锰缺乏症

锰是鸡生长、生殖和骨骼、蛋壳形成所必需的一种微量元素，鸡对这种元素的需要量相当高，对缺锰最为敏感，易发生缺锰。锰缺乏症（manganese deficiency）又称骨短粗症或滑腱症，是以跗关节粗大和变形、蛋壳硬度及蛋孵化率下降、鸡胚畸形为特征的一种营养代谢病。

【病因】饲料中的玉米、大麦和大豆锰含量很低，若补充不足，则可引起锰缺乏；饲料中磷酸钙含量过高可影响肠道对锰的吸收；锰与铁、钴在肠道内有共同的吸收部位，饲料中铁和钴含量过高，可竞争性地抑制肠道对锰的吸收。此外，饲养密度过大可诱发本病。

【临床症状】病鸡的特征症状是生长停滞、骨短粗。胫 - 跗关节增大，胫骨下端和跖骨上端弯曲扭转，使腓肠肌腱从跗关节的骨槽中滑出而呈现脱腱症状，多数是一侧腿向外弯曲，甚至呈 90°角，极少向内弯曲。一肢患病者往往一肢着地另一肢短而悬起（图 1-94），病鸡运动时多以跗关节着地行走（见视频 1-22），严重者跗关节着地移动或因麻痹卧地不起（图 1-95），终因无法采食而饿死。

视频 1-22

图1-94 病鸡右腿向外翻转呈90°角且悬起（孙卫东 供图）

图1-95 病鸡左腿向外翻转呈90°角，跗关节着地（孙卫东 供图）

成年蛋鸡缺锰时产蛋量下降，种蛋孵化率显著下降，还可导致胚胎的软骨营养不良。这种鸡胚的死亡高峰发生在孵化的第20天和第21天。胚胎躯体短小，骨骼发育不良，翅短，腿短而粗，头呈圆球样，喙短弯呈特征性的"鹦鹉嘴"。还有报道指出，锰是保持最高蛋壳质量所必需的元素，当锰缺乏时，蛋壳会变薄易破碎。孵化成活的雏鸡有时表现出共济失调（见视频1-23），且在受到刺激时尤为明显。

视频1-23

【剖检变化】病/死鸡见胫骨下端和跗骨上端弯曲扭转，使腓肠肌腱从跗关节骨槽中滑出而出现滑腱症（图1-96）。严重者管状骨短粗、弯曲，骨骺肥厚，骨板变薄，剖面可见密质骨多孔，在骺端尤其明显。骨骼的硬度尚良好，相对重量未减少或有所增多。消化、呼吸等各系统内脏器官均无明显眼观病理变化。

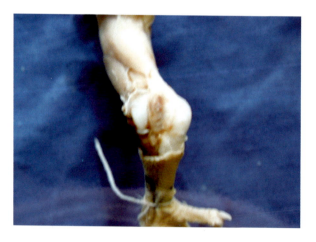

图1-96 病鸡腓肠肌腱从跗关节骨槽中滑出（福尔马林固定标本）（孙卫东 供图）

【诊断】根据饲料成分分析和典型的滑腱症临床表现，可做出初步诊断。

【类症鉴别】本病跛行、骨短粗和变形症状与大肠杆菌、葡萄球菌等引起的关节炎、滑液囊关节炎、病毒性关节炎、关节型痛风、胆碱缺乏症、叶酸缺乏症、维生素D缺乏症、维生素B_2缺乏症、钙磷缺乏和钙磷比例失调等出现的症状类似，详细鉴别诊断见上文第二节"鸡运动障碍的诊断思路及鉴别诊断要点"。

【预防措施】由于普通配制的饲料都缺锰，特别是以玉米为主的饲料，即使加入钙磷不多，也要补锰，一般用硫酸锰作为饲料中添加锰的原料，每千克饲料中添加硫酸锰0.1～0.2克。也可多喂些新鲜青绿饲料，饲料中的钙、磷、锰和胆碱的配合要平衡。对于雏鸡，饲料中的骨粉量不宜过多，玉米的比例也要适当。

【注意事项】糠麸为含锰丰富的饲料，每千克米糠中含锰量可达300毫克左右，用此调整日粮有良好的预防作用。

【安全用药】在出现锰缺乏症病鸡时，可提高饲料中锰的加入剂量至正常加入量的2～4倍。也可用1∶3000高锰酸钾溶液饮水，以满足鸡体对锰的需求。对于饲料中钙、磷比例高的，应降至正常标准，并增补0.1%～0.2%的氯化胆碱，适当添加复合维生素，效果更佳。虽然锰是毒性最小的矿物元素之一，鸡对其的日耐受量可达2000毫克/千克，且这时并不表现出中毒症状，但高浓度的锰可降低血红蛋白和红细胞压积以及肝脏铁离子的水平，导致贫血，影响雏鸡的生长发育，且过量的锰对钙和磷的利用有不良影响。

【注意事项】对已经发生骨变形和滑腱症的重症病例，应及早淘汰。

十六、肉鸡胫骨软骨发育不良

肉鸡胫骨软骨发育不良（tibial dyschondroplasia in chicken）是在1965年由Leach和Nesheim首次发现。临床上是以胫骨近端生长板的软骨细胞不能肥大发育成熟，出现无血管软骨团块，集聚在生长板下，深入干骺端甚至骨髓腔为特征的一种营养代谢性骨骼疾病。该病已在世界范围内发生，可引起鸡屠宰酮体品质的下降，造成较为严重的经济损失。

【病因】引起该病的因素很复杂，其中有营养、遗传和环境等因素。

（1）营养因素

① 饲料中钙磷水平是影响胫骨软骨发育不良发生的主要营养因素。随着鸡日粮中钙与可利用磷的比例增加，该病的发生率也会降低。高磷破坏了机体酸碱平衡，进而影响钙的代谢，使肾脏25-(OH)D_3转化为1,25-(OH)$_2D_3$所需的α-羟化酶的活性受到干扰。

② 日粮中氯离子的水平对胫骨软骨发育不良的发生影响显著。日粮中氯离子水平越高，该病的发病率和严重程度越高，而镁离子的增加会使胫骨软骨发育不良发病率下降。

③ 铜是构成赖氨酸氧化酶的辅助因子，而这种酶对合成软骨起很重要的作用；锌缺乏会引起骨端生长盘软骨细胞的紊乱，导致骨胶原的合成和更新过程被破坏，从而可能使该病的发病率增高。

④ 含硫氨基酸、胆碱、生物素、维生素 D_3 等缺乏时会影响胫骨软骨的形成。

（2）镰刀菌毒素或二硫化四甲基秋兰姆也可诱发本病。

（3）此外遗传选育与日常饲养管理使鸡生长速度加快也增加了该病的发病率。

【临床症状】肉鸡的发病高峰在 2～8 周龄，其发病率在正常饲养条件下可达 30%，在某种特定条件下（如酸化饲料）高达 100%。多数病例呈慢性经过，初期症状不明显，随着时间的延长患禽表现为运动不便、采食受限、生长发育缓慢、增重明显下降，进而不愿走动，步履蹒跚，步态如踩高跷，双侧性股-胫关节肿大，并多伴有胫跗骨皮质前端肥大。由于发育不良的软骨块不断增生和形成，病鸡双腿弯曲，胫骨骨密度和强度显著下降，胫骨发生骨折，从而导致严重的跛行。跛行的比例可高达 40%。

【剖检变化】患病鸡胫骨骺端软骨繁殖区内不成熟的软骨细胞极度增长，形成无血管软骨团块，集聚在生长板下，深入干骺端甚至骨髓腔（图 1-97）。不成熟软骨细胞的软骨细胞大，而软骨囊小，排列较紧密；繁殖区内血管稀少，缺乏血管周细胞、破骨细胞和成骨细胞，有的血管段增生的软骨细胞被挤压而萎缩、变性甚至坏死；有时软骨钙化区骨针排列紊乱、扭曲，不成熟的软骨细胞呈杵状伸向钙化区（图 1-98）。

图 1-97　软骨繁殖区内形成软骨团块（左），右为正常对照（宋增财 供图）

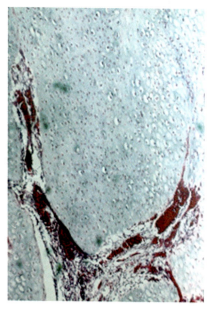
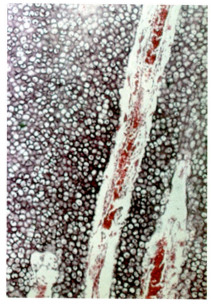

图 1-98　组织病理学表明病鸡不成熟的软骨细胞呈杵状伸向钙化区（左侧），右侧为正常对照（孙卫东 供图）

【诊断】通过病史调查，结合运动机能障碍、骨骼变形等临床表现和病理剖检变化，可做出初步诊断。

【类症鉴别】该病引起的运动障碍与维生素 D 缺乏症、维生素 B_1 缺乏症、维生素 B_2 缺乏症、锰缺乏症等引起的症状类似，详细鉴别诊断见上文第二节"鸡运动障碍的诊断思路及鉴别诊断要点"。

【预防措施】建立适合胫骨生长发育的营养和管理计划。根据当地的具体情况，制定和实施早期限饲、控制光照等措施，控制肉鸡的早期生长速度，以有效降低肉鸡胫骨软骨发育不良的发生，且不影响肉鸡的上市体重。采用营养充足的饲料，保证日粮组分中动物蛋白、复方矿物质及复方维生素等配料的质量，减少肉鸡与霉菌毒素接触的机会。加强饲养管理，减少应激因素。

通过遗传选育培养出抗胫骨软骨发育不良的新品种。在肉鸡 2 周龄时，应用小能量便携式 X 线机透视可清楚地观察到肉鸡胫骨软骨发育不良的病变，故可用于早期剔除具有肉鸡胫骨软骨发育不良遗传倾向的鸡只，以降低选育品种肉鸡胫骨软骨发育不良的发生率。

【安全用药】维生素 D_3 及其代谢物在软骨细胞分化成熟中具有重要的作用。维生素 D_3 及其衍生物 $1,25(OH)_2D_3$、$1\text{-}(OH)D_3$、$25\text{-}(OH)D_3$、$1,24,25\text{-}(OH)_3D_3$、$1,25\text{-}(OH)_2\text{-}24\text{-}F\text{-}D_3$ 等，单独或配合使用，可口服、皮下注射、肌内注射、静脉注射和腹腔内注射预防和治疗肉鸡胫骨软骨发育不良。

十七、食盐中毒

食盐是鸡体生命活动中不可缺少的成分，饲料中加入一定量食盐对增进食欲、增强消化机能、促进代谢、保持体液的正常酸碱度、增强体质等有十分重要的作用。若采食过量，可引起食盐中毒（salt poisoning）。

【病因】①饲料配制工作中的计算失误，或混入时搅拌不匀；②治疗啄癖时使用食盐疗法时方法不当；③利用含盐量高的鱼粉、农副产品或废弃物（剩菜剩饭）喂鸡时未加限制，且未及时供给足量的清洁饮水。

【临床症状】鸡轻微中毒时，表现为口渴、饮水量增加、食欲降低、精神不振、粪便稀薄或稀水样，死亡较少。严重中毒时，病鸡精神沉郁、食欲不振或废绝，病鸡有强烈口渴表现，拼命喝水，直到死前还喝；口鼻流出黏性分泌物；嗉囊胀大，下泻粪便稀水样，肌肉震颤，两腿无力，行走困难或步态不稳（见图 1-99），甚至完全瘫痪；有的还出现神经症状，惊厥，头颈弯曲，胸腹朝天，仰卧挣扎，呼吸困难，衰竭死亡（见视频 1-24、视频 1-25）。产蛋鸡中毒时，还表现产蛋量下降和停止。

视频 1-24

【剖检变化】病/死鸡剖检时可见皮下组织水肿；口腔（见图 1-100）、嗉囊中充满黏性液体，黏膜脱落；食道、腺胃黏膜充血、出血（见图 1-101），黏膜脱落或形成假膜；小肠发生急性卡他性肠炎或出血性肠炎，黏膜红肿、

视频 1-25

出血；心包积水，血液黏稠，心脏出血（见图1-102）。腹水增多，肺水肿。脑膜血管扩张充血，小脑有明显的出血斑点（见图1-103）。肾和输尿管尿酸盐沉积（见图1-104）。

图1-99　病鸡两腿无力，行走步态不稳（孙卫东 供图）

图1-100　病鸡口腔中充满黏性液体（孙卫东 供图）

图1-101　病鸡口腔中充满黏性液体（孙卫东 供图）

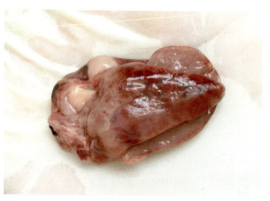

图1-102　病鸡心肌出血（孙卫东 供图）

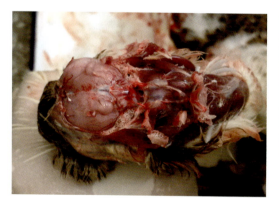

图1-103　病鸡的小脑出血（孙卫东 供图）

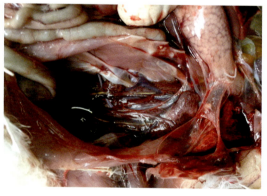

图1-104　病鸡的肾脏和输尿管内有尿酸盐沉积（孙卫东 供图）

【诊断】通过病史调查，结合临床表现和病理剖检变化，可做出初步诊断。

【预防措施】按照饲料配合标准，加入0.3%～0.5%的食盐，严格饲料的加工程序，搅拌均匀。

【安全用药】当有鸡出现中毒时，应立即停喂含食盐的饲料和饮水，改换新配饲料，供给鸡群足量清洁的饮水，轻度或中度中毒鸡可以恢复。严重中毒鸡群，要实行间断供水，防止饮水过多，使颅内压进一步提高（水中毒）。

十八、肉毒梭菌毒素中毒

肉毒梭菌毒素中毒又称软颈病，是由于鸡采食了含有肉毒梭菌产生的外毒素而引起的一种急性中毒病。临床上以全身肌肉麻痹、头下垂、软颈、共济失调、皮肌松弛、被毛脱为特征。夏季多发，多见于散养山地鸡。

【临床症状】本病潜伏期通常在几小时至1～2天，在临床上可分急性和慢性两种。急性中毒表现为全身痉挛、抽搐，很快死亡。慢性中毒表现为迟钝，嗜眠，衰弱，两腿麻痹，羽毛逆立，翅下垂，呼吸困难，头颈呈痉挛性抽搐或下垂，不能抬起（软颈病）（见图1-105，视频1-26），常于1～3天后死亡。轻微中毒者，仅见步态不稳，给予良好护理几天后则可恢复健康。

【剖检变化】无明显的特征性病变，仅见整个肠道的出血、充血，以十二指肠最为严重。有时心肌及脑组织出现小点出血，泄殖腔中可见尿酸盐沉积。有时可见肌胃内尚有未消化的蛆虫（见图1-106）。

视频1-26

图1-105 病鸡软颈，不能抬起（孙卫东 供图）

图1-106 病鸡肌胃内尚未消化的蛆虫（孙卫东 供图）

【预防措施】应注意环境卫生，严禁饲喂腐败的鱼粉、肉骨粉等饲料，在夏天应散养场地上的死亡动物的尸体的及时清除。

【治疗】对病鸡可用肉毒梭菌 C 型抗毒素，每只鸡注射 2～4 毫升，常可奏效。此外，采取对症治疗，补充维生素 E、硒、维生素 A、维生素 D_3 等，也可用链霉素每升水 1 克混饮，可降低死亡率；亦可用胶管投服硫酸镁（2～3 克，加水配成 5% 的溶液）或蓖麻油等轻泻剂，排除毒素，并喂糖水，也可降低死亡；也可取仙人掌洗净切碎，并按 100 克仙人掌加入 5 克白糖，捣烂成泥，每只患禽每次灌服仙人掌泥 3 克（可根据体重大小增用量），每天 2 次，连服 2 天。

十九、中暑

中暑（Heat stroke）是指鸡群在气候炎热、舍内温度过高、通风不良、缺氧的情况下，因机体产热增加、散热不足所导致的一种全身功能紊乱的疾病。我国南方地区夏、秋季节气温高，在开放式或半开放式鸡舍中饲养的种鸡和商品鸡，当气温达到 33℃ 以上时，可发生中暑，雏鸡和成年鸡均易发生。

视频 1-27

视频 1-28

【临床症状】轻症时主要表现为翅膀展开，呼吸急促，张口呼吸（见图 1-107）甚至发生热性喘息（见视频 1-27），烦渴频饮，出现水泻；鸡冠肉髯鲜红，精神不振（见图 1-108），有的病鸡出现不断摇晃头部的神经症状（见视频 1-28）；蛋鸡还表现为产蛋下降，蛋形变小，蛋壳色泽变淡。重症时表现为体温升高，触其胸腹，手感灼热，急速张口喘息，最后呼吸衰竭时减慢，反应迟钝，很少采食或饮水（见图 1-109）。在大多数鸡出现上述症状时，通常伴有个别或少量死亡，夜间与午后死亡较多，上层鸡笼的鸡死亡较多。最严重的可在短时间内使大批鸡神志昏迷后死亡。

图 1-107　鸡张口呼吸（左），展翅（右）（孙卫东 供图）

图1-108　病鸡鸡冠肉髯鲜红，精神不振（陈甫 供图）

图1-109　病鸡反应迟钝，很少采食或饮水（孙卫东 供图）

【剖检变化】病死鸡剖检可见胸部肌肉苍白似煮肉样（见图1-110），脑部有出血斑点（见图1-111），肺部严重淤血，心脏周围组织呈灰红色出血性浸润，心室扩张（见图1-112）；腺胃黏膜自溶，胃壁变薄（见图1-113），腺胃乳头内可挤出灰红色糊状物（见图1-114），有时见腺胃穿孔。

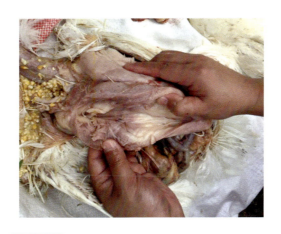

图1-110　病鸡胸部肌肉苍白似煮肉样（陈甫 供图）

图 1-111　病鸡脑盖骨（左）和大脑组织水肿出血（右）（孙卫东 供图）

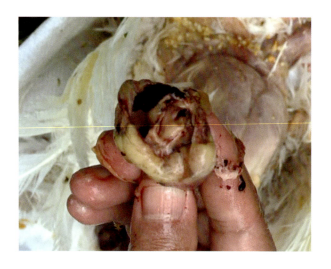

图 1-112　病鸡心室扩张（陈甫 供图）

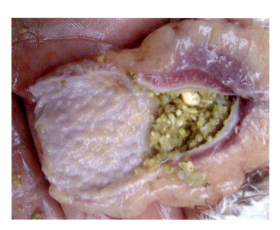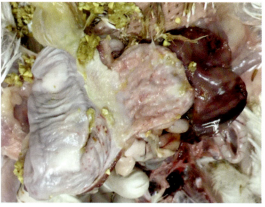

图 1-113　病鸡腺胃黏膜自溶，胃壁变薄（孙卫东 供图）

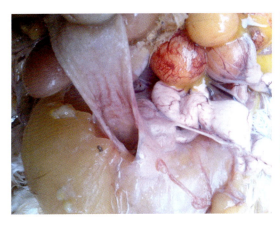 

图1-114 病鸡腺胃乳头内可挤出灰红色糊状物（孙卫东 供图）

【预防措施】在鸡舍上方搭建防晒网，可使舍温降低3～5℃；也可于春季在鸡舍前后多种丝瓜、南瓜，夏季藤蔓绿叶爬满屋顶，遮阳保湿，舍内温度可明显降低；根据鸡舍大小，分别选用大型落地扇或吊扇；饮水用井水，少添勤添，保持清凉；产蛋鸡舍除常规照明灯之外，再适当安装几个弱光小灯泡（如用3瓦节能灯），遇到高温天气，晚上常规灯仍按时关，随即开弱光灯，直至天亮，使鸡群在夜间能看见饮水，这对防止夜间中暑死亡非常重要；遇到高温天气，中午适当控制喂料，不要喂得太饱，可防止午后中暑死亡；平时可往鸡的头部、背部喷洒纯净的凉水，特别是在每天的14：00时以后，气温高时每2～3小时喷1次；在鸡舍设计时应采用双回路供电，停电后应及时开启备用发电机。

【安全用药】发现病鸡应尽快将其取出放置到阴凉通风处或浸于冷水中几分钟。

① 维生素C：当舍温高于29℃时，鸡对维生素C的需要量增多而体内合成减少，因此，整个夏季应持续补充，可于每100千克饮水中加5～10克，或每100千克饲料加10～20克。在采食明显减少时，以饮服为好。说明：其他各种维生素，尤其是维生素E与B族，在夏季也有广泛的保健作用，可促使产蛋水平较高较稳，蛋壳质量较好，并能抑制多饮多泻，增强免疫抗病力。

② 碳酸氢钾：当舍温达34℃以上时在饮水中加0.25%碳酸氢钾，日夜饮服，可促使体内钠、钾平衡，对防止中暑死亡有显著效果。

③ 碳酸氢钠：可于饲料中加0.3%，或于饮水中加0.1%碳酸氢钠，日夜饮服；若自配饲料，可相应减少食盐用量，将碳酸氢钠在饲料中加到0.4%～0.5%，或在饮水中加到0.15%～0.2%。

④ 氯化铵：在饮水中加0.3%氯化铵，日夜饮服。

二十、异食（嗜）癖

异食（嗜）癖（allotriphagia）是由于营养代谢机能紊乱、味觉异常和饲养管理不当等引起的一种非常复杂的多种疾病的综合征，常见的有啄羽、啄肛、啄蛋、啄趾、啄头等。本病在鸡场时有发生，往往难以制止，造成创伤，影响生长发育，甚至引起死亡，其危害性较大，应加以重视。家禽有异食癖的不一定都是营养物质缺乏与代谢紊乱，有的属恶癖。

【病因】此综合征发生的原因多种多样，尚未完全弄清楚，并因畜禽的种类和地区而异，不同的品种和年龄则表现亦不相同。一般认为有以下几种：①日粮中某些蛋白质和氨基酸的缺乏，常常是鸡啄肛癖发生的根源，鸡啄羽癖可能与含硫氨基酸缺乏有关。②矿物元素缺乏，钠、铜、钴、锰、钙、铁、硫和锌等矿物质不足，都可能成为异食癖的病因，尤其是钠盐不足使鸡喜啄食带咸味的血迹等。③维生素缺乏，维生素 A、维生素 B_2、维生素 D、维生素 E 和泛酸缺乏，导致体内许多与代谢关系密切的酶和辅酶的组成成分的缺乏，可导致体内的代谢机能紊乱而发生异食癖。④饲养管理不当，射入育雏室的光线不适宜，有的雏鸡误啄足趾上因灯光照射而暴露的血管，迅速引起恶癖；或产蛋窝位置不适当，光线照射过于光亮，下蛋时泄殖腔突出，好奇的鸡啄食之；鸡舍潮湿、蚊子多等因素，都可致病。此外，鸡群中有疥螨病、羽虱外寄生虫病，以及皮肤外伤感染等也可能成为诱因。

【临床症状】鸡异食（嗜）癖临诊上常见的有以下几种类型。

（1）啄羽癖　鸡在开始生长新羽毛或换小毛时易发生，产蛋鸡在盛产期和换羽期也可发生。先由个别鸡自食或相互啄食羽毛、被啄处出血（图1-115和视频1-29）。然后很快传播开，影响鸡群的生长发育或产蛋。

视频1-29

视频1-30

视频1-31

图1-115　啄羽癖患鸡自食或互啄羽毛、被啄处出血（孙卫东 供图）

（2）啄肛癖　多发生在雏鸡和初产母鸡或蛋鸡的产蛋后期。雏鸡白痢时，引起其他雏鸡啄食病鸡的肛门/泄殖腔被啄伤、出血、结痂（图1-116）；育成鸡或种鸡发生严重啄肛时，有时可见直肠等被啄出（图1-117），甚至泄殖腔部位组织及部分内脏被掏空（图1-118和视频1-30、视频1-31），鸡以死亡告终。蛋鸡/种鸡在产蛋初期/后期由于难产或腹部韧带和肛门括约肌松弛，产蛋后泄殖腔不能及时收缩回去而较长时间留露在外，造成互相啄肛，被啄部位出血、坏死（图1-119），同时易引起输卵管脱垂和泄殖腔炎（图1-120）。

图1-116 啄肛癖雏鸡泄殖腔被啄处出血、结痂（孙卫东 供图）

图1-117 啄肛癖鸡的肠道被啄出（孙卫东 供图）

图1-118 啄肛癖鸡的泄殖腔周围组织及部分内脏被掏空（孙卫东 供图）

图1-119 蛋鸡泄殖腔被啄处出血、坏死（孙卫东 供图）

图1-120　被啄蛋鸡出现严重的泄殖腔炎（孙卫东 供图）

（3）啄蛋癖　多见于产蛋旺盛的季节，最初是蛋被踩破啄食引起，以后母鸡则产下蛋就争相啄食，或啄食自己产的蛋。

（4）啄趾癖　多发生于雏鸡，表现为啄食脚趾，造成脚趾流血、跛行，严重者脚趾被啄光。

【诊断】通过病史调查，结合临床表现和病理剖检变化，可做出初步诊断。

【预防措施】鸡异食（嗜）癖发生的原因多样，可从断喙、补充营养、完善饲养管理入手。

（1）断喙　雏鸡7～9日龄时进行断喙，一般上喙切断1/2，下喙切断1/3，70日龄时再修喙1次。

（2）及时补充日粮所缺的营养成分　检查日粮配方是否达到了全价营养，找出缺乏的营养成分并及时补给，使日粮的营养平衡。

（3）改善饲养管理　消除各种不良因素或应激源的影响，如合理的饲养密度，防止拥挤；及时分群，使之有宽敞的活动场所；通风，室温适度；调整光照，防止光线过强；产蛋箱避开光亮处；及时拣蛋，以免蛋被踩破或打破被鸡啄食；饮水槽和料槽放置要合适；饲喂时间要安排合理，肉鸡和种鸡在饲喂时要防止过饱，限饲日要少量给饲，防止过饥；防止笼具等设备引起的外伤；发现鸡群有体外寄生虫时及时药物驱除。

【安全用药】发现鸡群有啄癖现象时，立即查找、分析病因，采取相应的治疗措施。被啄伤的鸡及时挑出，隔离饲养，并在啄伤处涂2%龙胆紫、墨汁或锅底灰。症状严重的予以淘汰。

1. 西药疗法

（1）啄肛　如果啄肛发生较多，可于上午10时至下午1时在饮水中加食盐1%～2%，此水咸味超过血液，当天即可基本制止啄肛，但应连用3～4天。要注意水与盐必须称准，浓度不可加大，每天饮用3小时不能延长，到时未饮完的盐水要撤去，换上清水，以防食盐中毒，发现粪便太稀应停用此法。或在饲料中酌加多维素与微量元素，必要用

0.2% 蛋氨酸饮水，连续 1 周左右。此外，若因饲料缺硫引起啄肛癖，应在饲料中加入 1% 硫酸钠，3 天后即可见效，啄肛停止以后，改为 0.1% 的硫酸钠加入饲料内，进行暂时性预防。

（2）啄羽　在饮水中加蛋氨酸 0.2%，连用 5～7 天，再改为在饲料中加蛋氨酸 0.1%，连用 1 周；青年鸡饲料中麸皮用量应不低于 10%～15%，鸡群密度太大的要疏散，有体外寄生虫的要及时治疗；饲料中加 1% 干燥硫酸钠（元明粉）（注意：1% 的用量不可加大，5～7 天不可延长，粪便稍稀在所难免，太稀应停用，以防钠中毒），连喂 5～7 天，改为 0.3%，再喂 1 周；或在饲料中加生石膏粉 2%～2.5%，连喂 5～7 天。此外，若因缺乏铁和维生素 B_2 引起的啄羽癖，每只成年鸡每天可以补充硫酸亚铁 1～2 克和维生素 B_2 5～10 毫克，连用 3～5 天。

（3）啄趾　灯泡适当吊高，降低光照强度。

（4）啄蛋　发生啄蛋的原因，往往是饲料中蛋白质水平偏低、蛋壳较薄，鸡偶尔啄 1 次，尝到美味，便成癖好，见蛋就啄。制止啄蛋的基本方法是维修鸡笼，使其啄不到。

2. 中草药疗法

（1）取茯苓 8 克、远志 10 克、柏子仁 10 克、甘草 6 克、五味子 6 克、浙贝母 6 克、钩藤 8 克。供 10 只鸡 1 次煎水内服，每天 3 次，连用 3 天。

（2）取牡蛎 90 克，按每千克体重每天 3 克，拌料内服，连用 5～7 天。

（3）取茯苓 250 克、防风 250 克、远志 250 克、郁金 250 克、酸枣仁 250 克、柏子仁 250 克、夜交藤 250 克、党参 200 克、栀子 200 克、黄柏 500 克、黄芩 200 克、麻黄 150 克、甘草 150 克、臭芙荑 500 克、炒神曲 500 克、炒麦芽 500 克、石膏 500 克（另包）、秦艽 200 克。开水冲调，焖 30 分钟，一次拌料，每天 1 次。说明：该法为 1000 只成年鸡 5 天用量，小鸡用时酌减。

（4）取远志 200 克、五味子 100 克。共研为细末，混于 10 千克饲料中，供 100 只鸡 1 天喂服，连用 5 天。

（5）取羽毛粉，按 3% 的比例拌料饲喂，连用 5～7 天。

（6）取生石膏粉，苍术粉。在饲料中按 3%～5% 添加生石膏，按 2%～3% 添加苍术粉饲喂，至愈。说明：该法适用于鸡啄羽癖，应用该法时应注意清除嗉囊内羽毛，可用灌油、勾取或嗉囊切开术。

（7）取鲜蚯蚓洗净，煮 3～5 分钟，拌入饲料饲喂，每只蛋鸡每天喂 50 克左右。说明：该法适用于啄蛋癖，既可增加蛋鸡所产蛋的蛋白质，又可提高产蛋量。

（8）盐石散（食盐 2 克、石膏 2 克），请按说明书使用。

3. 其他疗法

用拖拉机或柴油机的废机油，涂于被啄鸡肛门（泄殖腔）伤口处及周围，其他鸡厌恶机油气味，便不再去啄。说明：也可用薄壳蛋数枚，在温水中擦洗，除去蛋壳的胶质膜，使气孔敞开，再置于柴油中浸泡 1～2 天，让有啄蛋癖的鸡去啄，经 1～3 次鸡便不再啄蛋。

第二章

鸡呼吸系统疾病的鉴别诊断与安全用药

第一节 鸡呼吸系统疾病的发生

一、鸡呼吸系统疾病发生的因素

1. 生物性因素

包括病毒（如禽流感病毒、新城疫病毒、偏肺病毒等）、细菌（如大肠杆菌、支原体、副鸡禽杆菌、鼻气管鸟疫杆菌等）、霉菌（曲霉菌等）和某些寄生虫等。

2. 环境因素

主要是指鸡舍内的环境及卫生状况。当鸡舍内空气污浊，有害气体（氨气、一氧化碳、硫化氢等）含量高，易损害呼吸道黏膜，诱发呼吸道疾病。鸡舍内的灰尘（见图2-1）或粉尘含量高（见图2-2），而灰尘/粉尘是携带病原的载体，鸡吸进后易发生呼吸道疾病。鸡舍保温设施的排烟管离鸡舍屋檐太近（见图2-3），引起排烟倒灌，引发呼吸系统疾病。

3. 饲养管理因素

鸡群饲养密度过大（见图2-4）、饲养场地过于潮湿，尤其是暴雨过后，不能及时排出积水的鸡场（见图2-5）或场地内的排水管排水不畅易继发一些病原感染而引起呼吸道疾病。此外，烟道密闭不严（见

图2-1 鸡舍屋顶积聚的灰尘
（孙卫东 供图）

图 2-6 和视频 2-1)、通风设备故障（如风机倒转见图 2-7 和视频 2-2)、侧风板尼龙拉绳弹性下降导致侧风板开口变大等均会导致呼吸道疾病的增加。

视频 2-1

视频 2-2

图 2-2　鸡舍内粉尘含量高，空气较为浑浊（孙卫东 供图）

图 2-3　鸡舍的排烟口离鸡舍的屋檐太近，易引起排烟倒灌（孙卫东 供图）

图 2-4　鸡群饲养密度过大（孙卫东 供图）

图 2-5 饲养场地的排水沟排水不畅（孙卫东 供图）

图 2-6 鸡舍内烟道封闭不严（孙卫东 供图）

图 2-7 鸡舍的风机倒转（吴志强 供图）

4. 营养和中毒因素

营养缺乏（如维生素 A 缺乏）、营养代谢紊乱（如痛风）、中毒（如一氧化碳中毒、亚硝酸盐中毒）等也可引起呼吸道疾病。

5. 气候因素

气候骤变、大风、高温、高湿、寒潮、鸡舍昼夜温差过大等常可诱发呼吸道疾病。

6. 鸡呼吸系统自身的解剖学特点

鸡的胸腹腔之间无膈肌，内脏器官之间是由浆膜囊分隔，这种情况注定了鸡的呼吸系统易受其他系统（如消化系统、生殖系统）疾病的影响。

二、鸡呼吸系统疾病发生的感染途径

呼吸道黏膜表面是鸡与环境接触的重要部分,对各种微生物、化学毒物和尘埃等有害颗粒有着重要的防御机能。呼吸器官在生物性、物理性、化学性、机械性等因素的刺激下以及其他器官疾病等的影响下,削弱或降低呼吸道黏膜的屏障防御作用和机体的抵抗能力,导致外源性病原菌、呼吸道常在病原(内源性)的侵入和大量繁殖,引起呼吸系统炎症等病理反应,进而造成呼吸系统疾病。见图2-8。

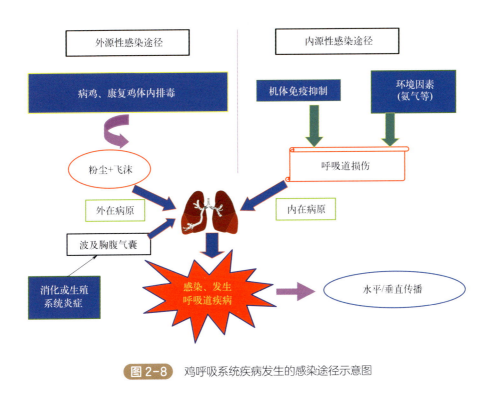

图 2-8　鸡呼吸系统疾病发生的感染途径示意图

第二节　鸡呼吸困难的诊断思路及鉴别诊断要点

一、鸡呼吸困难的诊断思路

当发现鸡群中出现以鸡呼吸困难为主要临床表现的病鸡时,首先应考虑的是引起呼吸系统(肺源性)的疾病,同时还要考虑引起鸡呼吸困难的心源性、血源性、中毒性、腹压增高性等疾病。其诊断思路见表2-1。

表 2-1　鸡呼吸困难鉴别诊断的思路

所在系统	损伤部位或病因	初步印象诊断
呼吸系统	气囊炎、浆膜炎	大肠杆菌病、鸡毒支原体病、内脏型痛风等
	气囊炎、肺炎、胸膜炎	鼻气管鸟疫杆菌感染
	肺脏结节	曲霉菌病、鸡白痢、白血病等
	喉、气管、支气管	新城疫、禽流感、传染性支气管炎、传染性喉气管炎、黏膜型鸡痘等
	鼻、鼻腔、眶下窦病变	传染性鼻炎、支原体病、偏肺病毒病等
心血管系统	右心衰竭	肉鸡腹水综合征
	贫血	鸡住白细胞虫病、螺旋体病、重症球虫病等
	血红蛋白携氧能力下降	一氧化碳中毒、亚硝酸盐中毒
神经系统	中暑	日射病
		热射病、重度热应激
其他	腹压增高性	输卵管积液、肝包膜腔积液等
	管理因素	氨刺激、烟刺激、粉尘等

二、引起鸡呼吸困难的常见疾病的鉴别诊断要点

引起鸡呼吸困难的常见疾病的鉴别诊断要点，见表 2-2。

表 2-2　鸡呼吸困难的常见疾病的鉴别诊断要点

病名	易感日龄	流行季节	群内传播	发病率	病死率	粪便	呼吸	鸡冠肉髯	神经症状	胃肠道	心、肺、气管和气囊	其他脏器
禽流感	全龄	无	快	高	高	黄褐色稀粪	困难	发绀肿大	部分鸡有	严重出血	肺充血和水肿，气囊有灰黄色渗出物	腺胃乳头肿大出血
新城疫	全龄	无	快	高	高	黄绿色稀粪	困难	有时发绀	部分鸡有	严重出血	心冠出血、肺淤血、气管出血	腺胃乳头、泄殖腔出血
传染性支气管炎	3～6周龄	无	快	高	较高	白色稀粪	困难	有时发绀	正常	正常	气管分泌物增加	肾脏或腺胃肿大
传染性喉气管炎	成年鸡	无	快	高	较高	正常	困难	有时发绀	正常	正常	气管有带血分泌物	喉部出血

病名	鉴别诊断要点											
	易感日龄	流行季节	群内传播	发病率	病死率	粪便	呼吸	鸡冠肉髯	神经症状	胃肠道	心、肺、气管和气囊	其他脏器
黏膜型鸡痘	中雏或成年鸡	无	慢	较高	较高	正常	困难	有时发绀	正常	正常	正常	口腔、咽部黏膜有痘疹，喉头有假膜
偏肺病毒病	全龄	无	快	高	低	正常	困难	有时发绀	正常	正常	肺淤血、水肿	眶下窦及眶周肿胀
传染性鼻炎	8~12周龄	秋末初春	较快	高	低	正常	困难	有时发绀	正常	正常	上呼吸道炎症	鼻炎、结膜炎
大肠杆菌病	中雏鸡	无	较慢	较高	较高	稀粪	困难	有时发绀	正常	炎症	心包炎、气囊炎	肝周炎
鼻气管鸟疫杆菌感染	全龄	无	较快	较高	较高	正常	困难	有时发绀	正常	正常	心包炎、气囊炎、纤维素性/化脓性肺炎、胸膜炎	鼻炎、关节炎、卵黄性腹膜炎
慢性呼吸道病	4~8周龄	秋末初春	慢	较高	不高	正常	困难	有时发绀	正常	正常	心包、气囊有炎症、混浊	呼吸道炎症、肝周炎
曲霉菌病	0~2周龄	无	无	较高	较高	常有腹泻	困难	发绀	部分鸡有	正常	肺、气囊有霉斑结节	有时有霉斑
一氧化碳中毒	0~2周龄	无	无	较高	很高	正常	困难	樱桃红	有	正常	肺充血呈樱桃红色	充血

第三节　鸡呼吸系统常见疾病的鉴别诊断与安全用药

一、传染性支气管炎

鸡传染性支气管炎（infectious bronchitis，IB）是由传染性支气管炎病毒引起的急性、高度接触性呼吸道和泌尿生殖道传染病。呼吸型（包括支气管堵塞）IB以喷嚏、气管啰音等为主要特征，雏鸡通常表现出喘气、流鼻液等呼吸道症状，产蛋鸡可表现为产畸形蛋、产蛋量减少和蛋的品质下降。肾型、腺胃型、生殖型IB的临床特征见本书的其他相关章节。目前IB已蔓延至我国大部分地区，给养鸡业造成了巨大的经济损失，我国将其列为三类动物疫病。此段主要描述呼吸型（包括支气管堵塞）IB。

【病原】本病病原是传染性支气管炎病毒，属于冠状病毒科冠状病毒属第三群禽冠状病毒的成员，有囊膜，其基因组核酸为不分节段的正链单股 RNA。由于该病毒的基因组核酸易发生突变和高频重组，所以该病毒的血清型和基因型众多。我国目前流行的病毒毒株以 Massachusetts 血清型为主。病毒可利用 9～11 日龄 SPF 鸡胚进行分离，病毒也可在鸡胚肾细胞、鸡肾细胞、鸡胚肝细胞上生长，但经细胞培养的病毒滴度不如鸡胚中的高。多数 IB 病毒的野毒不需要适应就可以在气管组织培养物上生长，并引起纤毛运动停止，由此建立的鸡胚气管气管环培养法已成为分离 IB 病毒、测定毒价和血清分型的有效方法。IB 病毒在 56℃ 15 分钟或 45℃ 90 分钟可被灭活，但在 -30℃ 以下可存活 24 年。在室温中能抗 1% 盐酸（pH2）和 1% 氢氧化钠（pH12）1 小时。IB 病毒对一般消毒剂敏感，在 1% 来苏儿溶液、0.01% 高锰酸钾溶液、1% 甲醛溶液、2% 氢氧化钠溶液或 70% 乙醇溶液中 3～5 分钟即被灭活。

【流行特征】①易感动物：各种日龄的鸡均易感，但以 40 日龄内的雏鸡和产蛋鸡发病较多。②传染源：病鸡和康复后的带毒鸡。③传播途径：病鸡从呼吸道和泄殖腔排毒，主要经空气中的飞沫和尘埃传播，或经污染的饲料、饮水等媒介传播。该病在鸡群中传播迅速，有接触史的易感鸡几乎可在同一时间内感染，易感鸡可在 24～48 小时内出现症状，病毒带毒时间长，在发病鸡群中可流行 2～3 周，雏鸡的病死率在 6%～30%，病愈鸡可持续排毒达 5 周以上。④流行季节：本病一年四季流行，但以冬春寒冷季节较为严重。过热、拥挤、温度过低或通风不良等因素都会促进本病的发生。

【临床症状与剖检变化】

（1）雏鸡　发病后表现为流鼻液（见图 2-9）、打喷嚏、伸颈张口呼吸、喘气（见图 2-10 和视频 2-3）。安静时，可以听到病鸡的呼吸道啰音和嘶哑的叫声（见视频 2-4～视频 2-6）；发生支气管堵塞的病鸡往往只见其张口呼吸，很少伴有呼吸啰音（见视频 2-7）。2 周龄以内的雏鸡，还可见鼻窦肿胀、流泪（见图 2-11）、甩头等。病情严重时，病鸡怕冷打堆（见图 2-12），精神沉郁，闭眼蹲卧，羽毛蓬松无光泽。病鸡食欲下降或不食（见图 2-13）。部分鸡病鸡排黄白色稀粪，趾爪因脱水而干瘪。剖检可见：有的病鸡气管、支气管、鼻腔和窦内有水样或黏稠的黄白色渗出物（见图 2-14），气管环出血（见图 2-15），气管黏膜肥厚，气囊混浊、变厚、有渗出物；有的病鸡在气管内有灰白色/痰状栓子（见图 2-16）；有的病鸡支气管及细支气管被黄色干酪样渗出物部分或完全堵塞（见图 2-17～图 2-20），肺充血、水肿或坏死。病理组织学变化可见气管纤毛萎缩甚至消失，黏膜固有层内弥漫性炎症性细胞浸润（早期主要为异嗜性粒细胞，随后则以淋巴细胞和浆细胞为主），部分上皮细胞变性坏死（见图 2-21）；气管黏膜局部可见较多炎性细胞浸润，导致黏膜轻度膨隆（见图 2-22）；肺泡毛细管淤血，或闭塞或扩张（见图 2-23）。

视频 2-3

视频 2-4

视频 2-5

视频 2-6

视频 2-7

图 2-9　病鸡发病早期流浆液性鼻液（孙卫东 供图）

图 2-10　病鸡精神沉郁，羽毛蓬松，张口呼吸（刘大方 供图）

图 2-11　病鸡颜面部肿胀、流泪、张口呼吸（左）（孙卫东 供图）

图 2-12　病鸡怕冷、打堆（孙卫东 供图）

图 2-13　病鸡食欲下降、不食（刘大方 供图）

图 2-14　病鸡气管内的黄白色渗出物（孙卫东 供图）

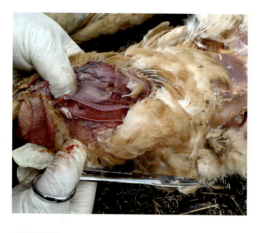
图 2-15　病鸡气管环出血（孙卫东 供图）

图 2-16　病鸡气管内有灰白色渗出物栓子（孙卫东 供图）

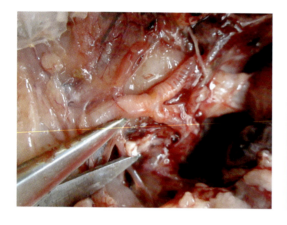
图 2-17　病鸡的两侧支气管内有灰白色堵塞物（孙卫东 供图）

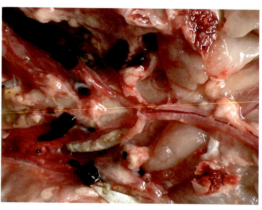
图 2-18　病鸡的一侧支气管堵塞（孙卫东 供图）

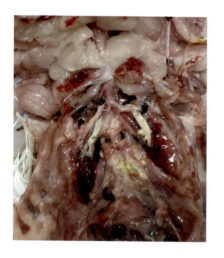
图 2-19　病鸡的两侧支气管堵塞（孙卫东 供图）

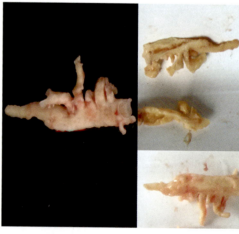
图 2-20　病鸡支气管堵塞物的形态（孙卫东 供图）

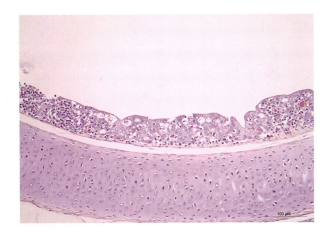

图 2-21　气管纤毛萎缩甚至消失，黏膜固有层内弥漫性的炎症性细胞浸润，部分上皮细胞变性坏死（孙卫东 供图）

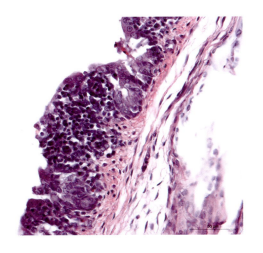

图 2-22　气管黏膜局部可见较多炎性细胞浸润，导致黏膜轻度膨隆（孙卫东 供图）

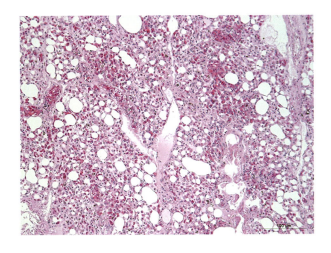

图 2-23　肺泡毛细管淤血，肺泡毛细管或闭塞或扩张（孙卫东 供图）

（2）青年鸡/育成鸡　发病症状与雏鸡相似，但很少见到流鼻液的现象。由于气管内滞留大量分泌物，可听到明显的"咕噜"或"喉喉"的异常呼吸音，有的病鸡频频甩头，有的病鸡在发病3～4天后出现腹泻，粪便呈黄白色或绿色。病程7～14天，死亡率较低。蛋鸡主要表现为开产延迟，产蛋量明显下降，降幅为25%～50%，可持续6～8周。康复后的鸡产蛋量难以恢复到患病前的水平。

【诊断】根据典型流行特征、临床症状和剖检变化可做出初步诊断，确诊需进一步做实验室诊断。实验室诊断包括病毒的分离与鉴定、血清学ELISA试验、分子生物学（RT-PCR）试验等。

【类症鉴别】呼吸型IB所表现出的呼吸困难（气管啰音、甩头、张口伸颈呼吸）等症状与新城疫、禽流感、传染性喉气管炎、传染性鼻炎等疾病有相似之处，应注意区别。

1. 与新城疫的鉴别

（1）相似点　呼吸道症状（气管啰音、甩头、张口伸颈呼吸）相似，发病日龄也较接近。

（2）不同点　一是传播速度不同，传染性支气管炎传播迅速，短期内可波及全群，发病率高达90%以上。新城疫因鸡群大多数接种了疫苗，临床表现多为亚急性新城疫，发病率不高。二是新城疫病鸡除呼吸道症状外，还表现歪头、扭颈、站立不稳等神经症状，传染性支气管炎病鸡无神经症状。三是剖检病变不同，新城疫病鸡腺胃乳头出血或出血不明显，盲肠扁桃体肿胀、出血，而传染性支气管炎病鸡无消化道病变，肾型传支病例可见肾脏和输尿管的尿酸盐沉积，腺胃型传支病例可见腺胃肿大。

2. 与禽流感的鉴别

（1）相似点　呼吸道症状（气管啰音、甩头、张口伸颈呼吸）相似。

（2）不同点　一是传染性支气管炎仅发生于鸡，各种年龄的鸡均有易感性，但雏鸡发病最为严重，死亡率最高，而禽流感的发生没有日龄上的差异。二是传染性支气管炎病鸡剖检仅表现鼻腔、鼻窦、气管和支气管的卡他性炎症，有浆液性或干酪样渗出，肾型传支病鸡的肾脏多有尿酸盐沉积，其余脏器的病变较少见；而禽流感表现喉头、气管环充血或出血，肾脏多肿胀充血或出血，仅输尿管有少量尿酸盐沉积，且其他脏器也有变化，如胰腺的出血、坏死，腺胃乳头肿胀、出血等。

3. 与传染性喉气管炎的鉴别

（1）相似点　呼吸道症状（气管啰音、甩头、张口伸颈呼吸）相似，且传播速度也很快。

（2）不同点　一是发病日龄不同，传染性喉气管炎主要见于成年鸡，而传染性支气管炎以10日龄～6周龄雏鸡最为严重。二是成年鸡发病时二者均可见产蛋量下降，且软蛋、畸形蛋、薄壳蛋明显增多，传染性支气管炎病鸡产的蛋质量更差，蛋白稀薄如水、蛋黄和蛋白分离等。三是这两种病鸡的气管都有一定程度的炎症，相比之下传染性喉气管炎病鸡的喉头、气管病变更严重，可见黏膜出血，气管腔内有血性黏液或血凝块或黄白色假膜。四是肾型传支病例剖检可见肾肿大、出血，肾小管和输尿管有尿酸盐沉积，而传染性喉气管炎病例无这种病变。

4. 与传染性鼻炎的鉴别

（1）相似点　呼吸道症状（气管啰音、甩头、张口伸颈呼吸）相似，且传播速度也很快。

（2）不同点　一是发病日龄不同，传染性鼻炎可发生于任何年龄鸡，但以育成鸡和产蛋鸡多发，而传染性支气管炎以10日龄～6周龄雏鸡最为严重。二是成年鸡发病时二者均可见产蛋量下降，且软蛋、畸形蛋、薄壳蛋明显增多，传染性支气管炎病鸡产的蛋质量更差，蛋白稀薄如水、蛋黄和蛋白分离等。三是临床表现不同，传染性鼻炎病鸡多见一侧脸面肿胀，有的肉垂水肿。四是病原类型不同，传染性支气管炎是病毒引起的，而传染性鼻炎是由副鸡嗜血杆菌引起的，在疾病初期用磺胺类药物可以快速控制该病。

【预防措施】重视鸡传染性支气管炎变异株的免疫预防，如变异型传染性支气管炎（4/91或793/B），防止支气管堵塞的发生；重视鸡传染性支气管炎病毒对新城疫疫苗免疫的干扰。

1. 免疫接种

临床上进行相应毒株的疫苗接种可有效预防本病。该病的疫苗有呼吸型毒株（如H120、H52、M41、4/91或793/B、LDT3-A、QX等）和多价活疫苗以及多价灭活疫苗。由于本病的发病日龄较早，建议采用以下免疫程序：雏鸡5～7日龄用H120（或Ma5）点眼或滴鼻免疫，21日龄用H52滴鼻或饮水免疫，以后每3～4个月用H52饮水1次，产蛋前2周用含有鸡传染性支气管炎毒株的灭活油乳剂疫苗免疫接种。

【注意事项】若在1日龄进行该弱毒疫苗的喷雾免疫，考虑到传染性支气管炎病毒对新城疫病毒有免疫干扰作用，两次疫苗免疫需间隔10天以上，故第2次传染性支气管炎弱毒疫苗的免疫最好安排在10日龄之后。

2. 做好引种和卫生消毒工作

防止从病鸡场引进鸡只，做好防疫、消毒工作，加强饲养管理，注意鸡舍环境卫生，做好冬季保温，并保持通风良好，防止鸡群密度过大，供给营养优良的饲料，有易感性的鸡不能和病愈鸡或来历不明的鸡接触或混群饲养。及时淘汰患病幼龄母鸡。

【安全用药】选用抗病毒药抑制病毒的繁殖，添加抗生素防止继发感染，用黄芪多糖、酵母多糖等提高鸡群的抵抗力，配合化痰止咳等进行对症治疗。

（1）抗病毒　在发病早期肌内注射禽用基因干扰素/干扰素诱导剂/聚肌胞，每只0.01毫升，每天1次，连用2天，有一定疗效。或试用板蓝根（冲剂）、双黄连、金银花、柴胡、黄芪多糖、芪蓝囊病饮、板青颗粒、抗病毒颗粒、酵母多糖、糖萜素等。

（2）合理使用抗生素　如林可霉素，每升饮水中加0.1克；或强力霉素粉剂，50千克饲料中加入5～10克。此外还可选用土霉素、氟苯尼考、氨苄青霉素等。禁止使用庆大霉素、磺胺类药物等对肾有损伤的药物。

（3）对症治疗　用氨茶碱片口服扩张支气管，每只鸡每天1次，用量为0.5～1克，连用4天。

（4）中草药方剂治疗　选用清瘟散（取板蓝根250克、大青叶100克、鱼腥草250克、穿心莲200克、黄芩250克、蒲公英200克、金银花50克、地榆100克、薄荷50克、甘草50克。水煎取汁或开水浸泡拌料，供1000只鸡1天饮服或喂服，每天1剂，一般经3天好转。说明：如病鸡痰多、咳嗽，可加半夏、桔梗、桑白皮；粪稀，加白头翁；粪干，加大黄；喉头肿痛，加射干、山豆根、牛蒡子；热象重，加石膏、玄参）、定喘汤［取白果9克（去壳砸碎炒黄）、麻黄9克、苏子6克、甘草3克、款冬花9克、杏仁9克、桑白皮9克、黄芩6克、半夏9克。加水3盅，煎成2盅，供100只鸡2次饮用，连用2～4天］等。

（5）加强饲养管理，合理配制日粮　提高育雏室温度2～3℃，防止应激因素，保持鸡群安静；降低饲料蛋白质的水平，增加多种维生素（尤其是维生素A）的用量，适当补充K^+和Na^+，保障饮水充足。

二、传染性喉气管炎

传染性喉气管炎（infectious laryngotracheitis，ILT）是由传染性喉气管炎病毒引起的一种急性、高度接触性上呼吸道传染病。临床上以发病急、传播快、呼吸困难、气喘、咳出带血分泌物、产蛋下降，剖检以喉头和气管黏膜肿胀、糜烂、坏死、大面积出血等为特征。易感鸡群的感染率可达90%，病死率5%～70%，一般为10%～20%，产蛋鸡群感染后产蛋率下降35%或完全停产。对养鸡业危害较大，我国将其列为三类动物疫病。

【病原】本病病原是传染性喉气管炎病毒，属于疱疹病毒科甲型疱疹病毒亚科传喉病毒科Ⅰ型禽疱疹病毒，有囊膜。该病毒目前只有一个血清型。病毒能够在鸡胚和许多禽类细胞上增殖。ILT病毒对氯仿和乙醚等脂溶剂敏感，对外界环境的抵抗力不强，在55℃15分钟或38℃48小时条件下，病毒失去感染性，煮沸可立即灭活，在生理盐水中置55～77℃很快被灭活。病毒在甘油中保存良好，37℃可保存7～14天。气管分泌物中的病毒在暗光的鸡舍最多可存活1周。5%的苯酚1分钟、3%的来苏儿和1%的氢氧化钠30秒即可灭活病毒。病毒在干燥的环境中可生存1年以上，在低温下可长期存活，如在-60～-20℃下可长期保存其毒力。

【流行特征】①易感动物：不同品种、性别、日龄的鸡均可感染本病，多见于育成鸡和成年产蛋鸡，发病症状也最典型。②传染源：病鸡、康复后的带毒鸡以及无症状的带毒鸡。③传播途径：主要是通过呼吸道、眼结膜、口腔侵入体内，也可经消化道传播。种蛋蛋内及蛋壳上的病毒不能经鸡胚传播，因为被感染的鸡胚在出壳前即死亡。④流行季节：

本病一年四季都可发生，尤以秋、冬、春季多发。鸡群饲养密度过大、拥挤，鸡舍通风差，维生素缺乏，感染寄生虫等，都可促进本病的发生和传播。

【临床症状】突然发病和迅速传播是本病的发生特点，本病自然感染的潜伏期为6～12天。4～10月龄的成年鸡感染该病时多出现典型症状。①急性型（喉气管型）。多由高致病性的毒株引起。发病初期，常有数只鸡突然死亡，其他病鸡开始流泪，流出半透明的鼻液。经1～2天后，病鸡出现特征性的呼吸道症状，包括伸颈、张嘴、喘气（见图2-24）、打喷嚏，不时发出"咯-咯"声，并伴有啰音和喘鸣声（见视频2-8），甩头并咳出血痰和带血液的黏性分泌物（见图2-25）。带血分泌物污染病鸡的嘴角、鼻孔（见图2-26）、颜面及头部羽毛，也污染鸡笼（见图2-27）、垫料、水槽及鸡舍墙壁等。多数病鸡体温升高43℃以上，间有下痢。最后病鸡往往因窒息而死亡。本病的病程不长，通常7日左右症状消失，但大群笼养蛋鸡感染时，从发病开始到终止大约需要4～5周。产蛋高峰期产蛋率下降10%～20%的鸡群，约1月后恢复正常；而产蛋量下降超过40%的鸡群，一般很难恢复到产前水平。②温和型。由低致病性毒株引起，流行比较缓和，发病率低。病鸡表现为眼结膜充血，眼睑肿胀（见图2-28），1～2天后流眼泪及鼻液，分泌黏性或干酪样物，上下眼睑被分泌物粘连，

图2-24 病鸡呼吸困难，张口呼吸（孙卫东 供图）

眶下窦肿胀。有的病鸡的眼内有干酪样渗出物（见图2-29），有的病鸡出现一侧或两侧瞎眼（见图2-30）。病程长的可达1个月，死亡率低（约2%）。产蛋鸡产蛋率下降，畸形蛋增多，呼吸道症状较轻。

图2-25 打开病鸡口腔后见含血液的黏性分泌物（孙卫东 供图）

图 2-26　病鸡喙部和鼻孔处有血丝（李银 供图）

图 2-27　鸡笼上有病鸡甩出的血性黏液（李银 供图）

图 2-28　病鸡眼睑肿胀，上下眼睑粘连（孙卫东 供图）

图 2-29　病鸡病鸡的眼内有干酪样渗出物（秦卓明 供图）

图 2-30　病鸡出现一侧或两侧的瞎眼（李银 供图）

【剖检变化】①急性型。非免疫鸡群的病/死鸡一般在口腔内有血凝块（见图2-31），喉头和气管上1/3处黏膜水肿，喉头和气管内覆盖黏液性分泌物，严重者气管内有血样黏条（见图2-32）。免疫鸡群的病/死鸡一般在喉口或上腭裂处形成黄色干酪样物（见图2-33），甚至在喉气管形成假膜（见图2-34），严重时形成黄色栓子，阻塞喉头（见图2-35）；去除渗出物后可见渗出物下喉头（见图2-36）和气管环（见图2-37）出血。重症病例可见喉头、气管的渗出物脱落堵塞下面的支气管（见图2-38）。眼结膜水肿充血、出血，严重的眶下窦水肿出血。产蛋鸡卵泡出血（见图2-39），甚至出现变形、变性、萎缩（见图2-40）。部分病死鸡可因内脏瘀血和气管出血而导致胸肌贫血。有的病鸡心脏冠状脂肪有出血点（见图2-41）。②温和型。表现为浆液性结膜炎，结膜充血、水肿，伴有点状出血，眶下窦肿胀以及鼻腔有大量黏液。病理组织学可见喉头、气管黏膜固有层内有大量炎症性细胞浸润（见图2-42），黏膜结构完整性被破坏，黏膜上皮细胞坏死、脱落（见图2-43）。

图 2-31　病死鸡口腔中有血凝块（程龙飞 供图）

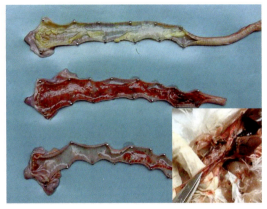

图 2-32　病鸡气管上1/3处黏膜水肿，严重者气管内有血样/干酪样渗出物（程龙飞 供图）

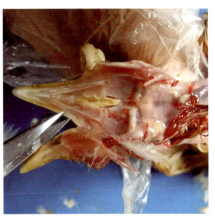

图 2-33　有的病鸡喉口（左）或上腭裂（右）处有黄色干酪样物（孙卫东 供图）

 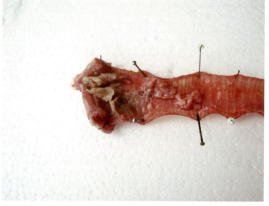

图 2-34　病鸡喉气管有黄色干酪样物（孙卫东 供图）

 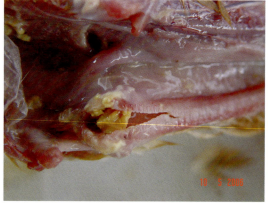

图 2-35　干酪样渗出物阻塞病鸡的喉头（程龙飞 供图）

图 2-36　去除喉头的干酪样渗出物见其下方出血（孙卫东 供图）

图 2-37　去除喉头和气管的渗出物见喉头及气管环出血（孙卫东 供图）

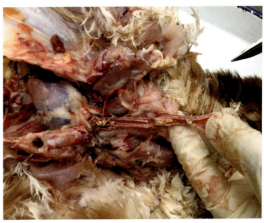

图 2-38 严重的病鸡可见喉头气管的渗出物脱落堵塞下面的支气管（孙卫东 供图）

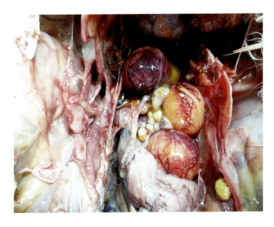

图 2-39 产蛋病鸡卵泡出血（秦卓明 供图）

图 2-40 产蛋鸡卵泡变形、变性、萎缩（孙卫东 供图）

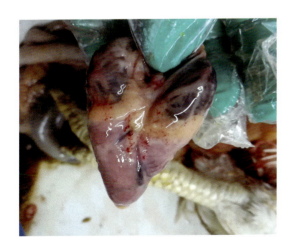

图 2-41 病鸡心脏冠状脂肪有出血点（秦卓明 供图）

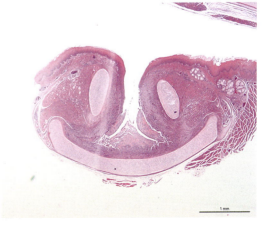

图 2-42 喉头、气管黏膜固有层内有大量炎症性细胞浸润（孙卫东 供图）

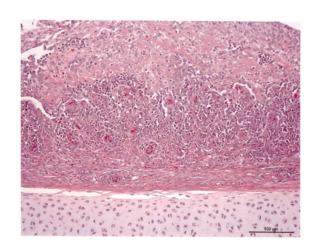

图 2-43 喉头、气管黏膜的完整性被破坏，黏膜上皮细胞坏死、脱落（孙卫东 供图）

【诊断】根据 ILT 的典型流行特征、临床症状和剖检病理变化可做出初步诊断，同时要注意强弱毒株感染时的不同症状和流行特点，确诊需进一步做实验室诊断。实验室诊断包括病毒的分离与鉴定（鸡胚接种、包涵体检查、细胞培养、病毒中和试验）、动物接种、血清学 ELISA 试验、分子生物学（RT-PCR）试验等。

【类症鉴别】本病的呼吸道症状和口腔及气管的病变与黏膜型鸡痘、维生素 A 缺乏相似，其鉴别诊断请参考"鸡痘"的鉴别诊断。此外，其呼吸道的症状还与传染性支气管炎、新城疫、禽流感、传染性鼻炎等相似，鉴别诊断请参考"鸡传染性支气管炎"的鉴别诊断。

【预防措施】

1. 免疫接种

现有的疫苗有冻干活疫苗、灭活苗和基因工程苗等。首免应选用毒力弱、副作用小的疫苗（如传染性喉气管炎 - 禽痘二联基因工程苗），二免可选择毒力强、免疫原性好的疫苗（如传染性喉气管炎弱毒疫苗）。现提供几种免疫程序供参考。①未污染的蛋鸡和种鸡场：50 日龄首免，选择冻干活疫苗，点眼，90 日龄时同样疫苗同样方法再免一次。②污染的鸡场：30～40 日龄首免，选择冻干活疫苗，点眼，80～110 日龄用同样疫苗同样方法二免；或 20～30 日龄首免，选择基因工程苗以刺种的方式进行接种，80～90 日龄时选用冻干活疫苗，以点眼的方式进行二免。

图 2-44 传染性喉气管炎疫苗加大剂量点眼后病鸡眼睑肿胀（孙卫东 供图）

【注意事项】某些传染性喉气管炎疫苗加大剂量点眼后会出现较为严重的眼睑肿胀（见图 2-44）、呼吸困难、鸡冠发绀（见图 2-45），伴有明显的呼吸啰音，应注意防范。剖检可见鸡的角膜上会出现一层浑浊的异物（见图2-46）。

图2-45 传染性喉气管炎疫苗加大剂量点眼后病鸡鸡冠发绀、羽毛蓬松（孙卫东 供图）

图2-46 传染性喉气管炎疫苗加大剂量点眼后病鸡角膜上出现的一层异物（宋增财 供图）

2. 加强饲养管理，严格检疫和淘汰

改善鸡舍通风，注意环境卫生，并严格执行消毒卫生措施。不要引进病鸡和带毒鸡。病愈鸡不可与易感鸡混群饲养，最好将病愈鸡淘汰。

【安全用药】早期确诊后可紧急接种疫苗或注射高免血清，有一定效果。投服抗菌药物，对防止继发感染有一定的作用，采取对症疗法可减少死亡。

1. 紧急接种

用传染性喉气管炎活疫苗对鸡群作紧急接种，采用泄殖腔接种的方式。具体做法为：每克脱脂棉制成10个棉球，每个鸡用1个棉球，以每个棉球吸水10毫升的量计算稀释液，将疫苗稀释成每个棉球含有3倍的免疫量，将棉球浸泡其中后，用镊子夹取1个棉球，通过鸡肛门塞入泄殖腔中并旋转晃动，使其向泄殖腔四壁涂抹，然后松开镊子并退出，让棉球暂留于泄殖腔中。

2. 加强消毒和饲养管理

发病期间用12.8%的戊二醛溶液按1∶1000，10%的聚维酮碘溶液按1∶500喷雾消毒，1天1次，交替进行；提高饲料蛋白质和能量水平，并注意营养要全面和适口性。

3. 对症疗法

用"麻杏石甘口服液"饮水，用以平喘止咳，缓解症状；肌注干扰素，每瓶用250毫升生理盐水稀释后每只鸡注射1毫升；用喉毒灵给鸡饮水或中药制剂喉炎净散拌料，同时在饮水中加入林可霉素（每升饮水中加 0.1 克）或在饲料中加入强力霉素粉剂（每 50 千克饲料中加入 5～10 克）以防止继发感染，连用 4 天；0.02% 氨茶碱饮水，连用 4 天；饮水中加入黄芪多糖，连用 4 天。

4. 营养疗法

疾病发生期，提高饲料中蛋白质和能量水平，增加多维素用量 3～4 倍，以保证病鸡在低采食量情况下营养的充足供应，减轻应激，加速康复；疾病康复期，在饲料中增加维生素 A 含量 3～5 倍，可促使被损坏喉头、气管黏膜上皮的修复。

【注意事项】耐过的康复鸡在一定时间内可带毒和排毒，因此需要严格控制康复鸡与易感鸡的接触，最好将病愈鸡只进行淘汰处理。

三、禽流感

禽流感（avian influenza，AI）是由 A 型禽流感病毒引起的一种家禽和野生禽类感染的高度接触性传染病。可呈无症状感染或不同程度的呼吸道症状、产蛋率下降，甚至脏器广泛出血和禽只严重死亡。

【病原】本病病原是 A 型流感病毒，该病毒属于正黏病毒科。AI 病毒有两类重要的抗原，它们分别是表面抗原和型特异性抗原。表面抗原主要指血凝素（HA）和神经胺酸酶（NA），它们是病毒亚型的基本要素。型特异性抗原主要由核蛋白（NP）和基质蛋白（M）构成，它们是 AI 病毒的分型依据。目前在禽中发现有特异的 16 种 HA 和 9 种特异的 NA，不同的 HA 和 NA 之间可形成 100 多种亚型的禽流感病毒。据报道，多个亚型的禽流感病毒能直接感染人，有的还可导致死亡，例如 H5N1、H5N6、H7N1、H7N2、H7N3、H7N4、H7N9、H6N1、H10N3、H10N8、H3N8，应引起重视并做好防护工作。AI 病毒毒株间的致病性有明显差异，根据各亚型毒株对禽类致病力的不同，将禽流感病毒分为高致病性、低致病性和无致病性病毒株。

（一）高致病性禽流感

高致病性禽流感（highly pathogenic avian influenza，HPAI）是由高致病力毒株（主要是 H5N1、H5N2、H7N1、H7N9 等）引起的以禽类为主的一种急性、高度致死性传染病。临床上以鸡群突然发病、高热、羽毛松乱，成年母鸡产蛋停止、呼吸困难、冠髯发紫、颈部皮下水肿、腿鳞出血，高发病率和高死亡率，胰腺出血坏死、腺胃乳头轻度出血等为特征。世界动物卫生组织（OIE）将其列为必须报告的动物传染病，我国将其列为一类疫病。

【流行特征】①易感动物：多种家禽、野禽和（迁徙）鸟类均易感，但以鸡和火鸡易感性最高。②传染源：主要为病禽（野鸟）和带毒禽（野鸟）。野生水禽是自然界流感病毒的主要带毒者，鸟类也是重要的传播者。病毒可长期在污染的粪便、水等环境中存活。③传播途径：主要通过接触感染禽（野鸟）及其分泌物和排泄物、污染的饲料、饮水、空气中的尘埃以及笼具、蛋品、蛋托（箱）、垫料、种蛋（苗）、衣物、运输工具等媒介，经呼吸道、消化道感染。携带病毒的候鸟在迁徙过程中，沿途可散播病毒，这是禽流感病毒长距离传播和大范围扩散的重要方式；观赏鸟、参赛的鸽及其他参加展览的鸟类也可直接或间接将病毒散播到敏感禽群内。④流行季节：本病一年四季均可发生，以冬季和气温骤冷骤热的春季发生较多。

【临床症状】不同日龄、不同品种、不同性别的鸡均可感染发病，其潜伏期从几小时到数天，最长可达21天。最急性病例可在感染后10多个小时死亡而不表现明显症状。急性型可见鸡舍内的鸡群较往常沉静，鸡的采食量明显下降，甚至废食，饮水明显减少，从第2天起死亡明显增加（见图2-47），临床症状也逐渐明显。病鸡体温明显升高，精神极度沉郁，羽毛松乱，头和翅下垂（见图2-48）；流泪，头和眼睑肿胀；脚部鳞片出血（见图2-49）；腹泻，排黄绿色、黄白色稀粪（见图2-50）；呼吸困难，张口呼吸，伴有呼吸啰音。母鸡产蛋量迅速下降，蛋形变小（见图2-51），蛋壳颜色变淡、蛋壳变薄（见图2-52），或产软壳蛋（见图2-53），种蛋受精率和受精蛋的孵化率明显下降。有的鸡感染后鸡冠和肉髯发绀（见图2-54），眼睑肿胀，眼结合膜出血（见图2-55）。有的病鸡出现神经症状，包括转圈、前冲、后退、颈部扭歪或后仰望天（见图2-56）。在发病后的4～5天，死亡率几乎达到100%。

图2-47 病鸡大批死亡（孙卫东 供图）

图2-48 病鸡精神极度沉郁，羽毛松乱，头和翅下垂（孙卫东 供图）

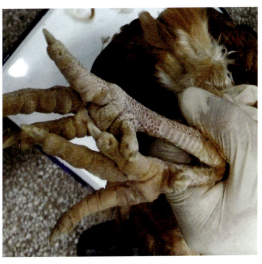

图2-49 病鸡脚部鳞片出血（孙卫东 供图）

图 2-50　病鸡排黄绿色（左）和黄白色（右）稀粪（孙卫东 供图）

图 2-51　母鸡感染后产蛋量下降，蛋形变小（孙卫东 供图）

图 2-52　母鸡感染后蛋壳颜色变淡、蛋壳变薄（秦卓明 供图）

图 2-53　母鸡感染后产软壳蛋（左），有的掉到笼下的粪便中（右）（李银 供图）

图 2-54　病鸡鸡冠发绀（秦卓明 供图）

图 2-55　病鸡眼睑肿胀眼结膜出血（右）（李银 供图）

图 2-56　病鸡出现斜颈等神经症状（孙卫东 供图）

【剖检变化】病/死鸡剖检见胰腺出血点或黄白色坏死斑点（见图 2-57）；腺胃乳头、黏膜出血，乳头分泌物增多（见图 2-58），肌胃角质层下出血（见图 2-59）；气管黏膜和气管环出血（见图 2-60）；消化道黏膜广泛出血，尤其是十二指肠黏膜和盲肠扁桃体出血更为明显（见图 2-61），有的病鸡的嗉囊（见图 2-62）、泄殖腔（见图 2-63）黏膜出血；心冠脂肪、心肌出血；肝脏（见图 2-64）、脾脏（见图 2-65）、肺脏（见图 2-66）、肾脏出血；蛋鸡或种鸡卵泡充血、出血、变性（见图 2-67），或破裂后导致腹膜炎（见图 2-68），输卵管黏膜广泛出血，黏液增多（见图 2-69）。颈部皮下有出血点和胶冻样渗出（见图 2-70）。有的病鸡见腿部肿胀、肌肉有散在的小出血点（见图 2-71）。公鸡见睾丸出血（见图 2-72）。组织病理学可见胰腺的胰岛细胞的细胞核浓缩（见图 2-73），法氏囊出现广泛性、弥漫性、多量的淋巴细胞坏死（见图 2-74）；脾脏、盲肠扁桃体有多量的淋巴细胞坏死，淋巴小结内巨噬细胞增生（见图 2-75）；肺脏有多量异嗜性细胞浸润，部分细胞坏死（见图 2-76）；肾脏的皮质和髓质内多量肾小管上皮细胞的核浓缩（见图 2-77）。

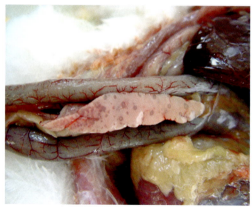

图 2-57　病死鸡胰腺出血和坏死（秦卓明 供图）

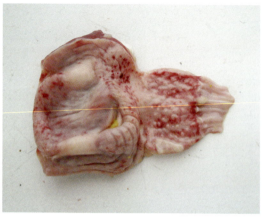

图 2-58　腺胃乳头分泌物增多，乳头边缘出血，肌胃内容物绿色（孙卫东 供图）

图 2-59　腺胃乳头出血，肌胃角质层下出血（李银 供图）

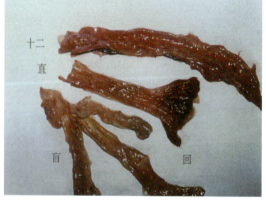

图 2-60　气管黏膜和气管环出血（孙卫东 供图）

图 2-61　消化道（尤其是十二指肠黏膜和盲肠扁桃体）黏膜广泛出血（孙卫东 供图）

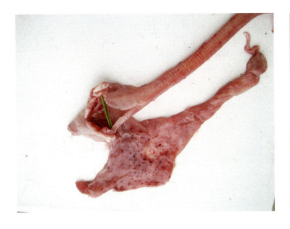

图 2-62　病鸡的嗉囊黏膜出血（下）（李银　供图）

图 2-63　病鸡的嗉囊黏膜出血（秦卓明　供图）

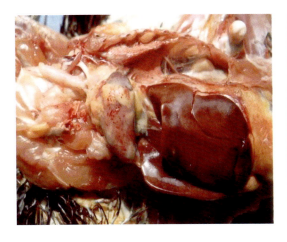

图 2-64　病鸡的冠状脂肪、心肌及肝脏出血
　　　　（孙卫东　供图）

图 2-65　病鸡的脾脏出血（赵秀美　供图）

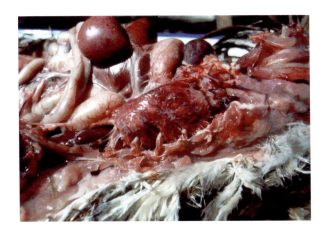

图 2-66　病鸡的肺脏出血（孙卫东　供图）

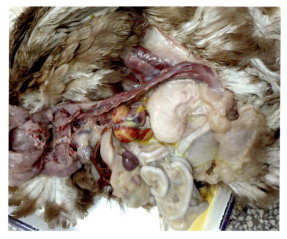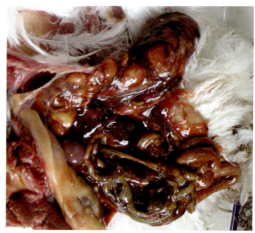

图 2-67　感染蛋鸡或种鸡的卵泡充血、出血、变性（孙卫东 供图）

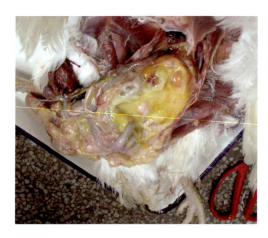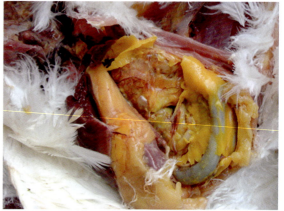

图 2-68　感染蛋鸡或种鸡的卵泡破裂，形成腹膜炎（孙卫东 供图）

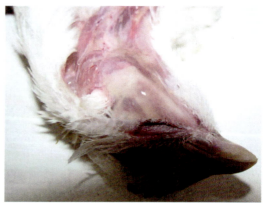

图 2-69　感染蛋鸡或种鸡的输卵管黏膜肿胀，脓性黏液增多（孙卫东 供图）　　图 2-70　病鸡的颈部皮下有出血点和胶冻样渗出（孙卫东 供图）

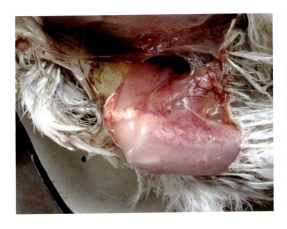

图 2-71　病鸡的腿肌出血（孙卫东 供图）

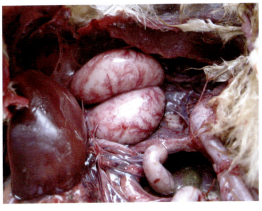

图 2-72　病鸡的睾丸出血（孙卫东 供图）

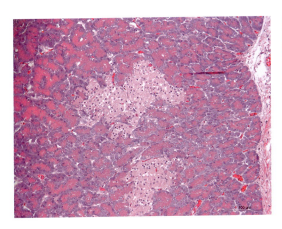

图 2-73　胰腺的胰岛细胞的细胞核浓缩
（郭东春 供图）

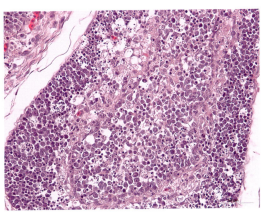

图 2-74　法氏囊出现广泛性、弥漫性、多量淋巴细胞坏死（郭东春 供图）

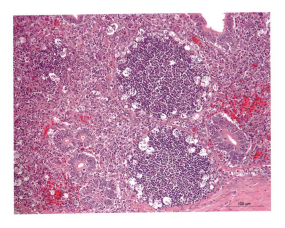

图 2-75　盲肠扁桃体有多量淋巴细胞坏死，淋巴小结内巨噬细胞增生（郭东春 供图）

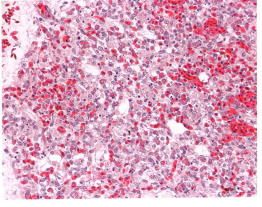

图 2-76　肺脏有多量异嗜性细胞浸润，部分细胞坏死（郭东春 供图）

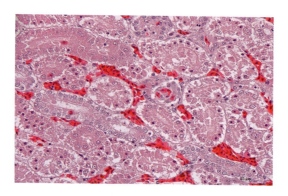

图 2-77　肾脏的皮质和髓质内多量的肾小管上皮细胞的核浓缩（郭东春 供图）

【诊断】在未接种过禽流感疫苗的禽群可以根据病禽已有较高的新城疫抗体而又出现典型的腺胃乳头、肌胃角质膜下出血的病变，心肌、胰腺出血坏死等异常表现可做出初步诊断。在已经做过禽流感免疫接种的禽群，需要进行血清抗体比较以及病原学检测。鉴于禽流感病毒的生物安全风险和缩短检测时间等的需求，目前该病的日常监测中普遍采用实时荧光定量 RT-PCR 方法。另外，RT-PCR 结合基因测序也已成为禽流感病毒快速鉴定的常用方法。

【类症鉴别】

1. 与新城疫的鉴别

（1）相似点　本病的主要临床症状和病理剖检变化与典型新城疫相似。

（2）不同点　新城疫病鸡不表现高致病性禽流感特有的头部、眼睑和肉垂的水肿或肿胀。新城疫病鸡嗉囊内有大量积液，而高致病性禽流感则没有这一变化。新城疫病鸡胰腺常见不到明显病变，而高致病性禽流感病鸡胰腺常有坏死病变。新城疫病鸡腿鳞片出血罕见，而高致病性禽流感病鸡常见。此外，新城疫病鸡常表现扭颈、站立不稳等神经症状，剖检见肠道有环状枣核状出血（见图 2-78）。

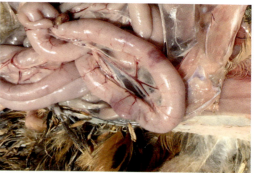

图 2-78　新城疫病鸡扭颈（左）和肠道环状枣核状出血（右）（孙卫东 供图）

2. 与急性禽霍乱的鉴别

见鸡新城疫相关部分的描述。

3. 与传染性支气管炎的鉴别

见鸡新城疫相关部分的描述。

4. 与传染性喉支气管炎的鉴别

见鸡新城疫相关部分的描述。

【预防措施】

1. 免疫接种

（1）疫苗的种类　灭活疫苗有 H5 亚型、H7 亚型、H9 亚型、H5-H9 亚型二价、H7-H9 亚型二价疫苗。H5 亚型有 N28 株、H5N1 亚型毒株、H5 亚型变异株、H5N1 基因重组病毒 Re-1 株等；重组活载体疫苗有重组新城疫病毒活载体疫苗（rl-H5 株）和禽流感重组鸡痘病毒活载体疫苗。为了达到一针预防多病的效果，目前已经有禽流感与其他疫病的二联和多联疫苗。

（2）免疫接种要求　国家对高致病性禽流感实行强制免疫制度，免疫密度必须达到 100%，抗体合格率达到 70% 以上。所用疫苗必须采用农业农村部批准使用的产品，并由动物防疫监督机构统一组织、逐级供应。所有易感禽类饲养者必须按国家制定的免疫程序做好免疫接种，当地动物防疫监督机构负责监督指导。预防性免疫，按农业农村部制定的免疫方案中规定的程序进行。①蛋鸡（包括商品蛋鸡与父母代种鸡）参考免疫程序：14 日龄首免，肌内注射 H5、H7 亚型禽流感灭活苗或重组新城疫病毒活载体疫苗。35～40 日龄时用同样的免疫方法进行二免。开产前再用 H5、H7 亚型亚型禽流感灭活苗进行强化免疫，以后每隔 3 个月免疫一次。在 H9 亚型禽流感流行的地区，应免疫 H5/H7 和 H9 亚型二价灭活苗。②肉鸡参考免疫程序：7～14 日龄时肌内注射 H5、H7 亚型或 H5/H7 和 H9 二价禽流感灭活苗即可，或 7～14 日龄时用重组新城疫病毒活载体疫苗首免，2 周后用同样疫苗再免。灭活油乳剂疫苗的接种途径为肌内或皮下注射，免疫接种剂量参照疫苗生产厂家提供的使用说明。

【注意事项】①幼龄家禽免疫禽流感灭活疫苗后产生的抗体水平一般不高，30 日龄以下的家禽接种疫苗后若受高致病性禽流感病毒的感染，还会有较大的死亡。②疫苗接种虽然可以避免家禽的毁灭性死亡损失，但不能指望接种灭活疫苗后可以完全防止禽流感的感染。③灭活疫苗虽然能诱导机体产生较高的循环抗体，但免疫禽的呼吸道、消化道和生殖道的局部黏膜免疫力仍较弱，所以在接种疫苗后仍然可能会出现一些不同程度的呼吸道症状、产蛋下降等。

2. 加强饲养管理

坚持全进全出和/或自繁自养的饲养方式，在引进种鸡及产品时，一定要来自无禽流感的养鸡场；采取封闭式饲养，饲养人员进入生产区应更换衣、帽及鞋靴；严禁其他养鸡场人员参观，生产区设立消毒设施，对进出车辆彻底消毒，定期对鸡舍及周围环境进行消毒，加强带鸡消毒；设立防护网，严防野鸟进入鸡舍（见图 2-79），养鸡场内/不同鸡舍之间严禁饲养其他家禽（见图 2-80），多种家禽

图 2-79　应设立防护网，严防野鸟进入鸡舍（孙卫东 供图）

应分开饲养，尤其须与水禽分开饲养（见图2-81），避免不同家禽及野鸟之间的病原传播；定期消灭养禽场内的有害昆虫，如蚊、蝇（见图2-82）及鼠类等。

图 2-80　鸡场内鸡舍之间严禁饲养其他家禽（孙卫东　供图）

图 2-81　多种家禽应分开饲养，尤其须与水禽分开饲养（孙卫东　供图）

图 2-82　定期消灭养鸡场内的苍蝇（孙卫东　供图）

（A、B—养鸡场过道及粪便上的苍蝇；C—堆放饲料等贮藏间内的苍蝇；D—灭杀的苍蝇）

【安全用药】高致病性禽流感发生后请按照《中华人民共和国动物防疫法》和"高致病性禽流感疫情判定及扑灭技术规范"进行处理，在受威胁区，要用经农业农村部批准使用的禽流感疫苗进行紧急免疫接种，并进行免疫效果监测，同时对禽类实行疫情监测，掌握疫情动态。

（1）临床怀疑疫情的处置　对发病场（户）实施隔离、监控，禁止禽类、禽类产品及有关物品移动，并对其内、外环境实施严格的消毒措施。

（2）疑似疫情的处置　当确认为疑似疫情时，扑杀疑似禽群，对扑杀禽、病死禽及其产品进行无害化处理，对其内、外环境实施严格的消毒措施，对污染物或可疑污染物进行无害化处理，对污染的场所和设施进行彻底消毒，限制发病场（户）周边3公里的家禽及其产品移动。

（3）确诊疫情的处置　疫情确诊后立即启动相应级别的应急预案，依法扑灭疫情。

（二）低致病性禽流感

低致病性禽流感（low pathogenic avian influenza，LPAI）主要由中等毒力以下禽流感病毒（如H9亚型禽流感病毒）引起，以青年鸡的轻微呼吸道症状和低死亡率、产蛋鸡产蛋率下降为特征，感染后往往造成鸡群的免疫力下降，易发生并发或继发感染。

【病原】本病病原是低致病性A型流感病毒，如H9N2等。

【流行特征】请参照高致病性禽流感相关条目的叙述。

【临床症状】病初表现体温升高，精神沉郁，采食量减少或急骤下降，排黄绿色稀便，出现明显的呼吸道症状（咳嗽、啰音、打喷嚏、伸颈张口、鼻窦肿胀等），有的病鸡出现肿头、肿眼、流泪（见图2-83）。后期部分鸡有神经症状（头颈后仰、抽搐、运动失调、瘫痪等）（见图2-84）。产蛋鸡感染后，蛋壳质量变差、畸形蛋增多、产蛋率下降，严重时可停止产蛋。

图2-83　病鸡出现肿头、肿眼、流泪

（秦卓明　供图）

图2-84　SPF鸡攻毒后鸡出现扭颈

（秦卓明　供图）

【剖检变化】剖检病/死鸡可见口腔及鼻腔积存黏液，有的混有血液；腺胃乳头和肌胃角质层（见图 2-85）、胰腺（见图 2-86）、泄殖腔（见图 2-87）轻度出血；心包轻度积液（见图 2-88）；气管、支气管出血（见图 2-89），有的支气管内有堵塞物（见图 2-90），肺脏水肿（见图 2-91），轻度气囊炎（见图 2-92）。产蛋鸡可出现卵黄性腹膜炎（见图 2-93），卵泡充血、出血、变形、破裂，输卵管内有白色或淡黄色胶冻样或干酪样物（见图 2-94）。

【诊断】和【类症鉴别】请参照高致病性禽流感。

【预防措施】免疫程序和接种方法同高致病性禽流感，只是所用疫苗必须含有与养禽场所在地一致的低致病性禽流感毒株。H9 亚型有 SS 株和 F 株等，均为 H9N2 亚型。

【安全用药】对于低致病性禽流感，应采取"免疫为主，治疗、消毒、改善饲养管理和防止继发感染为辅"的综合措施。特异性抗体早期治疗有一定的效果。抗病毒药对该病毒有一定的抑制作用，可降低死亡率，但不能降低感染率，用药后病鸡仍向外界排出病毒。应用抗生素可以减轻支原体和细菌性并发感染，应用清热解毒、止咳平喘的中成药可以缓解本病症状，饮水中加入多维电解质可以提高鸡的体质和抗病力。

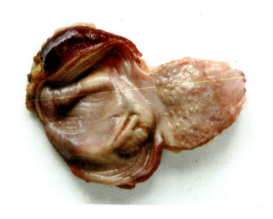

图 2-85　病鸡腺胃乳头、肌胃角质层轻度出血（孙卫东 供图）

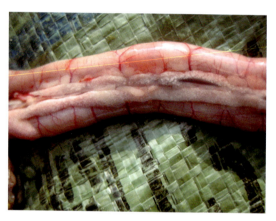

图 2-86　病鸡胰腺轻度出血、坏死（李银 供图）

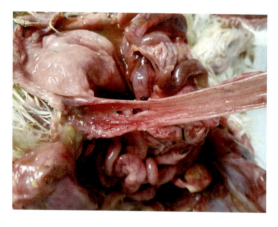

图 2-87　病鸡泄殖腔黏膜出血、坏死（秦卓明 供图）

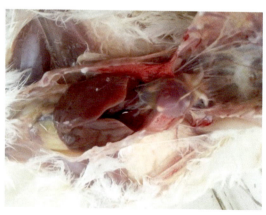

图 2-88　病鸡心包轻度积液（秦卓明 供图）

图 2-89　病鸡气管、支气管出血（秦卓明 供图）

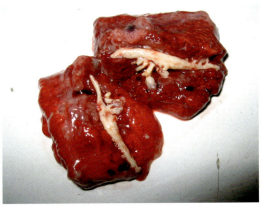

图 2-90　病鸡支气管内有堵塞物（李银 供图）

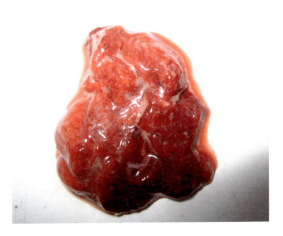

图 2-91　病鸡肺脏水肿（李银 供图）

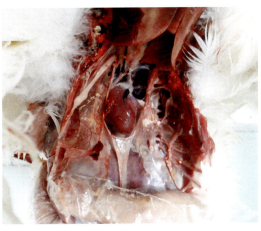

图 2-92　病鸡轻度气囊炎（秦卓明 供图）

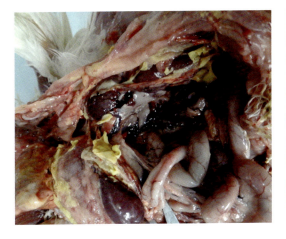

图 2-93　病鸡卵黄性腹膜炎（秦卓明 供图）

图 2-94　蛋鸡卵泡充血、出血，输卵管内有白色胶冻样物（孙卫东 供图）

（1）特异抗体疗法　立即注射抗禽流感高免血清或卵黄抗体，每羽按 2～3 毫升/千克体重肌内注射。

（2）抗病毒　请参照"鸡传染性支气管炎"的抗病毒疗法。

（3）合理使用抗生素对症治疗　中药与抗菌西药结合，如每羽成年鸡按板蓝根注射液（口服液）1～4 毫升，一次肌内注射/口服；阿莫西林按 0.01%～0.02% 浓度混饮或混饲，每天 2 次，连用 3～5 天。联用的抗菌药应对症选择，如针对大肠杆菌的可用阿莫西林+舒巴坦，或阿莫西林+乳酸环丙沙星，或单纯阿莫西林；针对呼吸道症状的可用罗红霉素或多西环素或阿奇霉素；兼治鼻炎可用泰灭净。

（4）正确运用药物使用方法　如多西环素与某些中药口服液混饮会加重苦味，若鸡群厌饮、拒饮，一是改用其他药物，二是改用注射给药；如食欲不佳的病鸡不宜用中药散剂拌料喂服，可改用中药口服液的原液（不加水）适量灌服，1 天 1～2 次，连续 2～4 天。

【注意事项】在诊疗过程中应重视低致病性 H9 禽流感病毒与大肠杆菌的致病协同作用（见表 2-3），要改变 H9 感染发生就一定养不成鸡的观念，要把防控重点放在做好防疫，严防大肠杆菌继发感染，加强通风，防止早期弱雏比例过大。在成功实施免疫 H9N2 的鸡场不要随意更换疫苗毒株，在大肠杆菌感染严重的鸡场，若使用敏感抗菌药物仍不能很好得到控制的情况下，建议适当提前进行 H9N2 的免疫或更换 H9N2 疫苗的毒株。

表 2-3　低致病性 H9 禽流感病毒与大肠杆菌的致病协同作用

组别	接种病毒量	病毒接种时日龄	接种细菌量	接种细菌时日龄	死亡率 /%
MP AIV	4×10^5	10			15.33
E.coli173			4×10^7	13	6.67
MP AIV + E.coli173	4×10^5	10	4×10^7	13	80.00

四、禽偏肺病毒感染

禽偏肺病毒感染（avian pneumovirus infection）是由禽偏肺病毒引起的火鸡鼻气管炎（turkey rhinotracheitis，TRT）、鸡肿头综合征（swollen syndrome，SHS）和禽鼻气管炎（avian rhinotracheitis，ART）的总称。APV 之所以普遍存在，有时会认为与慢性新城疫有关，有时和低致病性禽流感有关，甚至还认为和支原体有关，当以上几个病毒混合在一起的时候，禽肺病毒的问题就更加严重。火鸡死亡率不超过 2%，而发病率可以超过 10% 以上，对产蛋火鸡生产效率具有明显影响。鸡易感群的死亡率可达 15%，产蛋鸡的产蛋量可下降 40%。给家禽养殖造成了严重的危害，我国将其列为三类动物疫病。

【病原】本病的病原是禽偏肺病毒（avian pneumovirus，APV），属于副黏病毒科肺病毒亚科肺病毒属，为单股负链 RNA 病毒，有囊膜。该病毒在 20 世纪 70 年代于南非首先分离到，随后研究证实 APV 存在 A、B、C、D 4 个亚型。由于 APV 在感染的宿主体内存活的时间很短，而且主要出现在疾病的早期，这给病毒的分离带来了很大的困难。APV

基因组包含了 8 个主要的结构蛋白基因，基因组全长约为 14kb，8 个基因从 3′端到 5′端排列顺序为 N-P-M-F-M2-SH-G-L。APV 对化学消毒药物的抵抗力不强，常用的消毒药，如季铵盐、酚类和漂白粉等可将病毒灭活。APV 对热敏感，56℃经 30 分钟可被灭活，但在室温干燥几天仍能存活。

【流行特征】①易感动物：火鸡和鸡是 APV 的主要易感动物，此外也有报道鸭、野鸡、珍珠鸡、鸵鸟、鹅等其他禽类也可感染 APV，有些禽类虽然不表现明显的临床和病理改变，但可出现种禽产蛋量下降。尽管感染不同禽类的 APV 株之间存在着一些差异，但有报道指出某些基因型的 APV 可以同时感染不同的禽类。②传染源：病禽或携带病毒的禽类。③传播途径：主要通过空气媒介传播，机体的排泄物具有传播 APV 的可能性。尽管有报道在感染 APV 的火鸡输卵管中检测到病原存在，但能否通过蛋进行垂直传播还有待进一步证实。野鸟和海鸥可能是该病毒传播的重要载体。④流行季节：有明显的季节性，主要集中在候鸟迁徙的春季和秋季。

【临床症状】鸡群有 3 个时间段特别容易感染发病：3～6 周尤其是 4～5 周、上高峰爬坡时期和 40～50 多周。APV 在幼龄鸡只的上呼吸道增殖，大部分感染鸡只甩头、打喷嚏，鼻部有半透明的黏液分泌出来（见图 2-95），随后头部出现皮下水肿，最后波及到肉髯。表现鼻窦发炎、气管啰音、流眼泪、肿脸肿头（见图 2-96），20 天后的肉仔鸡发病后会出现高死淘率。蛋鸡主要造成产蛋率下降和蛋壳质量问题。产蛋鸡表现产蛋下降，个别显呼吸道症状，常与传染性支气管炎病毒和大肠杆菌混合感染。通常降低 10% 的产蛋率，2～4 周后恢复正常，但所产的种蛋像老母鸡下的蛋，蛋壳表面不光鲜，最主要的是蛋壳质量下降（皮薄、粗糙），种蛋孵化率降低。严重的造成输卵管脱垂，因为 APV 只对卵泡和输卵管腺有影响，所以鸡群表现产蛋率和蛋壳质量下降，还会诱发坠卵性腹膜炎，导致鸡群死淘率增加。种鸡表现头眼肿胀、摇头、斜颈、行动不稳及角弓反张、运动失衡和腹泻等症状，肿头率占到 1%，且造成产蛋率下降约 5%。有时候鸡头向上仰呈"观星"状，往往被认为有慢性新城疫感染，其实禽肺病毒之所以会造成歪脖子，是因为它能引起内耳炎，鸡只的一侧耳朵有炎症才表现向一边歪脖子。

图 2-95　感染鸡鼻孔流出半透明黏液分泌物（孙卫东 供图）

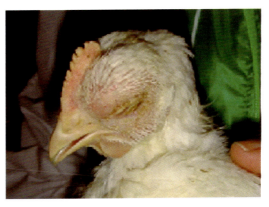

图 2-96　感染鸡肿脸肿头（孙卫东 供图）

【剖检变化】 APV 常常与鼻气管鸟疫杆菌、支原体等混合感染，所以剖检病变并非特有。一般可见病鸡头部皮下、眼眶周围组织呈胶冻样浸润，后期呈黄色疏松硬实的肿块（见图 2-97）。部分病鸡头部和肉髯、肉冠的皮下组织，头盖骨的气室和中耳出现肉芽肿和纤维素性化脓性炎症，严重者出现气管炎，甚至肺坏（见图 2-98）。产蛋鸡群可见鼻腔内有水样或黏液状渗出物、卵黄性腹膜炎、卵泡畸形或变性，甚至卵泡和输卵管退化，在输卵管内常见折叠的蛋壳膜等。病理组织学检查见鼻甲骨 - 鼻黏膜的黏膜固有层和黏膜下层内炎症性细胞浸润，轻度出血（见图 2-99），肺 - 支气管黏膜固有层内少量的炎症性细胞浸润，黏膜下层轻度水肿（见图 2-100），肺 - 呼吸毛细管局部少量的细胞核浓缩（见图 2-101）等。

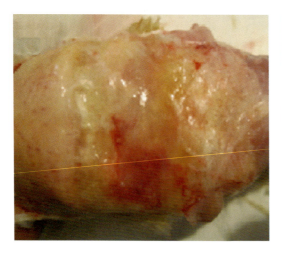

图 2-97　病鸡头部皮下呈胶冻样浸润（孙卫东 供图）

图 2-98　病鸡肺脏出血、坏死（孙卫东 供图）

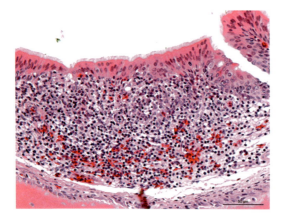

图 2-99　鼻甲骨 - 鼻黏膜的黏膜固有层和黏膜下层内炎症性细胞浸润，轻度出血（孙卫东 供图）

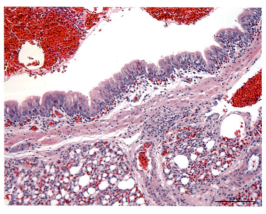

图 2-100　肺 - 支气管黏膜固有层内少量的炎症性细胞浸润，黏膜下层轻度水肿（孙卫东 供图）

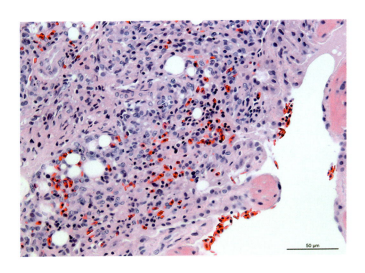

图 2-101　肺 - 呼吸毛细管局部少量的细胞核浓缩（孙卫东 供图）

【诊断】该病由于临床症状和病理剖检变化不典型，其诊断依赖于病原检测（电镜检测、免疫组化检测、RT-PCR）、病毒的分离鉴定、抗体的检测〔如 IF（用以检测血清中和抗体）和 ELISA〕等。

【类症鉴别】该病需要与鸡传染性支气管炎等相区别。

【预防措施】

1. 免疫接种

Nobilis Rhino CV 疫苗是一种能够预防鸡感染 APV 的活疫苗，疫苗所用病毒为 APV 的弱毒株，亲本毒株为 TRTII/94，属 B 型毒株，这种疫苗适用于 1 日龄雏鸡，经滴鼻、点眼和喷雾方法免疫，能够防止肉鸡因感染 APV 野毒后出现临床症状。活疫苗与后来的 APV 灭活疫苗免疫联合使用，可以有效预防 APV 野毒感染对产蛋家禽产蛋性能的不利影响。一次免疫可对肉鸡的整个生产期提供保护免疫力。蛋禽需要再使用 APV 灭活疫苗免疫，才能对整个正常产蛋期提供保护性免疫。

2. 建立科学的饲养管理体系

饲养管理水平的高低与该病的发生与否关系密切。饲养密度、空气质量、垫料及卫生状况对该病的影响较大。良好的生物安全措施可有效防范该病的发生。抗生素可控制并发和继发感染，降低疾病的严重程度。

五、大肠杆菌病

大肠杆菌病是由某些致病性或条件性致病性大肠埃希菌引起的家禽局部或全身感染的疾病总称，包括大肠杆菌性脐带炎、败血症、心包炎、肝周炎、气囊炎、肉芽肿、肿头综合征、肠炎、腹膜炎、输卵管炎、眼炎、脑炎、滑膜炎、关节炎等一系列疾病。该病是鸡胚孵化、鸡全过程饲养过程中引起鸡死亡的重要病因之一，同时造成鸡的增重减慢和屠宰废弃率增加，给养鸡业造成巨大的经济损失。

【病原】本病病原是大肠杆菌，革兰阴性、非抗酸性染色、不形成芽孢，本菌在病料和培养物中均无特殊排列，在电镜下可见菌体有少量长鞭毛和大量短菌毛，可活泼运动。大肠杆菌在普通培养基中即可生长，在麦康凯和远藤培养基上生长良好，由于它能分解乳糖，因此在上述培养基上形成红色的菌落。根据大肠杆菌的 O 抗原（菌体抗原）、K 抗原（荚膜抗原）、H 抗原（鞭毛抗原）等表面抗原的不同，可将本菌分成许多血清型。在世界许多地区的调查结果表明，与禽病相关的大肠杆菌血清型有 70 多个，我国已经发现 50 余个，其中最常见的是血清型是 O_1、O_2、O_{35}、O_{78}。

【流行特征】①易感动物：各种品种、日龄的鸡均可发病，1 月龄前后的雏鸡发病较多，但 1 日龄即能感染，其中肉鸡较蛋鸡更为敏感。②传染源：鸡大肠杆菌病既可单独感染，也可能是继发感染，病鸡或带菌鸡是主要传染源。③传播途径：该菌可经呼吸道、消化道、生殖道（自然交配或人工授精）、蛋壳穿透及皮肤创伤等门户入侵，也可被病禽分泌物和排泄物及被污染的饲料、饮水、垫料、用具而传播。鼠和家蝇是本菌的携带者。④流行季节：本病一年四季均可发生，但以冬春寒冷和气温多变以及多雨、闷热和潮湿季节发生更多。慢性呼吸道病、新城疫、传染性支气管炎、传染性法氏囊病、氨中毒、霉菌毒素中毒、维生素 A 缺乏、通风不良、拥挤等可增加鸡对大肠杆菌的易感性。

【临床症状和剖检变化】

（1）胚胎死亡和雏鸡脐炎型　在污染鸡场的种蛋内、蛋壳表面均有此菌，正常情况下有 0.5%～6% 的带菌率，造成在胚胎孵化中早期死亡，以及孵化后期死胚、病弱雏增多或出壳后幼雏陆续死亡（见图 2-102）。病雏表现为脐带发炎（俗称"硬脐"）（见图 2-103 和视频 2-9），脐孔愈合不良（见图 2-104）。剖检见卵黄囊变性、呈黄/绿色（见图 2-105），吸收不良。

视频 2-9

图 2-102　感染胚胎死亡或出壳后幼雏陆续死亡（孙卫东 供图）

图 2-103　病雏的脐带发炎（俗称"硬脐"）（孙卫东 供图）

图 2-104　病雏的脐带愈合不良（孙卫东 供图）　　图 2-105　病雏的卵黄变性、呈黄／绿色（孙卫东 供图）

（2）脑炎型　见于7天内的雏鸡，病雏扭颈，出现神经症状，采食减少或不食。

（3）浆膜炎型　常见于2～6周龄的雏鸡，病鸡精神沉郁，缩颈眼闭，嗜睡，羽毛松乱，两翅下垂，食欲不振或废绝，气喘、甩鼻、出现呼吸困难并伴有呼吸啰音（见视频2-10），眼结膜和鼻腔带有浆液性或黏液性分泌物，部分病例腹部膨大下垂，行动迟缓，重症者呈企鹅状，腹部触诊有波动感。死于浆膜炎型的病鸡，剖检见心包积液，纤维素性心包炎（见图2-106），气囊浑浊，呈纤维素性气囊炎（见图2-107），肝脏肿大，表面亦有纤维素膜覆盖（见图2-108），有的肝脏伴有坏死灶。重症病鸡可同时见到心包炎、肝周炎和气囊炎（见图2-109），有的病鸡可同时伴有腹水（见图2-110），腹水较浑浊或含有炎性渗出物（见图2-111）。病鸡因长期炎症刺激而出现脾脏肿大、发黑（见图2-112），机体消瘦（见图2-113）等。

视频 2-10

图 2-106　病鸡的心包积液（左）和纤维素性心包炎（右）（孙卫东 供图）

图 2-107　病鸡的胸气囊炎，囊内有黄色干酪样渗出（孙卫东 供图）

图 2-108　病鸡的肝周炎，肝脏被膜有胶冻样渗出物覆盖（孙卫东 供图）

图 2-109　病鸡的心包炎、肝周炎和气囊炎（孙卫东 供图）

图 2-110　感染病鸡出现腹水（孙卫东 供图）

图 2-111　感染病鸡的腹水浑浊或含有炎性渗出物（孙卫东 供图）

图 2-112　感染病鸡的脾脏肿大、发黑（孙卫东 供图）

(4) 急性败血症型（大肠杆菌败血症） 是大肠杆菌病的典型表现，6～10 周龄的鸡多发，呈散发性或地方流行性，病死率 5%～20%，有时可达 50%。特征性的病理剖检变化是见肺脏充血、水肿和出血（见图 2-114），肝脏肿大，胆囊扩张，充满胆汁，脾、肾肿大。

图 2-113　感染病鸡消瘦（孙卫东 供图）

图 2-114　病鸡的肺脏充血、水肿和出血（孙卫东 供图）

(5) 关节炎和滑膜炎型　一般是由关节的创伤或大肠杆菌性败血症时细菌经血液途径转移至关节所致，病鸡表现为行走困难、跛行或呈伏卧姿势，一个或多个腱鞘、关节发生肿大。剖检可见关节液混浊，关节腔内有干酪样或脓性渗出物蓄积，滑膜肿胀、增厚（见图 2-115）。

(6) 大肠杆菌性肉芽肿型　是一种常见的病型，45～70 日龄鸡多发。病鸡进行性消瘦，可视黏膜苍白，腹泻，特征性病理剖检变化是病鸡的小肠、盲肠、肠系膜及肝脏、心脏等表面有黄色脓肿或肉芽肿结节（见图 2-116），肠粘连不易分离，脾脏无病变。严重者死亡率可高达 75%。

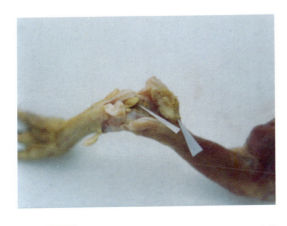

图 2-115　病鸡的关节腔内有干酪样或脓性渗出物蓄积，滑膜肿胀（孙卫东 供图）

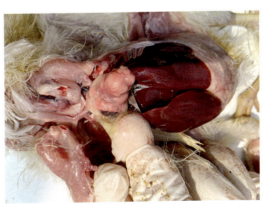

图 2-116　病鸡心脏上的肉芽肿结节（孙卫东 供图）

(7) 卵黄性腹膜炎和输卵管炎型　主要发生于产蛋母鸡，病鸡表现为产蛋停止，精神委顿，腹泻，粪便中混有蛋清及卵黄小块，有恶臭味。剖检时可见卵泡充血、出血、变性（见图 2-117），破裂后引起腹膜炎（见视频 2-11）。有的病例还可见输卵管炎，整个输卵管充血和出血或整个输卵管膨大（见图 2-118），内含有干酪样物质（见图 2-119），切面呈轮层状（见图 2-120），可持续存在数月。

视频 2-11

图 2-117　病鸡的卵泡充血、出血、变性（孙卫东 供图）

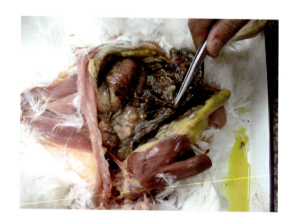

图 2-118　病鸡的整个输卵管充血、出血，膨大（孙卫东 供图）

图 2-119　病鸡的输卵管内充满干酪样物质（孙卫东 供图）

图 2-120　病鸡的输卵管内含有干酪样物质切面呈轮层状（孙卫东 供图）

视频 2-12

(8) 全眼球炎型　当鸡舍内空气中的大肠杆菌密度过高时，或在发生大肠杆菌性败血症的同时，部分鸡可引起眼球炎，表现为一侧眼睑肿胀，流泪，羞明，眼内有大量脓液或干酪样物，角膜混浊，眼球萎缩，失明（见图 2-121 和视频 2-12）。偶尔可见两侧感染，内脏器官一般无明显眼观病变。

(9) 肿头综合征　是指在鸡的头部皮下组织及眼眶周围发生急性或亚急性蜂窝状炎症。可以看到鸡眼眶周围皮肤红肿，严重的整个头部明显肿大（见图2-122），皮下有干酪样渗出物。

图2-121　病鸡的全眼球炎（孙卫东 供图）

图2-122　病鸡的整个头部明显肿胀（孙卫东 供图）

(10) 鼻窦炎型　是指鸡的鼻窦发生炎症，鼻窦肿胀，手挤有干酪样渗出物（见图2-123）。
(11) 中耳炎型　有些病例可出现中耳炎（见图2-124）等临床表现。

图2-123　病鸡鼻窦肿胀，挤压有干酪样渗出物（李银 供图）

图2-124　感染鸡出现了中耳炎（孙卫东 供图）

【诊断】本病的特征性病理变化是初步诊断的依据。确诊需要根据病型采取不同病料进行涂片、染色镜检，以及病原的分离鉴定。

【注意事项】病料采集应尽可能在病鸡的濒死期或死亡不久，因死亡时间过久，肠道菌很容易侵入机体而影响菌检结果。

【类症鉴别】

1. 与鸡毒支原体的鉴别

（1）相似点　剖检出现的心包炎、肝周炎和气囊炎（俗称"三炎"或"包心包肝"）病变（见图2-125）类似。

图2-125　感染鸡毒支原体病鸡出现的"三炎"病变（李银　供图）

（2）不同点　鸡毒支原体感染后雏鸡的呼吸道症状明显，部分病鸡有泡沫样眼泪，部分病鸡发生副鼻窦炎和眶下窦炎时可见眼睑部乃至整个颜面部肿胀，或引起一侧或两侧眼睑肿胀；剖检时往往在气囊或浆膜腔看到气泡样物质（见图2-126）。而大肠杆菌很少出现上述情况。

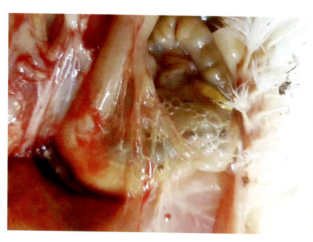
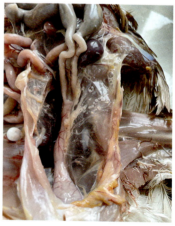

图2-126　感染鸡毒支原体病鸡腹腔（左）和气囊内（右）含有泡沫样黏液（孙卫东　供图）

2. 与鸡痛风的鉴别

（1）相似点　剖检出现的心包炎、肝周炎和气囊炎（俗称"三炎"或"包心包肝"）病变（见图2-127）类似。

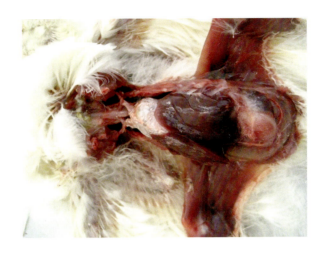

图 2-127　痛风病鸡出现的"三炎"病变（李银　供图）

（2）不同点　鸡痛风"三炎"时沉积在浆膜上的是尿酸盐，在阳光下具有晶体的光泽（见图2-128），而大肠杆菌引起的"三炎"是有机渗出物，无晶体光泽；鸡痛风时肾脏会出现"花斑肾"，而大肠杆菌无此病变。

图 2-128　痛风病鸡内脏表面沉积的尿酸盐在阳光下有晶体光泽（李银　供图）

此外，该病表现的呼吸困难与鸡毒支原体、新城疫、鸡传染性支气管炎、禽流感、鸡传染性喉气管炎等表现的症状相似，鉴别请参照"鸡传染性支气管炎"的鉴别诊断。

该病引起的关节肿胀、跛行与葡萄球菌/巴氏杆菌/沙门菌关节炎、病毒性关节炎、锰缺乏症等引起的病变类似,鉴别诊断请参照第一章第二节相关内容。该病出现的输卵管炎与鸡白痢、禽伤寒、禽副伤寒等呈现的输卵管炎相似,应注意区别。该病引起的脐炎、卵黄囊炎与鸡沙门菌病、葡萄球菌病等引起的病变类似,应注意区别。该病引起的眼炎与葡萄球菌性眼炎、衣原体病、氨气灼伤、维生素A缺乏症等引起的眼炎类似,应注意区别。

【预防措施】

(1) 免疫接种　为确保免疫效果,须用与鸡场血清型一致的大肠杆菌制备的甲醛灭活苗、大肠杆菌灭活油乳苗、大肠杆菌多价氢氧化铝苗或多价油佐剂苗进行两次免疫,第一次接种时间为4周龄,第二次接种时间为18周龄,以后每隔6个月进行一次加强免疫注射。体重在3千克以下皮下注射0.5毫升,在3千克以上皮下注射1.0毫升。

(2) 建立科学的饲养管理体系　鸡大肠杆菌病在临床上虽然可以使用药物控制,但不能达到永久的效果,加强饲养管理、搞好鸡舍和环境的卫生消毒工作、避免各种应激因素显得至关重要。①种鸡场要及时收拣种蛋,避免种蛋被粪便污染。②搞好种蛋、孵化器及孵化全过程的清洁卫生及消毒工作。③注意育雏期间的饲养管理,保持较稳定的温度、湿度(防止时高时低),做好饲养管理用具的清洁卫生。④控制鸡群的饲养密度,防止过分拥挤。保持空气流通、新鲜,防止有害气体污染。定期消毒鸡舍、用具及养鸡环境。⑤在饲料中增加蛋白质和维生素E的含量,可以提高鸡体抗病能力。应注意饮水污染,做好水质净化和消毒工作。鸡群可以不定期地饮用益生元或益生菌,维持肠道正常菌群的平衡,减少致病性大肠杆菌的侵入。

(3) 建立良好的生物安全体系　正确选择鸡场场址,场内规划应合理,尤其应注意鸡舍内的通风。消灭传染源,减少疫病发生。重视新城疫、禽流感、传染性法氏囊病、传染性支气管炎等传染病的预防,重视免疫抑制性疾病和霉菌毒素的控制。

(4) 保健和药物预防　根据雏鸡的具体情况,一般在雏鸡出壳后开食时,在饮水中加入免疫增强剂类的产品或广谱抗生素,或逐个注射庆大霉素或利高霉素等,对净化大肠杆菌等有一定的效果;或在饲料中添加益生元制剂、微生态制剂等,连用7～10天。

【安全用药】在鸡群中流行本病时,及时挑出病鸡,进行淘汰或隔离单独治疗,对于同群临床健康鸡,在药敏试验的基础上使用敏感抗菌药物治疗。每次喂完抗菌药物之后,为了调整肠道微生物区系的平衡,可考虑饲喂微生态制剂2～3天。

(1) 西药治疗　①头孢噻呋(赛得福、速解灵、速可生):注射用头孢噻呋钠或5%盐酸头孢噻呋混悬注射液,雏鸡按每只0.08～0.2毫克颈部皮下注射。②氟苯尼考(氟甲砜霉素):氟苯尼考注射液按每千克体重20～30毫克1次肌内注射,1天2次,连用3～5天。或按每千克体重10～20毫克1次内服,1天2次,连用3～5天。10%氟苯尼考散按每千克饲料50～100毫克混饲3～5天。以上均以氟苯尼考计。③安普霉素(阿普拉霉素、阿布拉霉素):40%硫酸安普霉素可溶性粉按每升饮水250～500毫克混饮5天。以上均以安普霉素计。产蛋期禁用,休药期7天。④环丙沙星(环丙氟哌酸):2%盐酸或乳酸环丙沙星注射液按每千克体重5毫克1次肌内注射,1天2次,连用3天。或按每千克体重5～7.5毫克一次内服,1天2次。2%盐酸或乳酸环丙沙星可溶性粉按每升饮水25～50

毫克混饮，连用3～5天。此外，其他抗鸡大肠杆菌病的药物有氨苄西林（氨苄青霉素、安比西林）、卡那霉素、庆大霉素（正泰霉素）、新霉素（弗氏霉素、新霉素B）、土霉素（氧四环素）（用药剂量请参考鸡白痢治疗部分）、泰乐菌素（泰乐霉素、泰农）、阿米卡星（丁胺卡那霉素）、大观霉素（壮观霉素、奇霉素）、大观霉素-林可霉素（利高霉素）、多西环素（强力霉素、脱氧土霉素）（用药剂量请参考鸡毒支原体病治疗部分）、磺胺对甲氧嘧啶（消炎磺、磺胺-5-甲氧嘧啶、SMD）、磺胺氯达嗪钠（用药剂量请参考禽霍乱治疗部分）。

(2) 中药治疗　①黄柏100克、黄连100克、大黄50克，加水1500毫升，微火煎至1000毫升，取药液；药渣加水如上法再煎一次，合并两次煎成的药液以1∶10的比例稀释饮水，供1000羽鸡饮水，一天1剂，连用3天。②黄连、黄芩、栀子、当归、赤芍、丹皮、木通、知母、肉桂、甘草、地榆炭按一定比例混合后，粉碎成粗粉，成鸡每次1～2克，每次2次，拌料饲喂，连喂3天；症状严重者，每天2次，每次2～3克，做成药丸填喂，连喂3天。

【注意事项】本病常与鸡毒支原体等混合感染，治疗时必须同时兼顾，否则治疗效果往往不佳。由于不规范地使用药物进行预防和治疗本病，当前鸡场有很多耐药菌株产生，为了获得良好的疗效，应先做药物敏感试验，选择最敏感的药物，且要定期更换用药或几种药物交替使用，同时药物剂量要充足，可在发病日龄前1～2天进行预防性投药，或发病后做紧急群体和个体治疗。针对大肠杆菌的感染途径［即下行性感染（呼吸道、消化道）和上行性感染（人工授精等）］用药，便于发挥药物在不同组织器官中有效药物浓度。每次喂完抗菌药物之后，为了调整肠道微生物区系的平衡，可考虑饲喂微生态制剂2～3天。疫苗接种应注意大肠杆菌血清型的匹配，注射疫苗后密切注意疫苗可能出现的过敏反应。

六、鸡毒支原体感染

鸡毒支原体感染是由鸡毒支原体（*Mycoplasma gallisepticum*，MG）引起的一种接触性、慢性呼吸道传染病，又称鸡慢性呼吸道病（chronic respiratory disease，CRD）。临床上以发生呼吸道啰音、咳嗽、流鼻液和窦部肿胀为特征。主要病变是气囊浑浊，气管壁增厚，鼻道、气管及支气管内有黏稠或干酪样渗出物。在疫区，本病常呈隐性感染，发病慢，病程长，甚至绵延不断。

【病原】本病的病原体为鸡毒支原体，细小，圆形或卵圆形，大小0.25～0.5微米，姬姆萨染色着色良好。MG在人工培养时对培养要求较高。MG可吸附在鸡气管黏膜，引起纤毛脱落，降低了整体鸡群对各类呼吸道病原的抵抗力。MG能凝集鸡的红细胞。MG在病禽体内的分布，以呼吸道各病变部位的含量最高，包括鼻腔、眶下窦、气管、肺、气囊等，卵巢和输卵管中也能分离到。MG对外界环境的抵抗力不强，一般常用的消毒剂均能将其杀死。MG在18～20℃的室温条件下，可存活6天；在20℃的粪便中，可存活

1~3天；在45℃存活15分钟。但在低温条件下，存活时间很长，如-20℃下可存活1年，真空冻干培养物4℃下至少可存活7年。

【流行特征】①易感动物：自然感染主要发生于鸡和火鸡，各种日龄鸡均可感染，以4~8周龄肉用仔鸡和5~16周龄火鸡最易感。发病时，几乎全部或大部分被感染，发病后病程绵长。单纯MG感染死亡率不高，一般为10%~30%，若有其他病原协同感染或某些应激因素存在，死亡率可达30%以上。②传染源：病禽或隐性感染禽。③传播途径：病原体可通过病禽打喷嚏随呼吸道分泌物排出，随飞沫和尘埃经呼吸道感染。粪尿一般不排菌，但污染支原体的饲料、饮水可传播本病。MG可存在于母禽的卵巢、输卵管及公禽的精液中，故可通过交配或人工授精传播本病。一般认为，本病在禽舍间的传播主要是通过人员、设备、用具、苍蝇等发生机械传播。④流行季节：本病在冬末春初多发。多种应激因素常激发本病，造成大规模发病和严重损失。

视频2-13

视频2-14

【临床症状】人工感染的潜伏期为4~21天，自然感染者更长。雏鸡感染后发病症状明显，早期出现咳嗽、流鼻涕、打喷嚏、气喘、呼吸道啰音等，部分病鸡出现结膜炎，眼睛有泡沫样流泪（见图2-129、视频2-13和视频2-14），后期若发生副鼻窦炎和眶下窦炎时，鼻腔和眶下窦中蓄积渗出物，引起一侧或两侧眼睑乃至整个颜面部肿胀（见图2-130），分泌物覆盖整个眼睛（见图2-131），有时会造成失明。青年鸡症状与雏鸡基本相似，但较缓和，症状不明显，表现为食欲减退，进行性消瘦，生长缓慢，体重不达标。产蛋鸡主要表现为产蛋率下降，一般下降10%~40%，种蛋的孵化率降低10%~20%，会出现死胚（见图2-132），弱雏率上升10%，死亡率一般为10%~30%，严重感染或混合感染大肠杆菌、禽流感时死亡率可达40%~50%。本病传播较慢，病程长达1~4个月或更长，但在新发病的鸡群中传播较快。鸡群一旦感染很难净化。

图2-129 病鸡颜面部肿胀，眼睛流泪，眼角有泡沫样的液体（鲁宁 供图）

图2-130 病鸡眼睑和颜面部肿胀（孙卫东 供图）

图 2-131　病鸡一侧眼睑肿胀，分泌物覆盖整个眼睛（孙卫东 供图）

图 2-132　垂直感染的种蛋孵化后出现死胚（陈甫 供图）

【剖检变化】病／死鸡剖检可见腹腔有大量泡沫样液体（见图 2-133），气囊混浊、壁增厚，上有黄色泡沫状液体（见图 2-134）。病程久者可见特征性病变——纤维素性气囊炎，胸（见图 2-135）、腹气囊（见图 2-136）囊壁上／内有黄色干酪样渗出物，有的病例还可见纤维素性心包炎和纤维素性肝周炎（见图 2-137）。鼻道、眶下窦黏膜水肿、充血、肥厚或出血。窦腔内充满黏液（见图 2-138）或干酪样渗出物（见图 2-139 和视频 2-15）。

视频 2-15

【诊断】根据病史、典型临床症状和剖检变化可做出初步诊断，确诊应进行病原分离（只在含 NAD 的培养基上才能生长，在不含 NAD 的培养基上不生长）及血清学检验（生长抑制试验、代谢抑制试验等）。

图 2-133　病鸡腹腔有大量泡沫样液体（孙卫东 供图）

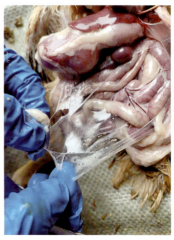

图 2-134　病鸡胸腹气囊内有泡沫样渗出物（宋增才 供图）

图 2-135　病鸡胸气囊浑浊（孙卫东 供图）

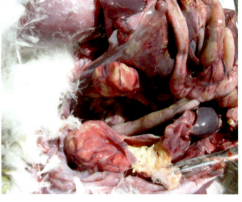

图 2-136　病鸡腹气囊浑浊，内有干酪样渗出物（孙卫东 供图）

图 2-137　病鸡的纤维素性心包炎和肝周炎（孙卫东 供图）

图 2-138　病鸡鼻窦内有大量黏脓样分泌物（孙卫东 供图）

图 2-139　病鸡眶下窦积有干酪样分泌物（孙卫东 供图）

【类症鉴别】该病剖检出现的心包炎、肝周炎和气囊炎（俗称"三炎"或"包心包肝"）病变与鸡大肠杆菌病、鸡痛风的剖检病变相似，鉴别请参照"大肠杆菌病"的类症鉴别。

【预防措施】

（1）定期检疫　一般在鸡2、4、6月龄时各进行一次血清学检验，淘汰阳性鸡，或鸡群中发现一只阳性鸡即全群淘汰，留下全部无病群隔离饲养作为种用，并对其后代继续进行观察，以确定其是否真正健康。

（2）隔离观察引进种鸡　防止引进种鸡时将病带入健康鸡群，尽可能做到自繁自养。从健康鸡场引进种蛋自行孵化；新引进的种鸡必须隔离观察2个月，在此期间进行血清学检查，并在半年中复检2次。如果发现阳性鸡，应坚决予以淘汰。

(3) 免疫接种　灭活疫苗（如德国"特力威104"鸡败血支原体灭能疫苗）的接种，在6～8周龄注射1次，最好16周龄再注射1次，都是每只鸡注射0.5毫升。弱毒活苗（如F株疫苗、MG 6/85冻干苗、MG ts-11等）给1、3和20日龄雏鸡点眼免疫，免疫期7个月。灭活疫苗一般是对1～2月龄母鸡注射，在开产前（15～16周龄）再注射1次。

(4) 提高疫苗质量　避免鸡的病毒性活疫苗中有支原体的污染，这是预防感染支原体病的重要方面。

(5) 药物预防　在雏鸡出壳后3天饮服抗支原体药物，清除体内支原体，抗支原体药物可用泰妙菌素、泰乐菌素、多西环素等。

(6) 加强饲养管理　鸡支原体病很大程度上是"条件性发病"，预防措施主要是改善饲养条件、减少诱发因素。饲养密度一定不可太大，鸡舍内要通风良好，空气清新，温度适宜，使鸡群感到舒适。最好每周带鸡喷雾消毒（0.25%过氧乙酸、百毒杀等）一次，使细小雾滴在整个鸡舍内弥漫片刻，达到浮尘下落，空气净化。饲料中多维素要充足。

【安全用药】

(1) 已感染鸡毒支原体种蛋的处理　①抗生素处理法：在处理前，先从大环内酯类、四环素类、氟喹诺酮类中，挑选对本种蛋中MG敏感的药物。分为：a.抗生素注射法，即用敏感药物配比成适当的浓度，于气室上用消毒后的12号针头打一小孔，再往卵内注射敏感药物，进行卵内接种；b.温差给药法，即将孵化前的种蛋升温到37℃，然后立即放入5℃左右温度的敏感药液中，等待15～20分钟，取出种蛋；c.压力差给药法，即把常温种蛋放入一个能密闭的容器中，然后往该容器中注入对MG敏感的药液，直至浸没种蛋，密闭容器，抽出部分空气，而后再徐徐放入空气，使药液进入卵内。②物理处理法。分为：a.加压升温法，即对一个可加压的孵化器进行升压并加温，使内部温度达到46.1℃，保持12～14小时，而后转入正常温度孵化，对消灭卵内MG有比较满意的效果，但孵化率下降8%～12%；b.常压升温法，即恒温45℃的温箱处理种蛋14小时，然后转入正常孵化。可收到比较满意的消灭卵内MG的效果。

(2) 药物治疗　①泰乐菌素（泰乐霉素、泰农）：5%或10%泰乐菌素注射液或注射用酒石酸泰乐菌素，按每千克体重5～13毫克一次肌内或皮下注射，1天2次，连用5天。8.8%磷酸泰乐菌素预混剂，按每千克饲料300～600毫克混饲。酒石酸泰乐菌素可溶性粉，按每升饮水500毫克混饮3～5天。蛋鸡禁用，休药期1天。②泰妙菌素（硫姆林、泰妙灵、枝原净）：45%延胡索酸泰妙菌素可溶性粉，按每升饮水125～250毫克混饮3～5天。以上均以泰妙菌素计，休药期2天。③红霉素：注射用乳糖酸红霉素或10%硫氰酸红霉素注射液，育成鸡按每千克体重10～40毫克一次肌内注射，1天2次。5%硫氰酸红霉素可溶性粉按每升饮水125毫克混饮3～5天。产蛋鸡禁用。④吉他霉素（北里霉素、柱晶白霉素）：吉他霉素片，按每千克体重20～50毫克一次内服，1天2次，连用3～5天。50%酒石酸吉他霉素可溶性粉，按每升饮水250～500毫克混饮3～5天。产蛋鸡禁用，休药期7天。⑤阿米卡星（丁胺卡那霉素）：注射用硫酸阿米卡星或10%硫酸阿米卡星注射液，按每千克体重15毫克一次皮下、肌内注射。1天2～3次，连用2～3天。⑥替米考星：替米考星可溶性粉，按每升饮水 100～200 毫克混饮 5 天。休药期 14 天。⑦大观霉素（壮观霉素、奇霉素）：注射用盐酸大观霉素，按每只雏鸡 2.5～5.0 毫克肌内注射，成年鸡按每千克体重 30 毫克，1 天 1 次，连用 3 天。50% 盐酸大观霉素可溶性粉，按每升饮水 500～1000 毫克混饮 3～5 天。产蛋期禁用，休药期 5 天。⑧大观霉素-林可霉素（利高霉素）：按每千克体重 50～150 毫克一次内服，1 天 1 次，连用 3～7 天。盐酸大观霉素-林可霉素可溶性粉，按每升水 0.5～0.8 克混饮 3～7 天。⑨金霉素（氯四环素）：盐酸金霉素片或胶囊，内服剂量同土霉素。10% 金霉素预混剂按每千克饲料 200～600 毫克混饲，不超过 5 天。盐酸金霉素粉剂，按每升饮水 150～250 毫克混饮，以上均以金霉素计。休药期 7 天。⑩多西环素（强力霉素、脱氧土霉素）：盐酸多西环素片，按每千克体重 15～25 毫克一次内服，1 天 1 次，连用 3～5 天；按每千克饲料 100～200 毫克混饲。盐酸多西环素可溶性粉，按每升饮水 50～100 毫克混饮。此外，其他抗鸡慢性呼吸道病的药物还有卡那霉素、庆大霉素（正泰霉素）、土霉素（氧四环素）（用药剂量请参考鸡白痢治疗部分）、氟苯尼考（氟甲砜霉素）、安普霉素（阿普拉霉素、阿布拉霉素）、环丙沙星（环丙氟哌酸）（用药剂量请参考鸡大肠杆菌病治疗部分）、磺胺甲噁唑（磺胺甲基异噁唑、新诺明、新明磺、SMZ）、磺胺对甲氧嘧啶（消炎磺、磺胺-5-甲氧嘧啶、SMD）（用药剂量请参考禽霍乱治疗部分）。

（3）中草药治疗　①石决明、草决明、苍术、桔梗各 50 克，大黄、黄芩、陈皮、苦参、甘草各 40 克，栀子、郁金各 35 克，鱼腥草 100 克，苏叶 60 克，紫菀 80 克，黄药子、白药子各 45 克，三仙、鱼腥草各 30 克，将诸药粉碎，过筛备用。用全日饲料量的 1/3 与药粉充分拌匀，并均匀撒在食槽内，待吃尽后，再添加未加药粉的饲料。剂量按每只鸡每天 2.5～3.5 克，连用 3 天。②麻黄 150 克、杏仁 80 克、石膏 150 克、黄芩、连翘、金银花、菊花、穿心莲各 100 克，甘草 50 克，粉碎，混匀。治疗按每只鸡每次 0.5～1.0 克，拌料饲喂，连续 5 天。

七、传染性鼻炎

传染性鼻炎（infectious coryza）是由副鸡禽杆菌引起的一种急性呼吸道传染病，其特征是病鸡鼻腔和鼻窦炎症、颜面肿胀、打喷嚏、流鼻液、结膜炎、流泪等。本病可在育成鸡和蛋鸡群中发生，造成肉鸡生长受阻、残次鸡增多、淘汰率增加、产蛋鸡产蛋率显著下降（10%～40%）和受精率下降。目前我国很多地区有本病的报道。

【病原】本病的病原是副鸡禽杆菌，曾被称为"鸡嗜血杆菌""副鸡嗜血杆菌"，是一种短小的革兰阴性球杆菌，两极染色，不形成芽孢，无鞭毛，不能运动，有毒力的菌株往往带有荚膜。本菌对生长培养条件比较苛刻。根据抗原结构，将副鸡禽杆菌分为 A、B、C 三个血清型。本菌至少有三种毒力相关抗原：一是脂多糖，它能引起动物发生中毒症状；二是多糖，它能引起心包积水；三是含透明质酸的荚膜，它与鼻炎症状有关。但这三种毒力抗原均不能诱导机体产生保护性免疫。该菌主要存在于病鸡的鼻、眼分泌物及脸部肿胀组织中。它对外界环境的抵抗力很弱，对热、阳光、干燥及常用的消毒剂均十分敏感。在45℃下存活时间不超过6分钟。该菌对寒冷抵抗力强，低温下可存活10年，因此菌种的长期保存最好采用真空冷冻干燥形式。

【流行特征】①易感动物：各日龄鸡都易感染，多发生于4周龄以上的育成鸡和成年鸡，1周龄内的雏鸡有一定程度的抵抗力。产蛋期发病最严重、最典型。②传染源：病鸡、慢性带菌鸡和康复带菌鸡是本病的主要传染源。③传播途径：该菌通过飞沫、尘埃经呼吸道传染是其重要的传播途径之一，也可通过污染的饲料和饮水经消化道传播，甚至麻雀也能成为传播媒介。本病传播迅速，一旦发生将很快波及全群。一般发病率可达70%，有时甚至100%。在流行的早、中期鸡群很少出现死亡，一般幼龄鸡患病后有5%～20%的死亡，成年鸡的死亡率较低。④流行季节：一年四季都可发生，但寒冷季节多发。环境应激、混合感染等因素会诱发和加重本病的发生。

【临床症状】该病潜伏期为1～3天，传播速度快，3～5天波及全群。主要表现为鼻炎和鼻窦炎。病鸡首先从鼻孔流出浆液性鼻液，以后转为黏液性或脓性鼻液（见图2-140）。病鸡频频甩头、打喷嚏、欲将呼吸道内黏液排出，这一现象在采食和遇到冷空气时尤为突出。一侧或两侧面部、眶下窦肿胀（见图2-141和视频2-16），眼睑水肿，眼结膜发炎，流泪，严重时有黏性或脓性干酪样分泌物堆积，有恶臭味，恶臭味被认为是并发其他细菌感染所致。如炎症蔓延至下呼吸道，则因咽喉被分泌物阻塞，常出现张口呼吸，伴有啰音，部分鸡只会因窒息死亡。有的病鸡鸡冠和肉髯发绀（见图2-142）。病程4～18天。幼龄耐过鸡生长发育受阻，残次鸡增多，淘汰率高达30%以上。育成鸡开产延迟。产蛋鸡产蛋明显下降，产蛋率下降10%～40%，但蛋的品质变化不大，种蛋受精率和孵化率下降，孵出的雏鸡弱雏增多。公鸡肉髯肿胀，精液量减少，精子活力下降甚至死亡。

视频2-16

【剖检变化】病/死鸡剖检可见鼻腔和鼻窦黏膜呈急性卡他性炎症，黏膜充血肿胀、表面覆有大量黏液（见图2-143），有时窦内有渗出物凝块，呈干酪样；头部皮下胶样水肿，面部及肉髯皮下水肿，病眼结膜充血、肿胀、分泌物增多，滞留在结膜囊内，剪开后有豆腐渣样、干酪样分泌物，严重时可引起失明；卵泡变性、坏死和萎缩。

图2-140　病鸡从鼻孔流出黏液性分泌物
（孙卫东 供图）

图2-141　病鸡的颜面部高度肿胀
（孙卫东 供图）

图2-142 病鸡的鸡冠和肉髯发绀(孙卫东 供图)

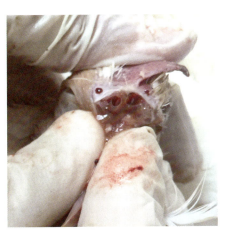
图2-143 病鸡的鼻腔和鼻窦内有大量黏液(孙卫东 供图)

【诊断】根据病史、典型临床症状和剖检病理变化可做出初步诊断,确诊应进行病原分离与鉴定、血清学检验(ELISA 等)和分子生物学(PCR 等)检验。

【类症鉴别】该病的呼吸道症状应注意与慢性呼吸道疾病、传染性支气管炎、传染性喉气管炎等病表现的类似症状进行鉴别诊断,具体请参考鸡传染性支气管炎的相关条目。此外,由于鸡传染性鼻炎经常以混合感染的形式发生,诊断时还应考虑其他细菌(如大肠杆菌)、病毒(如传染性支气管病毒)并发感染的可能性,对死亡率高和病程长的病例更应注意区别。

【预防措施】
(1) 免疫接种 最好注射两次,首次不宜早于5周龄,在6~7周龄较为适宜,如果太早,鸡的应答较弱;健康鸡群用A型油乳剂灭活苗、A-C型二价油乳剂灭活苗、A-B-C型三价灭活苗进行首免,每只鸡注射0.3毫升,在110~120日龄二免,每只注射0.5毫升。之后每半年加强免疫1次。

(2) 杜绝引入病鸡/带菌鸡 严禁从疫区购入种蛋、种苗及其他家禽产品;鸡群实施全进全出,避免带进病原,发现病鸡及早淘汰;加强种鸡群监测,淘汰阳性鸡;治疗后的康复鸡不能留做种用。

(3) 搞好环境卫生和加强饲养管理 改善鸡舍通风条件,降低环境中氨气含量,执行全进全出的饲养制度,防止密度过大,减少器械和人员流动的传播,供给营养丰富的饲料和清洁饮水。做好定期严格的带鸡消毒(应用0.2%~0.3%过氧乙酸)、鸡舍外环境消毒工作等,是防控本病的重要措施。

【注意事项】发病后的鸡场,在清舍后要进行彻底消毒,并空舍1周以上方可引进新鸡群。

【安全用药】该病易继发或并发其他细菌性疾病,且易复发,因此,在药物治疗时应综合考虑用药的敏感性、用药方法、剂量和疗程。

磺胺类药物是治疗本病的首选药物,一般用复方新诺明或磺胺增效剂与其他磺胺类药物合用,或用 2～3 种磺胺类药物组成的联磺制剂。但投药时要注意时间不宜过长,一般不超过 5 天。且考虑鸡群的采食情况,当食欲变化不明显时,可选用口服易吸收的磺胺类药物;采食明显减少时,口服给药治疗效果差可考虑注射给药。磺胺二甲嘧啶(磺胺二甲基嘧啶、SM):磺胺二甲嘧啶片按 0.2% 混饲 3 天,或按 0.1%～0.2% 混饮 3 天。土霉素:20～80 克拌入 100 千克饲料自由采食,连喂 5～7 天。其他抗鸡传染性鼻炎的药物还有氟苯尼考(氟甲砜霉素)、环丙沙星(环丙氟哌酸)、链霉素、庆大霉素(正泰霉素)、土霉素(氧四环素)、磺胺甲噁唑(磺胺甲基异噁唑、新诺明、新明磺、SMZ)、磺胺对甲氧嘧啶(消炎磺、磺胺-5-甲氧嘧啶、SMD)、磺胺氯达嗪钠、红霉素、金霉素(氯四环素)。

另外,配伍中药制剂鼻通、鼻炎净等疗效更好。

【注意事项】为减轻磺胺类药物对肾脏的毒性,建议在饲料中适量增加小苏打($NaHCO_3$);药物不能完全根除病原,只能减少机体内病原数量,减少其他细菌的并发感染和减轻症状;耐过或经治疗康复的鸡群仍可带菌,会对其他新鸡群构成威胁。

八、曲霉菌病

曲霉菌病又称霉菌性肺炎,是由曲霉菌引起的一种真菌病。特别是以雏鸡急性暴发、发病率和死亡率高、成年鸡多为散发,以肺及气囊发生炎症和形成霉菌性小结节为特征。

【病原】烟曲霉菌是本病最为常见的病原菌,烟曲霉的致病力最强,在自然界中广泛存在,常污染垫料和饲料。其次是黄曲霉。此外,黑曲霉、构巢曲霉、土曲霉、青曲霉、白曲霉等也有不同程度的致病性,可见于混合感染的病例中。有人指出,用孢子经气囊接种是筛选病原性曲霉快速而有效的方法,雏鸡对人工感染试验特别敏感。

【流行特征】曲霉菌孢子广泛分布于自然界,在潮湿、不通风、湿度适宜时,垫料和饲料容易被污染而发生霉变。在我国南方 5～6 月间的梅雨季节或阴暗潮湿的鸡舍最易发生。雏鸡在 4～14 日龄易感性最高,常呈急性暴发,出壳后的幼雏在进入被烟曲霉菌污染的育雏室后,48 小时即开始发病死亡,病死率可达 50% 左右,至 30 日龄时基本上停止死亡。该病菌主要经呼吸道和消化道传播,用人工污染曲霉菌的饲料和垫料饲养鸡、火鸡能复制出曲霉菌病。通过眼的感染可引起家禽的眼曲霉菌病,发生角膜炎。公鸡的阉割感染可引起全身性曲霉菌病。孵化时可因蛋壳污染,霉菌穿透蛋壳进入蛋内而使胚胎感染,发生孵化期死亡或新生雏鸡出现病状。在一些家禽的皮肤病变中见有灰绿菌和黑曲霉。包装材料和运输工具的污染也可使病原得以传播。

视频 2-17

视频 2-18

视频 2-19

【临床症状】雏鸡感染后呈急性经过,表现为头颈前伸,张口呼吸(见图 2-144 和视频 2-17 到视频 2-19),冠和肉髯因缺氧而发绀,病鸡吸气时见颈部气囊明显扩张,呼吸时发出嘎嘎声,食欲减退或废绝。有的雏鸡偶见麻痹、惊厥、共济失调等神经症状。常在出现症状后 2～3 天死亡。雏鸡的眼常被感染,可见瞬膜下形成黄色干酪样的小球状物(见图 2-145),以致眼睑凸出;日龄较大的鸡角膜中央形成溃疡。成年鸡多为散发,感染后多呈慢性经过，症状较为缓和，食欲减退，进行性消瘦，呼吸困难，皮肤、黏膜发绀，常见腹泻，偶见颈部扭曲等神经症状。病程长短取决于霉菌感染的数量和中毒的程度。部分病例由于霉菌侵入眼眶（见图 2-146）、下颌（见图 2-147）等，形成霉菌肿胀物。

图 2-144 病鸡头颈前伸，张口呼吸

图 2-145 病鸡眼内角的霉菌结节（孙卫东 供图）　　图 2-146 病鸡眼眶上部的霉菌结节（孙卫东 供图）

图 2-147 病鸡下颌部的霉菌结节（孙卫东 供图）

【剖检变化】急性呼吸型病/死鸡可在肺表面及肺组织中可发现粟粒大至黄豆大黑色、紫色或灰白色质地坚硬的结节（见图2-148），有时大结节可累及整个肺脏（见图2-149），切面坏死，中心为干酪样坏死组织（见图2-150），内含丝绒状菌丝体；气囊混浊，有灰白色或黄色圆形病灶或结节或干酪样团块物（见图2-151）；有时在下颌皮下（见图2-152）、气管、胸腔（见图2-153）、腹腔（见图2-154和图2-155）、肝和肾脏等处也可见到类似结节。有的病例可在气囊（见图2-156）、肺脏表面（见图2-157）见到霉斑，肺脏充血、水肿（见图2-158）。有的病例在肠道上会出现霉菌坏死斑（见图2-159）。有的病例若伴有曲霉菌毒素中毒时，还可见到肝脏肿大，呈弥漫性充血、出血，胆囊扩张，皮下和肌肉出血。偶尔可在鸡蛋的气室发现霉斑（见图2-160）。有神经症状者在脑部见有脑膜炎的病变。

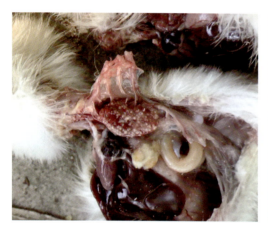 

图2-148　病鸡肺表面及肺组织中的霉菌结节（孙卫东　供图）

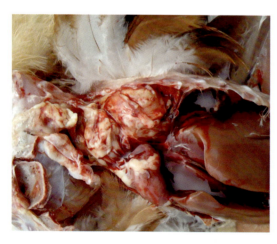 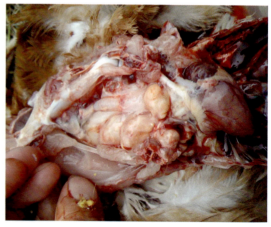

图2-149　病鸡大的霉菌结节累及整个肺脏（张文明　供图）

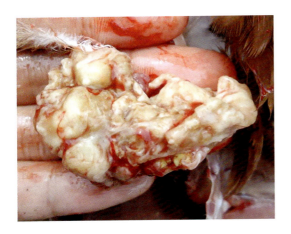

图 2-150　病鸡肺脏大的霉菌结节切面坏死
（张文明　供图）

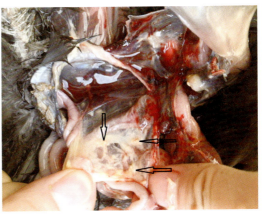

图 2-151　病鸡气囊上的霉菌结节
（姚大伟　供图）

图 2-152　病鸡下颌皮下的霉菌结节
（张文明　供图）

图 2-153　病鸡胸骨内测的霉菌结节
（孙卫东　供图）

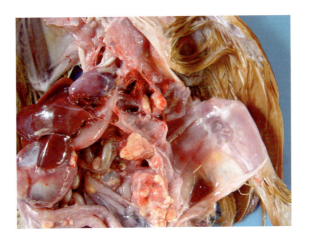

图 2-154　病鸡气囊及腹腔脏器表面的霉菌结节（程龙飞　供图）

图2-155 病鸡肠系膜（左）及肠管浆膜表面（右）的霉菌结节（孙卫东 供图）

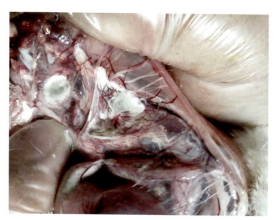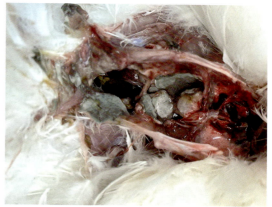

图2-156 病鸡气囊表面（左）和气囊内（右）出现霉斑（孙卫东 供图）

图2-157 病鸡的肺脏表面出现霉斑（郁飞供图）　　图2-158 病鸡的肺脏表面出现霉斑（左下）和肺脏充血、水肿（右上）（郁飞供图）

图 2-159　病鸡肠道上的霉菌坏死斑（张文明 供图）

图 2-160　鸡蛋气室内的霉斑（孙卫东 供图）

【诊断】根据病史、典型临床症状和典型的霉菌性结节可做出初步诊断，而确诊必须进行微生物学检查和病原的分离与鉴定。检查病原时，取结节病灶压片直接检查，见有分隔的菌丝，而分生孢子和顶囊有时找不到。取霉斑表面覆盖物涂片镜检，可见到球状分生孢子、孢子短柄、烧瓶状顶囊，连接在纵横交错的分隔菌丝上。曲霉菌感染的组织学特征为形成坏死肉芽肿，坏死灶中可看见透明无色的分支菌丝。

【类症鉴别】

1. 与鸡白痢的鉴别

（1）相似点　病鸡肺脏上的白痢结节与该病的霉菌结节相似（见图 2-161）。

（2）不同点　鸡白痢病鸡往往会出现"糊肛"（见图 2-162），肝脏上的点状坏死灶以及盲肠的干酪样渗出物，而鸡曲霉菌病很少出现上述变化。

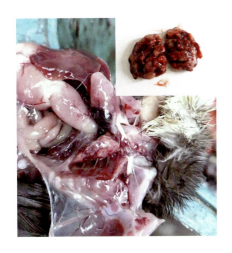

图 2-161　鸡白痢病鸡肺脏上的白色米粒大小的坏死结节（孙卫东 供图）

图 2-162　鸡白痢病鸡出现"糊肛"（孙卫东 供图）

2. 与其他疾病的鉴别

本病出现的张口呼吸、呼吸困难等与传染性支气管炎、新城疫、大肠杆菌病、支原体病等出现的症状类似，详细鉴别诊断见本章第二节"鸡呼吸困难的诊断思路及鉴别诊断要点"。

【预防措施】

（1）加强饲养管理　保持鸡舍环境卫生清洁、干燥，加强通风换气，及时清洗和消毒水槽，清出料槽中剩余的饲料。尤其在阴雨连绵的季节，更应防止霉菌生长繁殖、污染环境而引起该病的传播。种蛋库、孵化室、孵化器严格清洗消毒，保持清洁、干燥。种蛋消毒前进行挑选，剔除所有破损的种蛋，被霉菌污染的种蛋严禁入孵。

（2）严格消毒被曲霉菌污染的鸡舍　对污染的育雏室要彻底清除霉变的垫料，福尔马林熏蒸消毒后，经过通风、更换清洁干燥垫料后方可进鸡。

视频 2-20

（3）防止饲料和垫料发生霉变　在饲料的加工、配制、运输、存贮过程中，应消除发生霉变的可能因素，在饲料中添加一些防霉添加剂（如露保细、霉敌等），以防真菌生长。购买新鲜垫料，并经常翻晒，妥善保存。鸡舍加强通风、防潮，防止垫草霉变（见视频 2-20）。

【安全用药】首先要找出感染霉菌的来源，并及时排除，如迅速更换饲料或垫料，做好周围环境、禽舍、用具等的清洗、消毒工作；同时当霉菌在病鸡的呼吸道长出大量菌丝、肺部及气囊长出大量结节时，应及早淘汰病鸡。在此基础上可选用下列药物治疗：制霉菌素，病鸡按每只5000单位内服，1天2～4次，连用2～3天；或按每千克饲料中加制霉菌素50万～100万单位，连用7～10天，同时在每升饮水中加硫酸铜0.5克，效果更好。克霉唑（三甲苯咪唑、抗真菌1号）：雏鸡按每100羽1克拌料饲喂。两性菌素B：使用时用喷雾方式给药，用量是25毫克/立方米，吸入30～40分钟。由于制霉菌素难溶于水，但可以在酸牛奶中长久保持悬浮状态，在治疗时，可将制霉菌素混入少量的酸牛奶中，然后再拌料。

九、一氧化碳中毒

一氧化碳中毒（carbon monoxide poisoning）是煤炭等在氧气不足的情况下燃烧所产生的无色、无味的一氧化碳气体或者排烟设施不完善导致一氧化碳倒灌，被鸡吸入后导致全身组织缺氧而窒息死亡的一种急性中毒病。临床上以全身组织缺氧为特征。雏鸡在含0.2%的一氧化碳环境中2～3小时即可中毒死亡。

视频 2-21

【病因】在密闭的鸡舍内使用煤、木炭、煤气等燃烧保温，烟道排烟不畅或漏气是发生一氧化碳中毒的最常见原因。

【临床症状】鸡舍内有燃煤取暖的情况或发生排烟倒灌现象（见图 2-163 和视频 2-21），其中毒程度及其临床表现与鸡舍内空气中一氧化碳的含量和接触时间有密切的关系。轻度中毒时，表现为精神不振、畏光、流泪、心动过速、呼吸困难、全身无力、步态不稳等症状。此时，若鸡能及时脱离中毒环境，让其呼吸新鲜空气，不经治疗就能很快恢复。重度中毒时，首先是烦躁不安，接着出现呼吸困难，可视黏膜和鸡冠呈樱桃红色（见图2-164），昏迷、嗜睡，知觉障碍，反射消失。随着缺氧的发展和中枢神经系统的损害，中毒家禽陷入深度昏迷状态，痉挛，意识丧失，呼吸困难以至呼吸麻痹。若不及时抢救，往往会导致心脏麻痹而死亡。

图2-163　鸡舍的排烟管离鸡棚的屋檐太近引起排烟倒灌（孙卫东 供图）

图2-164　病鸡鸡冠呈樱桃红色，张口呼吸（孙卫东 供图）

【剖检变化】轻度中毒的病/死鸡无肉眼可见的病理剖检变化。重症者可见气管和主要血管扩张，血管和脏器内的血液呈鲜红色或樱桃红色，肺颜色鲜红（见图2-165）、水肿，切面流出大量有泡沫的粉红色液体。嗉囊、胃肠道内空虚，肠系膜血管呈树枝状充血，皮肤和肌肉充血和出血，脑水肿，心内血液呈鲜红色，不易凝固。

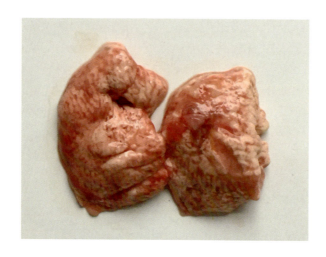

图2-165　病鸡肺脏呈弥漫性充血、水肿（孙卫东 供图）

【诊断】根据现场调查，临床见呼吸浅而频，剖检见血液呈樱桃红色等可做出初步诊断。必要时进行实验室诊断，检出血液中的碳氧血红蛋白浓度为30%～40%时即可确诊。

【预防措施】育雏室采用烧煤等保温时应经常检查取暖设施，防止烟囱堵塞、倒烟、漏烟；定期检查舍内通风换气设备，并注意鸡舍内的通风换气情况，保证其空气流通。麦收季节注意燃烧秸秆引起的烟层进入鸡舍。

【安全用药】一旦发现中毒，应立即打开鸡舍门窗或通风设备进行通风换气，同时还要尽量保证鸡舍的温度。或立即将所有的鸡都转移到空气新鲜的环境中，病鸡吸入新鲜空气后，轻度中毒鸡可自行逐渐康复。对于重症者可皮下注射糖盐水及强心剂，有一定的疗效。也可用美蓝、输氧等方法治疗。

第三章

鸡消化系统疾病的鉴别诊断与安全用药

第一节 鸡消化系统疾病的发生

一、鸡消化系统疾病发生的因素

1. 生物性因素

包括病毒（如新城疫病毒、传染性腺胃炎病毒等）、细菌（如大肠杆菌、巴氏杆菌、弯曲杆菌、魏氏梭菌、白色念珠菌等）、霉菌和某些寄生虫（组织滴虫、球虫、蛔虫、绦虫）等。

2. 饲养管理因素

如鸡舍的水箱/水线/水壶未及时清理/消毒（见图3-1～图3-4和视频3-1及视频3-2），水被一些病原微生物污染；散养鸡群在暴雨过后饮用积聚在运动场的积水；料线/料槽中的饲料被粪便污染（见图3-5）或剩料清理不及时，剩料发生霉变（见图3-6）；水线乳头漏水至料槽中，导致饲料变质或霉变（见图3-7和视频3-3及视频3-4）；在散养鸡群补充一些被寄生虫污染的水生植物（如水草、水葫芦）等。

视频 3-1

视频 3-2

视频 3-3

视频 3-4

图 3-1　进入鸡舍的水箱内的水浑浊（孙卫东 供图）

图 3-2　引入水线的水箱内的水浑浊（孙卫东 供图）

图 3-3　水壶的表面不清洁（左）和水壶饮水被污染（右）（孙卫东 供图）

图 3-4　水线的托盘被青苔（左）或垫料（右）污染（孙卫东 供图）

图 3-5　料槽中的饲料被粪便污染（左），料盘中的饲料被垫料污染（右）（孙卫东 供图）

图 3-6　从饲料料槽中收集的霉变饲料（孙卫东 供图）

图 3-7　水线乳头漏水至料槽中导致饲料变质（孙卫东 供图）

3. 营养因素

如饲料配方不合理，饲料中使用麦类的比例太高且未添加酶制剂或酶制剂失效，饲料中使用一些不易被鸡消化的饼粕（如芝麻饼），或使用一些含抗营养因子的原料等。

4. 中毒因素

如饲料或饲料原料霉变（见视频3-5）引起的霉菌毒素中毒，药物使用不当等引起的肠道菌群失调或药物中毒等。

视频3-5

5. 其他因素

如夏季未做好水塔的降温/提温措施，让鸡群一直饮用烈日暴晒下高温的水箱水或低温的井水等常可诱发消化道疾病。

二、鸡消化系统疾病发生的感染途径

消化道黏膜表面是鸡与环境间接触的重要部分，对各种微生物、化学毒物和物理刺激等有良好的防御机能。消化器官在生物性、物理性、化学性、机械性等因素的刺激下以及其他器官的疾病等的影响下，削弱或降低呼吸道黏膜的屏障防御作用和机体的抵抗能力，导致外源性的病原菌、消化道常在病原（内源性）的侵入和大量繁殖，引起消化系统的炎症等病理反应，进而造成消化系统疾病的发生和传播（见图3-8）。

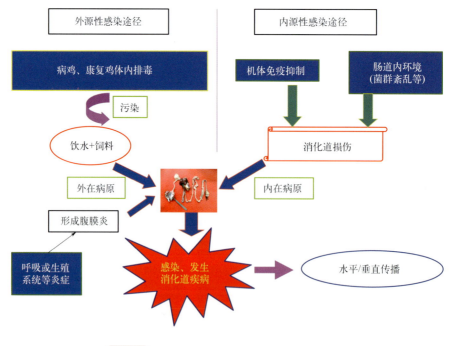

图3-8　鸡消化系统疾病发生的感染途径示意图

第二节　鸡腹泻的诊断思路及鉴别诊断要点

一、鸡腹泻的诊断思路

当发现鸡群中出现以腹泻为主要临床表现的病鸡时，首先应考虑的是除引起消化系统的疾病外，同时还要考虑引起与鸡腹泻相关的泌尿系统疾病以及饲养系统因素等引起的疾病。其诊断思路见表3-1。

表3-1　鸡呼吸困难鉴别诊断的思路

所在系统	损伤部位或病因		初步印象诊断
消化系统	消化器官	橡皮喙	雏鸡的佝偻病
		口腔炎症	鹅口疮、黏膜型鸡痘、呕吐毒素中毒
		食道上的小脓疱	维生素A缺乏
		嗉囊炎	念珠菌病、嗉囊卡他等
		腺胃肿大	鸡传染性腺胃炎、马立克氏病、雏鸡白痢等
		腺胃乳头出血	鸡新城疫、禽流感、急性禽霍乱、喹乙醇中毒等
		肌胃糜烂	变质鱼粉中毒
		腺胃与肌胃交界处出血	鸡传染性法氏囊病
		肠道炎症	出血性肠炎、溃疡性肠炎、坏死性肠炎
		肠道寄生虫	球虫、蛔虫、绦虫等
	消化腺	肝脏肿瘤	鸡马立克氏病、鸡淋巴白血病、网状内皮增生症等
		肝脏的炎症	弧菌性肝炎、包涵体肝炎、盲肠肝炎
		肝脏上的点状坏死灶	禽霍乱、雏鸡白痢、伤寒、副伤寒等
		肝脏破裂	脂肪肝综合征、胆碱缺乏、弧菌性肝炎等
		肝脏表面的渗出物	鸡大肠杆菌病、鸡毒支原体病、鸡痛风等
		胰腺出血和坏死	禽流感
泌尿系统	肾脏尿酸盐沉积致肾脏功能异常		鸡传染性法氏囊病、肾型传染性支气管炎、痛风等
	肾脏的水重吸收功能受阻引起多尿症		橘青霉毒素、赭曲霉毒素中毒等
管理系统	饮水/饲料不洁或污染，饮水温度或高或低		鸡大肠杆菌病、鸡沙门菌病、肉鸡肠毒综合征等
	冬季冷风直接吹到鸡的身上		鸡受凉腹泻等
	饲料中麦类使用过多或酶制剂失效，引起过料、饲料便		鸡消化不良等

二、引起鸡腹泻的常见疾病的鉴别诊断要点

引起鸡腹泻的常见疾病的鉴别诊断要点，见表 3-2。

表 3-2　引起鸡腹泻的常见疾病的鉴别诊断要点

病名	鉴别诊断要点											
	易感日龄	流行季节	群内传播	发病率	病死率	粪便	呼吸	鸡冠肉髯	神经症状	胃肠道	心、肺、气管和气囊	其他脏器
禽流感	全龄	无	快	高	高	黄褐色稀粪	困难	发绀肿大	部分鸡有	严重出血	肺充血和水肿，气囊有灰黄色渗出物	腺胃乳头肿大出血
新城疫	全龄	无	快	高	高	黄绿色稀粪	困难	有时发绀	部分鸡有	严重出血	心冠出血、肺淤血、气管出血	腺胃乳头、泄殖腔出血
传染性法氏囊病	3~6周龄	4~6月	很快	很高	较高	石灰水样稀粪	急促	正常	正常	出血	心冠出血	胸肌、腿肌法氏囊出血
禽霍乱	成年鸡	夏秋季	较快	较高	较高	草绿色稀粪	急促	部分鸡肉髯肿大	正常	严重出血	心冠脂肪沟有刷状缘出血	肝、脾脏有点状坏死灶
鸡白痢	0~2周龄	无	快	不高	较高	白色糊状粪便	困难	有时发绀	正常	出血	肺有坏死结节	肝脾肿大卵黄吸收不良
鸡副伤寒	1~3周龄	无	快	较高	较高	白色如水	正常	正常	正常	出血	心包炎	肝脾淤血表面有条纹状出血斑
败血型大肠杆菌病	中雏鸡	无	较慢	较高	较高	稀粪	困难	有时发绀	正常	炎症	心包炎、气囊炎	肝周炎
球虫病	4~6周龄	春夏季	较快	较高	较高	棕红色稀粪或鲜血便	正常	正常	正常	小肠盲肠出血	正常	小肠有时有坏死灶
蛔虫病	小于3月龄	无	慢	不高	不高	有时粪便带血	正常	正常	正常	小肠后段出血	正常	小肠有时有蛔虫和坏死灶
绦虫病	全龄	无	慢	不高	不高	粪便稀薄或带血样黏液	正常	正常	有时瘫痪	肠黏膜出血	正常	肠腔内有大量虫体

续表

病名	鉴别诊断要点										
	易感日龄	流行季节	群内传播	发病率	病死率	粪便	呼吸	鸡冠肉髯	神经症状	胃肠道	心、肺、气管和气囊	其他脏器
内脏型痛风	全龄	无	无	较高	较高	石灰水样稀粪	正常	正常	有时瘫痪	正常	心包膜有尿酸盐沉着	肾肿大呈花斑样、浆膜有尿酸盐沉着

第三节 鸡消化系统常见疾病的鉴别诊断与安全用药

一、新城疫

新城疫（newcastle disease，ND）又称亚洲鸡瘟，是由鸡新城疫病毒引起的一种急性、高度接触性传染病。毒株间的致病性有差异，临床上分为典型新城疫和非典型新城疫。尽管疫苗已经广泛使用，但该病仍不时在养鸡业中造成巨大的损失，目前仍是威胁养鸡业的最重要的疾病之一。世界动物卫生组织（OIE）将其列为必须报告的动物疫病，我国将其列为二类动物疫病。

【病原】本病的病原是鸡新城疫病毒，属于 RNA 病毒中的单股负链病毒目副黏病毒科腮腺炎病毒亚科正腮腺炎病毒属的禽副黏病毒，有囊膜。病毒表面有纤突，内含血凝素神经氨酸酶（HN）和融合蛋白（F）。ND 病毒仅有一个血清型。ND 病毒对化学消毒药物抵抗力不强，常用的消毒药物，如氢氧化钠、二氯异氰尿酸钠和漂白粉等在推荐的使用浓度下 5～15 分钟可将病毒灭活；病毒对热敏感，55℃经 45 分钟、60℃经 30 分钟、直射阳光下 30 分钟均可灭活病毒，但在低温下病毒可长时间保留其感染性。

（一）典型新城疫

典型新城疫是由 ND 病毒引起禽的一种急性、热性、败血性和高度接触性传染病。临床上以发热、呼吸困难、腹泻、排黄绿色稀便、扭颈、腺胃乳头出血、肠黏膜、浆膜出血等为特征。该病的分布广、传播快、死亡率高，它不仅可引起养鸡业的直接经济损失，而且可严重阻碍国内和国际的禽产品贸易。

【流行特征】①易感动物：鸡、野鸡、火鸡、珍珠鸡、鹌鹑均易感，以鸡最易感。历史上有好几个国家因进口观赏鸟类而导致了本病的流行。人类感染 ND 病毒后，偶有结膜炎、发热等不适。②传染源：病禽和带毒禽是本病主要传染源，鸟类也是 ND 病毒的重要携带者。病毒存在于病禽全身所有器官、组织、体液、分泌物和排泄物中。③传播途径：病毒可经消化道、呼吸道、眼结膜、受伤的皮肤和泄殖腔黏膜侵入机体，其传播媒介包括气溶胶，粪便，疫苗，受病毒污染的人、设备、饲料及其他杂物。④流行季节：本病一年四季均可流行，但以冬春季最为严重。

【临床症状】不同日龄的非免疫鸡群均易感，可在4～5天内波及全群，发病率、死亡率可高达90%以上。临床症状差异较大，严重程度主要取决于感染毒株的毒力，感染途径，鸡的品种、日龄、免疫状态，其他病原混合感染情况，环境因素等。根据病毒感染鸡所表现临床症状的不同，可将新城疫分为5种致病型。①嗜内脏速发型：以消化道出血性病变为主要特征，死亡率高。②嗜神经速发型：以呼吸道和神经症状为主要特征，死亡率高。③中发型：以呼吸道和神经症状为主要特征，死亡率低。④缓发型：以轻度或亚临床性呼吸道感染为主要特征。⑤无症状肠道型：以亚临床性肠道感染为主要特征。其共有的典型症状有：发病急、死亡率高；体温升高，精神极度沉郁，羽毛逆立，不愿运动（见图3-9和视频3-6）；呼吸困难，鸡冠和肉髯发绀；食欲下降，腹泻，粪便稀薄，呈黄绿色或黄白色（见图3-10）；发病后期可出现各种神经症状，多表现为扭颈或斜颈（见图3-11和视频3-7）、翅膀麻痹等；有的病鸡嗉囊积液，倒提病鸡可从其口腔流出酸臭的黏液（见图3-12）。免疫鸡群有一定的抵抗力。

视频3-6

视频3-7

图3-9　病鸡精神极度沉郁、羽毛逆立、蹲伏（孙卫东 供图）

图3-10　病鸡排出的粪便稀薄，呈黄白色或绿色（孙卫东 供图）

图 3-11　病鸡的头颈向一侧扭转（孙卫东 供图）

【剖检变化】病/死鸡剖检可见全身黏膜和浆膜出血，以呼吸道和消化道最为严重。腺胃黏膜水肿，整个乳头出血（见图 3-13），肌胃角质层下出血（见图 3-14）；整个肠黏膜严重出血（见图 3-15），有的肠道浆膜面还有大的出血点（见图 3-16）；十二指肠后段弥漫性出血（见图 3-17），盲肠扁桃体肿大、出血甚至坏死，直肠黏膜呈条纹状出血（见图 3-18）。鼻道、喉、气管黏膜充血，偶有出血（见图 3-19），肺可见淤血和水肿（见图 3-20）。有的病鸡可见皮下和腹腔脂肪出血（见图 3-21），有的病例见脑膜充血和出血。蛋鸡或种鸡卵泡充血、出血（见图 3-22）、变性，破裂后可导致卵黄性腹膜炎（见图 3-23）。输卵管黏膜充血、水肿。

 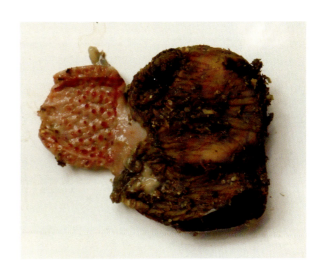

图 3-12　病鸡嗉囊内充满酸臭液体，倒提时从口腔流出（孙卫东 供图）

图 3-13　病鸡的腺胃乳头出血、切面可见乳头下出血严重（孙卫东 供图）

图3-14 病鸡的腺胃乳头出血、肌胃角质层下出血（孙卫东 供图）

图3-15 病鸡的整个肠道出血、出血处呈枣核状（李银 供图）

图3-16 病鸡肠道浆膜面有多量大的出血点（孙卫东 供图）

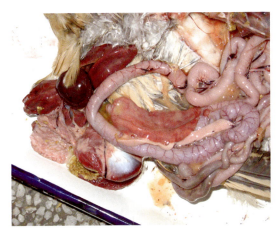 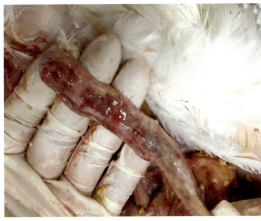

图 3-17　病鸡的十二指肠后段呈弥漫性出血（孙卫东　供图）

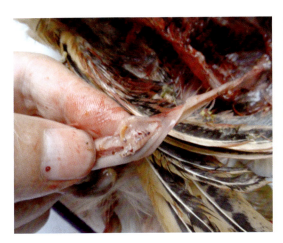 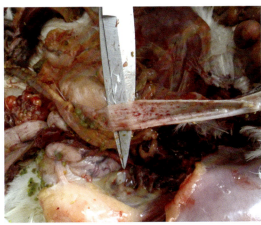

图 3-18　盲肠扁桃体（左）和直肠（右）出血（李银　供图）

 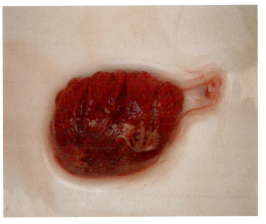

图 3-19　气管黏膜和气管环出血（孙卫东　供图）　　图 3-20　肺脏淤血、出血（孙卫东　供图）

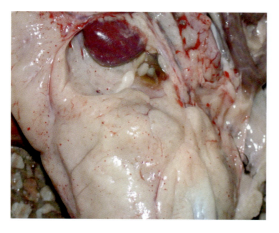

图 3-21 病死鸡皮下和腹腔脂肪出血
（孙卫东 供图）

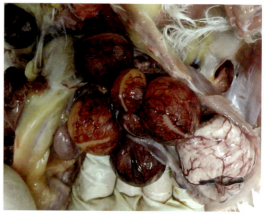

图 3-22 病鸡的卵泡充血、出血
（孙卫东 供图）

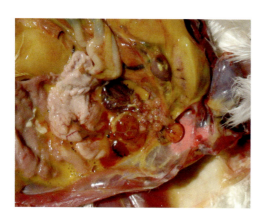
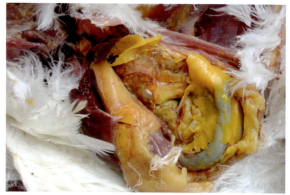

图 3-23 病鸡的卵泡破裂后可导致卵黄性腹膜炎（孙卫东 供图）

【诊断】由于典型的新城疫症状与高致病性禽流感较相似，因此，仅凭症状与病变难以做出准确的诊断。可参考鸡群的免疫程序和血凝抑制抗体的滴度做出初步判断。确诊必须进行病毒的分离鉴定和其他实验室诊断［反转录-聚合酶链反应（RT-PCR）、免疫荧光抗体技术、酶联免疫吸附试验（ELISA）等］。

【类症鉴别】

1. 与高致病性禽流感的鉴别

（1）相似点　本病的主要临床症状和病理剖检变化高致病性禽流感相似。

（2）不同点　高致病性禽流感病鸡常表现头部、眼睑和肉垂的水肿或肿胀（见图 3-24），而新城疫病鸡仅表现为发绀；高致病性禽流感病鸡的嗉囊内无大量积液，与新城疫病鸡不同；高致病性禽流感病鸡剖检时常见皮下水肿和黄色胶冻样浸润，且黏膜和浆膜的出血比急性新城疫更为明显和广泛，胰腺常有出血、坏死病变（见图 3-25），而新城疫病鸡的胰腺没有这一变化；高致病性禽流感病鸡的腿部鳞片有出血（见图 3-26），而新城疫病鸡无此表现；高致病性禽流感产蛋鸡的输卵管常有黏脓样分泌物（见图3-27），而新城疫病鸡无此表现。

图3-24 病鸡鸡冠肉髯肿胀发绀，有坏死点，眼睑肿胀眼结膜出血（李银 供图）

图3-25 病鸡胰腺出血、坏死（李银 供图）

图3-26 病鸡腿部鳞片出血（秦卓明 供图）

图3-27 病鸡输卵管常有黏脓样分泌物（秦卓明 供图）

2. 与急性禽霍乱的鉴别

（1）相似点 本病的腺胃乳头出血与新城疫的病变相似。

（2）不同点 禽霍乱多发生于日龄较大的鸡，而新城疫的发生没有日龄上的差异；禽霍乱病程较短，急性发作，病死率高，应用磺胺类药物或抗生素能快速地稳定病情，而新城疫病程较长，大多数病死率低于20%，应用抗生素或磺胺类药物没有效果；禽霍乱病鸡剖检时可见肝脏肿大，有针尖大小的灰白色坏死灶（见图3-28），而新城疫没有这一剖检病变。

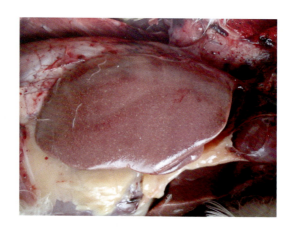

图3-28　病鸡的肝脏肿大，表面有针尖大灰白色坏死点（赵秀美　供图）

3. 与传染性支气管炎的鉴别

（1）相似点　本病病鸡表现的呼吸道症状与新城疫病鸡的症状相似，常发病的日龄也较接近。

（2）不同点　传染性支气管炎传播迅速，短期内可波及全群，发病率高达90%以上，新城疫因鸡群大多数接种了疫苗，临床表现多为亚急性，发病率不高。新城疫病鸡除呼吸道症状外，还表现歪头、扭颈、站立不稳等神经症状，传染性支气管炎病鸡无神经症状。新城疫病鸡腺胃乳头出血或出血不明显，盲肠扁桃体肿胀、出血，喉头和气管充血或出血，气管内有黏性分泌物，而传染性支气管炎病鸡无消化道病变，在支气管内有血性分泌物（见图3-29）、干酪样栓子。肾型传支病例可见肾脏和输尿管的尿酸盐沉积（见图3-30）。腺胃型传支见腺胃肿大。成年鸡发病时二者均可见产蛋量下降，且软蛋、畸形蛋、粗壳蛋明显增多，传染性支气管炎病鸡产的蛋质量更差，蛋白稀薄如水、蛋黄和蛋白分离等。

图3-29　病鸡气管、支气管内有血性分泌物（秦卓明　供图）

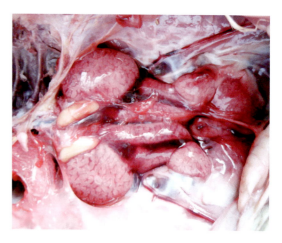

图3-30　病鸡肾脏和输尿管的尿酸盐沉积（李银　供图）

4. 与传染性喉支气管炎的鉴别

（1）相似点　本病病鸡表现的呼吸道症状与新城疫病鸡的症状相似。

（2）不同点　传染性喉气管炎病鸡的呼吸道症状更为严重，呼吸极为困难，伸颈张口呼吸，咳出血样分泌物，在鸡鼻、脸、嘴，鸡舍地面、墙壁、笼具等处可见血样物，而新城疫病鸡的呼吸道症状较缓和。传染性喉气管炎病鸡剖检时除可见到与新城疫病鸡相似的喉头、气管环的充血或出血之外，常见气管内有血凝块或喉头被干酪样物堵塞（见图3-31）。

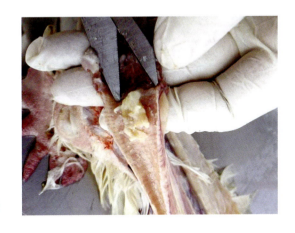

图3-31　病鸡喉头被干酪样物堵塞（孙卫东　供图）

【预防措施】

1. 免疫接种

免疫请按农业农村部制定的免疫方案中规定的程序进行。所用疫苗必须是经国务院兽医主管部门批准使用的新城疫疫苗。①非疫区（或安全鸡场）的鸡群：一般在10～14日龄用鸡新城疫Ⅱ系（B1株）、Ⅳ系（La Sota株）、C30、N79、V4株等弱毒苗点眼或滴鼻，25～28日龄时用同样的疫苗进行点眼、滴鼻或饮水免疫，并同时肌内注射0.3毫升的新城疫油佐剂灭活苗。疫区鸡群于1日龄喷雾或5～7日龄用鸡新城疫弱毒苗首免（点眼或滴鼻），17～21日龄用同样的疫苗同样的方法二免，35日龄三免（饮水）。若在70～90天之间抗体水平偏低，再补做一次弱毒苗的气雾免疫或Ⅰ系苗接种，120天和240天左右分别进行一次油佐剂灭活苗加强免疫即可。②紧急免疫接种：当鸡群受到新城疫威胁时（免疫失败或未作免疫接种的情况下）应进行紧急免疫接种，经多年实践证明，一般可用5～10羽份Ⅳ系疫苗紧急肌内注射接种，可缩短流行过程，是一种较经济且积极可行的措施。当然，此种做法会加速鸡群中部分潜在感染鸡的死亡。

【注意事项】①当鸡场与水禽养殖场较近时，应注意使用含基因Ⅶ型的新城疫疫苗。②Ⅰ系疫苗（Mukteswar株）在我国曾广泛使用，但由于其毒力强，往往会引起严重的反应和不同程度的生物损失，农业农村部已公告宣布停止生产。③疫苗免疫并不能根除受强毒攻击鸡的带毒和排毒，因此，敏感的鸡群或免疫力不足的鸡群往往会暴发新城疫。④在疫苗免疫接种后，通常用HI效价对免疫效果进行监测和评价。一般来说，HI效价在6（$\log_2$）以上时，可以避免大量的死亡损失；HI效价在8（$\log_2$）以上时，基本可以避免死亡损失；HI效价在10（$\log_2$）以上时，基本可以避免产蛋的急剧下降。

2. 加强饲养管理

坚持全进全出和/或自繁自养的饲养方式，在引进种鸡及产品时，一定要来自无新城疫的养鸡场；采取封闭式饲养，饲养人员进入生产区应更换衣、帽及鞋靴；严禁其他养鸡场人员参观，生产区设立消毒设施，对进出车辆彻底消毒，定期对鸡舍及周围环境进行消毒，加强带鸡消毒；设立防护网，严防野鸟进入鸡舍；多种家禽应分开饲养，尤其须与水禽分开饲养；定期消灭养禽场内的有害昆虫（如蚊、蝇）及鼠类。

【安全用药】鸡新城疫发生后请按照《中华人民共和国动物防疫法》《一、二、三类动物疫病病种名录》和"新城疫防治技术规范"进行处理。

（二）非典型新城疫

近十几年来，发现鸡群免疫接种新城疫弱毒型疫苗后，以高发病率、高死亡率、暴发性为特征的典型新城疫已十分罕见，代之而起的低发病率、低死亡率、高淘汰率、散发的非典型新城疫却日渐流行。

【临床症状】非典型新城疫多发生于30～40日龄的免疫鸡群和有母源抗体的雏鸡群，发病率和死亡率均不高。患病雏鸡主要表现为明显的呼吸道症状，病鸡张口伸颈、气喘、呼吸困难，有"呼噜"的喘鸣声，咳嗽，口中有黏液，有摇头和吞咽动作。除有死亡外，病鸡还出现神经症状，如歪头、扭颈、共济失调、头后仰呈观星状、转圈后退，翅下垂或腿麻痹、安静时恢复常态，尚可采食饮水，病程较长，有的可耐过，稍遇刺激即可发作。成年鸡和开产鸡症状不明显，或仅有轻度的呼吸道症状或死亡数略有上升。蛋鸡出现产蛋率不同程度的下降，一般下降10%～30%，软壳蛋、畸形蛋和粗壳蛋明显增多。种蛋的受精率、孵化率降低，弱雏增多。

【剖检变化】大多可见到喉气管黏膜不同程度充血、出血、有多量黏液；早期病例一般难以发现消化道黏膜出血，在后期的病死鸡中，约30%的病鸡腺胃乳头肿胀、出血，肌胃角质膜下出血，十二指肠淋巴滤泡增生或有溃疡，泄殖腔黏膜出血，盲肠扁桃体肿胀出血等。成鸡发病时病变不明显，仅见轻微的喉头和气管充血；蛋鸡卵巢出血，输卵管充血、水肿，卵泡破裂后因细菌继发感染引起腹膜炎和气囊炎。

【诊断】对于非典型新城疫应结合病毒分离鉴定和血清抗体的异常来综合判断，若能分离到有致病性的新城疫病毒可以作为重要的诊断证据。

【类症鉴别】非典型新城疫所呈现的呼吸道症状与传染性支气管炎、传染性喉气管炎、支原体感染和低致病性禽流感相似，应注意鉴别。请参照"鸡传染性支气管炎"的类症鉴别。

【预防措施】加强饲养管理，严格消毒制度；运用免疫监测手段；提高免疫应答的整齐度，避免"免疫空白期"和"免疫麻痹"；制定合理的免疫程序，选择正确的疫苗，使用正确的免疫途径进行免疫接种，强化鸡群的黏膜免疫屏障。表3-3为临床实践中已经取得良好效果的预防鸡非典型新城疫的疫苗使用方案，供参考。

表3-3 临床上预防鸡非典型新城疫的疫苗使用方案

免疫时间	疫苗种类	免疫方法
1日龄	C30+Ma5	点眼
21日龄	C30	点眼
8周龄	Ⅳ系、N79、V4等	点眼/饮水
13周龄	Ⅳ系、N79、V4等	点眼/饮水

续表

免疫时间	疫苗种类	免疫方法
16～18 周龄	Ⅳ系、N79、V4 等 新支减流四联油乳剂灭活疫苗	点眼/饮水 肌注
35～40 周龄	Ⅳ系、N79、V4 等 新流二联油乳剂灭活疫苗	点眼/饮水 肌注

注：为加强鸡的局部免疫，可在 16～18 周龄与 35～40 周龄中间，采用喷雾法免疫 1 次鸡新城疫弱毒苗，以获得更全面的保护。

【安全用药】请参照低致病性禽流感中对应内容的叙述。

二、腺胃型传染性支气管炎

腺胃型传染性支气管炎（adenoid infectious bronchitis），临床上以生长停滞、消瘦死亡，剖检见腺胃肿大为特征。

【病原】和【流行特征】见第二章"鸡传染性支气管炎"。

【临床症状】主要发生于 20～80 日龄，以 20～40 日龄为发病高峰。人工感染潜伏期 3～5 天。病鸡初期生长缓慢，继而精神不振，闭目，饮欲和食欲降低，腹泻，伴有呼吸道症状；中后期高度沉郁，闭目，羽毛蓬乱；咳嗽，张口呼吸，消瘦，最后衰竭死亡。病程为 10～30 天，有的可达 40 天。不同鸡场的发病率和死亡率差异较大，发病率从 10% 至 95%，死亡率为 10%～95%。

【剖检变化】初期病鸡消瘦，气管内有黏液；中后期腺胃肿大，如乒乓球状（见图 3-32）；腺胃壁增厚，黏膜出血和溃疡，个别鸡腺胃乳头肿胀，出血或乳头凹陷、消失，周边坏死，出血，溃疡（见图 3-33）。胸腺、脾脏和法氏囊萎缩。

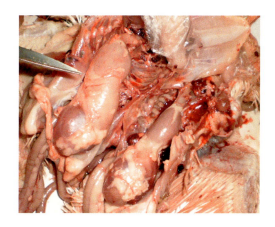

图 3-32 病鸡的腺胃显著肿大（左），右为正常对照（孙卫东 供图）

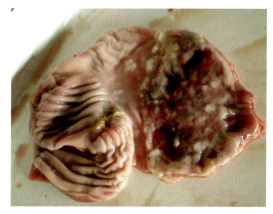

图 3-33 病鸡的腺胃壁增厚，乳头及黏膜出血、糜烂和溃疡（孙卫东 供图）

【诊断】见第二章"鸡传染性支气管炎"。

【类症鉴别】该病出现的腺胃肿大与呕吐毒素中毒、沙门菌等等引起的病变有相似之处，应注意区别。

【预防措施】

（1）免疫接种　7～16日龄用 VH-H120-28/86 滴鼻，同时颈部皮下注射新城疫-腺胃型传染性支气管炎-肾型传染性支气管炎三联苗 0.3～0.5 毫升，两周后再用新城疫-腺胃型传染性支气管炎-肾型传染性支气管炎三联苗 0.4～0.5 毫升颈皮下注射一次。

（2）其他预防措施　请参考第二章中"鸡传染性支气管炎"中有关预防的叙述。

【安全用药】抗病毒、合理使用抗生素请参考第二章中"鸡传染性支气管炎"中有关安全用药的叙述。此外，还可采用中草药疗法：可取板蓝根 30 克、金银花 20 克、黄芪 30 克、枳壳 20 克、山豆根 30 克、厚朴 20 克、苍术 30 克、神曲 30 克、车前子 20 克、麦芽 30 克、山楂 30 克、甘草 20 克、龙胆草 20 克。水煎取汁，供 100 只鸡上、下午两次喂服。每天 1 剂，连用 3 剂。

三、鸡沙门菌病

鸡沙门菌病（salmonellosis）是由沙门菌属中的一种或多种沙门菌引起的禽类急性或慢性疾病的总称。沙门菌是肠杆菌科中的一个大属，有 2500 多个血清型，在自然界中，家禽是其最主要的储存宿主。禽沙门菌依病原体的抗原结构不同可分为 4 类：鸡白痢沙门菌、鸡伤寒沙门菌、肠沙门菌非亚利桑那亚种、肠沙门菌亚利桑那亚种。沙门菌病还是家禽最重要的蛋传递性细菌病之一，每年造成的经济损失较大。

（一）鸡白痢

鸡白痢（pullorum disease，PD）是由鸡白痢沙门菌引起的一种传染病。临床表现以雏鸡排白色糊状粪便为特征，死亡率高，成年禽多为慢性经过或呈隐性感染。

【病原】本病的病原是鸡白痢沙门菌，属于肠杆菌科沙门菌属 D 血清群中的一个成员，无荚膜，不形成芽孢，是少数不能运动的沙门菌之一，为两端钝圆的细小革兰阴性杆菌。本菌有 O 抗原，无 H 抗原。由于禽类在感染后 3～10 天能产生相应的凝集抗体，因此临床上常用凝集试验检测隐性感染的带菌者。本菌对热和常规消毒剂的抵抗力不强，70℃ 20 分钟，0.3% 来苏儿、0.1% 升汞、0.2% 甲醛和 3% 苯酚溶液经 15～20 分钟均可将其杀死。但该菌在自然环境中的耐受力较强，如在尸体中可以存活 3 个月以上，在干燥的粪便及分泌物中可存活 4 年之久。

【流行特征】①易感动物：多种家禽（如鸡、火鸡、鸭、雏鹅、珍珠鸡、野鸡、鹌鹑、麻雀、欧洲莺、鸽等）都有感染本病的报道，但流行主要限于鸡和火鸡，尤其鸡对本病最敏感。②传染源：病鸡的排泄物、分泌物及带菌种蛋均是本病主要的传染源。③传播途径：主要经蛋垂直传播，也可通过被粪便污染的饲料、饮水和孵化设备而水平传播，野鸟、啮齿类动物、暗黑甲虫和蝇等可作为传播媒介。④流行季节：无明显的季节性，饲养管理不善、环境卫生恶劣、鸡群过于密集、育雏温度偏低或波动过大、空气潮湿以及存在其他病原感染，都会加剧本病的暴发，增加死亡率。

【临床症状】经蛋（蛋壳）严重感染的雏鸡往往在孵化过程中死去（见图3-34和视频3-8）或孵出弱雏，但出壳后1～2天内死亡，见不到明显的症状。出壳后感染者多见于4～5日龄，7～10日龄时发病日渐增多，10～15日龄为发病和死亡的高峰，16～20日龄时发病逐日下降，20日龄后发病迅速减少。其发病率因品种和性别而稍有差别，一般在5%～40%，但在新传入本病的鸡场，其发病率显著增高，有时甚至达100%，病死率也较老疫区的鸡群高。病鸡的临床症状因发病日龄不同而有较大的差异。

（1）雏鸡　弱雏较多，脐部发炎（见图3-35）或脐孔闭合不全（见图3-36）。3周龄以内病雏精神沉郁、怕冷、扎堆、尖叫、两翅下垂、反应迟钝（见图3-37和视频3-9）、不食或少食。排白色糊状或带绿色的稀粪，沾染泄殖腔周围的绒毛（见图3-38和视频3-10），粪便干后结成石灰样硬块常常堵塞肛门，发生"糊肛"现象（见图3-39），影响排粪。肺型白痢病例出现张口呼吸（见视频3-11），最后因呼吸困难、心力衰竭而死亡。某些病雏出现眼睑肿胀或眼盲（见图3-40和视频3-12），关节肿胀、跛行。病程一般4～10天，病死率一般为40%～70%或更高，20日龄以上鸡病程较长，病鸡较少死亡。耐过鸡生长发育不良，腿鳞发白（见图3-41），成为慢性患者或带菌者。火鸡的临床症状与鸡相似。

视频3-8　　　　视频3-9　　　　视频3-10　　　　视频3-11　　　　视频3-12

图3-34　垂直感染鸡胚多在出壳前死亡（孙卫东　供图）

图 3-35　病雏的脐带发炎（俗称"硬脐"）（孙卫东 供图）

图 3-36　病雏的脐带愈合不良，从脐孔有浑浊物渗出（孙卫东 供图）

图 3-37　病鸡两翅下垂、反应迟钝（李银 供图）

图 3-38　病鸡泄殖腔周围的羽毛粘有灰白色或带绿色的稀粪（孙卫东 供图）

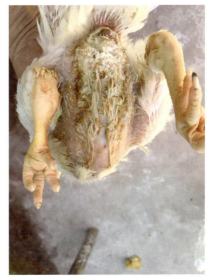

图 3-39　病鸡泄殖腔周围的羽毛粘有黏稠较干的粪便，形成"糊肛"（孙卫东 供图）

图 3-40　病雏出现角膜浑浊、眼盲

（崔锦鹏 供图）

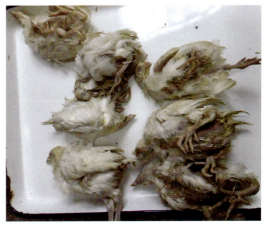

图 3-41　耐过鸡脱水、鸡冠、腿鳞片发白

（孙卫东 供图）

（2）育成鸡　多发生于 40～80 日龄，青年鸡的发病受应激因素（如密度过大、气候突变、卫生条件差等）的影响较大。一般突然发生，呈现零星突然死亡，从整体上看鸡群没有什么异常，但鸡群中总有几只鸡精神沉郁、食欲差和腹泻。病程较长，约 15～30 天，死亡率达 5%～20%。

（3）成年鸡　一般呈慢性经过，无任何症状或仅出现轻微症状。鸡冠和眼结膜苍白，食欲降低，但饮欲增加，常有腹泻。感染母鸡的产蛋量、受精率和孵化率下降。极少数病鸡表现精神委顿、排出稀粪（见图 3-42），产蛋下降或停止。有的感染鸡因卵黄囊炎引起腹膜炎、腹膜增生而呈"垂腹"现象。

图 3-42　病种鸡腹泻、泄殖腔周围的羽毛沾有稀粪（孙卫东　供图）

【剖检变化】

（4）雏鸡　病/死鸡严重脱水，脚趾干枯（见图3-43）；卵黄囊内容物呈液状黄/绿色或干酪样灰黄绿色（见图3-44）；肝肿大，有散在或密布的黄白色小坏死点（见图3-45）；有的病例见肝脏土黄色，胆囊肿大（见图3-46）。腺胃肿胀，肌胃有明显的糜烂与溃疡（见图3-47）。盲肠膨大，有干酪样物阻塞（见图3-48）。肾充血或贫血，肾小管和输尿管充满尿酸盐。"糊肛"鸡见直肠积粪，伴有泄殖腔炎（见图3-49）。病程稍长者，在肺脏上有黄白色米粒大小的坏死结节（见图3-50），心脏有肉芽肿（见图3-51和视频3-13）；肠管等部位有隆起的白痢结节（见图3-52）。

视频 3-13

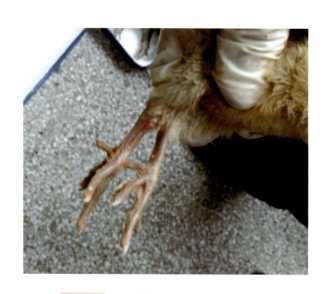

图 3-43　病雏鸡脚趾干枯（孙卫东　供图）

图 3-44　病鸡的卵黄囊内容物呈液状黄/绿色（左）或干酪样灰黄绿色（右）（宋增才 供图）

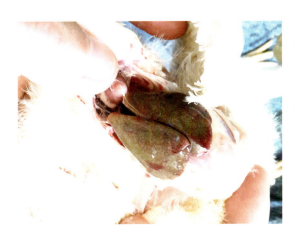 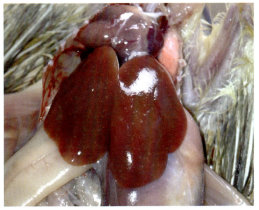

图 3-45　病雏鸡肝脏上有密集（左）或散在（右）的灰白色坏死点（孙卫东 供图）

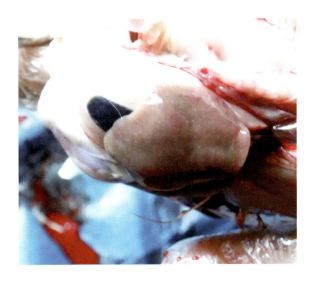

图 3-46　病雏鸡肝脏表面有灰白色坏死点，胆囊肿大（李银 供图）

图 3-47　病鸡腺胃肿胀，肌胃有明显的糜烂与溃疡（李银 供图）

图 3-48　病鸡的盲肠膨大，有干酪样物渗出物（孙卫东 供图）

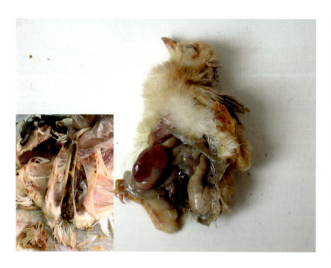
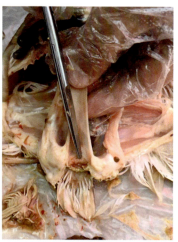

图 3-49　"糊肛"鸡直肠积粪（左）和泄殖腔炎（右）（孙卫东 供图）

第三章 鸡消化系统疾病的鉴别诊断与安全用药 | 155

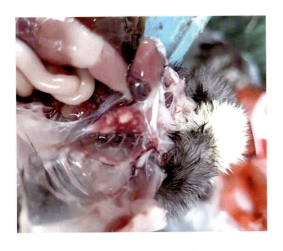
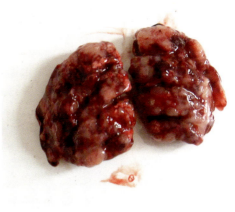

图 3-50 病鸡肺脏上有黄白色白痢结节（孙卫东 供图）

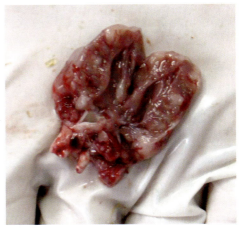

图 3-51 病鸡心脏上的肉芽肿外观（左）和心室内的肉芽肿（右）（孙卫东 供图）

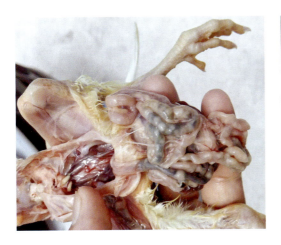

图 3-52 病鸡肠管上的白痢结节（孙卫东 供图）

(5)育成鸡 肝脏肿大至正常的数倍,质地极脆,一触即破,有散在或较密集的小红点或小白点;脾脏肿大;心脏严重变形、变圆、坏死,心包增厚,心包扩张,心包膜呈黄色不透明,心肌有黄色坏死灶,心脏形成肉芽肿;肠道呈卡他性炎症,单侧或两侧盲肠肿胀,有的外观可见粟粒大小的坏死,甚至溃疡、穿孔,引发腹膜炎;剖开见盲肠黏膜有糠麸样渗出物覆盖,有的去除渗出物可见纽扣状溃疡(见图3-53)。有的病鸡可见输卵管阻塞(见图3-54)。

图3-53 育成鸡盲肠肿胀,外观有大小不等的坏死灶,甚至溃疡(上排);剖开见盲肠黏膜有糠麸样渗出物覆盖,去除渗出物可见纽扣状溃疡(下排)(孙卫东 供图)

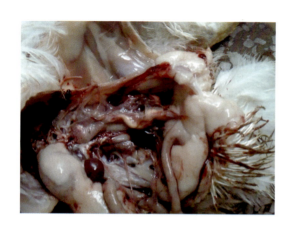

图3-54 青年肉种鸡输卵管阻塞

(6)成年鸡 成年母鸡的主要剖检病变为卵泡萎缩、变形(梨形或不规则形)、变性(见图3-55)、变色(黄绿色、灰色、黄灰色、灰黑色等)(见图3-56);卵泡内容物呈水样、油状或干酪样(见图3-57);卵泡系膜肥厚,上有数量不等的坏死灶(见图3-58)。有的病例见输卵管炎,内有灰白色干酪样渗出物(见图3-59)。有的病鸡发生卵黄性腹膜炎(见图3-60)。成年公鸡出现睾丸炎或睾丸极度萎缩,输精管管腔增大,充满稠密的均质渗出物。

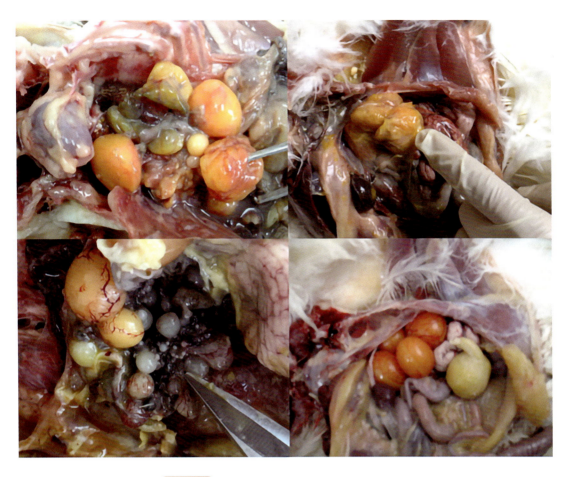

图 3-55　病鸡卵泡的变形与变性（孙卫东 供图）

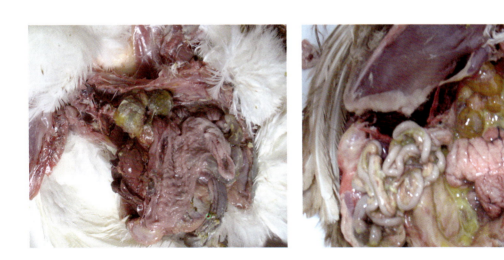

图 3-56　病鸡卵泡的变色，卵泡呈灰白、灰黄、暗红、发绿等（孙卫东 供图）

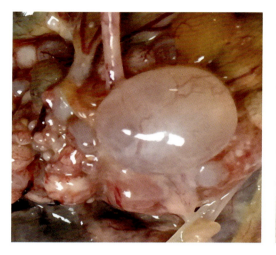

图 3-57　病鸡卵泡内容物呈水样或血样（孙卫东 供图）

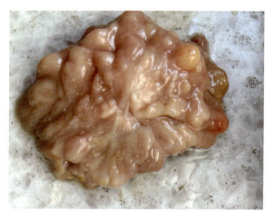

图 3-58　病鸡卵泡系膜肥厚，上有数量不等的坏死灶（孙卫东 供图）

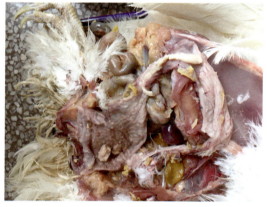

图 3-59　病鸡发生输卵管炎，内有灰白色干酪样渗出物（孙卫东 供图）

图 3-60　病鸡发生卵黄性腹膜炎（孙卫东 供图）

【诊断】根据本病的流行特征、临床症状和病理剖检变化不难做出初步诊断，但确诊则需要通过血清学诊断和细菌的分离鉴定。

【类症鉴别】

(1) 与鸡曲霉菌病的鉴别　本病肺脏有白色的结节病变与鸡曲霉菌病相似，其鉴别见第二章第三节中"鸡曲霉菌病"相关部分内容的叙述。

(2) 与组织滴虫病的鉴别　本病盲肠中出现干酪样物（栓子）病理变化，与组织滴虫病（盲肠肝炎）相似，其鉴别见本章第三节中"鸡组织滴虫病"相关部分内容的叙述。

【预防措施】

(1) 净化种鸡群　有计划地培育无白痢病的种鸡群是控制本病的关键，对种鸡包括公鸡逐只进行鸡白痢血凝试验，一旦出现阳性立即淘汰或转为商品鸡用，以后种鸡每月进行一次鸡白痢血凝试验，连续3次，公鸡要求在12月龄后再进行1～2次检查，阳性者一律淘汰或转为商品鸡，从而建立无鸡白痢的健康种鸡群。购买苗鸡时，应尽可能地避免从有白痢病的种鸡场引进苗鸡。

(2) 免疫接种　一种是雏鸡用的菌苗为9R，另一种是青年鸡和成年鸡用的菌苗为9S，这两种弱毒菌苗对本病都有一定的预防效果。

(3) 做好鸡场生物安全防范措施　要注意切断传染源，防止鸡被沙门菌感染。因此，要求每次进鸡苗前要对鸡舍、设备、用具及周围环境进行彻底消毒并至少空舍1周。育雏室要做好保温与通风换气的协调。产蛋箱内应保持清洁无粪便，及时收蛋并送至种蛋室保存和消毒。孵化器（尤其是出雏器）内的死胚、破碎的蛋壳及绒毛等应仔细收集后消毒。饲养期间要重视雏鸡的饮水卫生，大小鸡分开混养。注意合理分配日粮及定期带鸡消毒。防止鼠、飞鸟进入鸡舍，禁止无关人员随便出入鸡舍。发现死鸡，尽快请当地有执业资格证的临床兽医进行诊断；死鸡不要随手乱扔，要做无害化处理，焚烧或丢入化粪池。

(4) 做好孵化的消毒工作　用种蛋入孵前要做好孵化场、孵化机及所用器具的清扫、冲洗和消毒工作。入孵种蛋应来自无病鸡群，以0.1%新洁尔灭喷洒、洗涤消毒，或用0.5%高锰酸钾浸泡1分钟，或1.5%漂白粉溶液浸泡3分钟，再用甲醛熏蒸消毒30分钟。雏鸡出壳后可用甲醛（14毫升/立方米）和高锰酸钾（7克/立方米）在出雏器中熏蒸15分钟。

(5) 利用微生态制剂预防　用蜡样芽孢杆菌、乳酸杆菌或粪链球菌等制剂混在饲料中喂鸡，这些细菌在肠道中生长后，有利于厌氧菌的生长，从而抑制了沙门菌等需氧菌的生长。

(6) 药物预防　在雏鸡首次开食和饮水时添加预防鸡白痢的有效抗菌药物（见治疗部分）。

【安全用药】在隔离病鸡、加强消毒的基础上选择下列药物进行治疗。

(1) 氨苄西林（氨苄青霉素、安比西林）　注射用氨苄西林钠按每千克体重10～20毫克一次肌内或静脉注射，1天2～3次，连用2～3天。氨苄西林钠胶囊按每千克体重20～40毫克一次内服，1天2～3次。55%氨苄西林钠可溶性粉按每升饮水600毫克混饮。

（2）链霉素　注射用硫酸链霉素每千克体重20～30毫克一次肌内注射，1天2～3次，连用2～3天。硫酸链霉素片按每千克体重50毫克内服，或按每升饮水30～120毫克混饮。

（3）卡那霉素　25%硫酸卡那霉素注射液按每千克体重10～30毫克一次肌内注射，1天2次，连用2～3天。或按每升水30～120毫克混饮2～3天。

（4）庆大霉素（正泰霉素）　4%硫酸庆大霉素注射液按每千克体重5～7.5毫克一次肌内注射。1天2次，连用2～3天。硫酸庆大霉素片按每千克体重50毫克内服；或按每升饮水20～40毫克混饮3天。

（5）新霉素（弗氏霉素、新霉素B）　硫酸新霉素片按每千克饲料70～140毫克混饲3～5天。3.25%、6.5%硫酸新霉素可溶性粉按每升水35～70毫克混饮3～5天。蛋鸡禁用。肉鸡休药期5天。

（6）土霉素（氧四环素）　注射用盐酸土霉素按每千克体重25毫克一次肌内注射。土霉素片按每千克体重25～50毫克一次内服，1天2～3次，连用3～5天；或按每千克饲料200～800毫克混饲。盐酸土霉素水溶性粉按每升饮水150～250毫克混饮。

（7）甲砜霉素　甲砜霉素片按每千克体重20～30毫克一次内服，1天2次，连用2～3天。5%甲砜霉素散，按每千克饲料50～100毫克混饲。以上均以甲砜霉素计。

此外，其他抗鸡白痢药物还有氟苯尼考（氟甲砜霉素）、安普霉素（阿普拉霉素、阿布拉霉素）、环丙沙星（环丙氟哌酸）、多西环素（强力霉素、脱氧土霉素）、磺胺甲噁唑（磺胺甲基异噁唑、新诺明、新明磺、SMZ）、阿莫西林（羟氨苄青霉素）等。

【注意事项】沙门菌易产生耐药性，要十分注意药物的选择与合理使用。据报道，噬菌体或噬菌体加药物对沙门菌的防控有积极的意义和效果。

（二）禽伤寒

禽伤寒是由鸡伤寒沙门菌引起鸡、火鸡等禽类的一种急性或慢性败血性传染病。临床上以腹泻、排黄绿色稀粪、肝脏肿大呈青铜色（尤其是生长期和产蛋期的母鸡）为特征。

【病原】本病的病原是鸡伤寒沙门菌，属于肠杆菌科沙门菌属D血清群中的一个成员，无荚膜，不形成芽孢，是少数不能运动的沙门菌之一，为两端钝圆的细小革兰阴性杆菌。本菌抵抗力不强，60℃ 10分钟内或直射阳光下很快被杀灭。2%甲醛、0.1%苯酚、1%高锰酸钾、0.05%升汞等普通消毒药能在1～3分钟内将其杀死。但该菌在离开禽体后也能存活很长时间。

【流行特征】①易感动物：鸡和火鸡对本病最易感。雉、珍珠鸡、鹌鹑、孔雀、松鸡、麻雀、斑鸠亦有自然感染的报道。鸽子、鸭、鹅则有抵抗力。本病主要发生于成年鸡（尤其是产蛋期的母鸡）和3周龄以上的青年鸡，3周龄以下的鸡偶尔可发病。②传染源：病鸡和带菌鸡是主要的传染源。③传播途径：可通过被粪便污染的饲料、饮水、土壤、用具、车辆和环境等水平传播。病菌入侵途径主要是消化道，其他还包括眼结膜等。有报道认为老鼠可机械性传播本病，是一个重要的媒介者。经蛋垂直传播是本病另一种重要的传播方式，它可造成病菌在鸡场中连绵不断。④流行季节：无明显的季节性，常呈散发性，有时会出现地方性流行。

【**临床症状**】本病的潜伏期一般为4～5天，病程约为5天。雏鸡和雏火鸡发病时的临床症状与鸡白痢较为相似，但与白痢不同的是伤寒病雏，除急性死亡一部分外，还经常零星死亡，一直延续到成年期。某些血清型的伤害沙门菌可突破血脑屏障进入脑内引起脑炎，病鸡多有神经症状，如扭颈或斜颈（见图3-61和视频3-14），采食减少或不食。青年或成年鸡和火鸡发病后常表现为突然停食，精神委顿，两翅下垂，冠和肉髯苍白，体温升高1～3℃，由于肠炎和肠中胆汁增多，病鸡排出黄绿色稀粪。死亡多发生在感染后5～10天，死亡率较低。一般呈散发或地方流行性，致死率5%～15%。康复禽往往成为带菌者。

视频3-14

图3-61　病鸡脑炎时呈现扭颈（左）和斜颈（右）等神经症状（乔士阳 供图）

【**剖检变化**】病/死雏鸡的剖检可见肝脏上有大量坏死点（见图3-62），有的病雏的肝脏呈铜绿色（见图3-63）；伴有神经症状的病鸡剖检可见大脑组织有坏死灶（见图3-64）。病/死青年鸡和成年鸡剖检可见肝脏充血、肿大并染有胆汁呈青铜色或绿色（见图3-65），质脆，表面时常有散在性的灰白色粟米状坏死小点（见图3-66），胆囊充斥胆汁而膨大；脾与肾脏呈显著的充血肿大，表面有细小的坏死灶；心包发炎、积水，有的病例心脏伴有肉芽肿（见图3-67）；有些病例的肺和腺胃可见灰白色小坏死灶（见图3-68）；肠道一般可见到卡他性肠炎，尤其以小肠明显，盲肠有土黄色干酪样栓塞物，大肠黏膜有出血斑，肠管间发生粘连。成年鸡的卵泡及腹腔病变

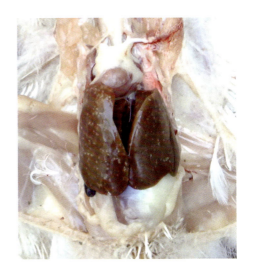

图3-62　病雏肝脏呈铜绿色，有大量坏死点（乔士阳 供图）

与成年鸡白痢相似，有些成年蛋鸡因感染本病后产蛋下降导致机体过肥，往往伴发肝脏破裂（见图3-69）。

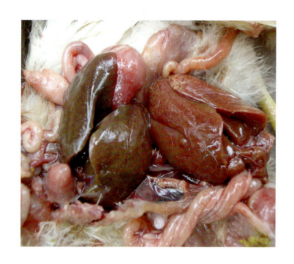

图3-63　病雏的肝脏肿胀，呈铜绿色（左）（孙卫东 供图）

图3-64　病雏脑炎剖检时见大脑组织有坏死灶（乔士阳 供图）

图3-65　病鸡的肝脏呈青铜色或绿色（"铜绿肝"）（孙卫东 供图）

【诊断】根据本病的流行特征、临床症状和病理剖检变化不难做出初步诊断，但确诊则需要通过血清学诊断和细菌的分离鉴定、生化试验及血清学试验，其方法与鸡白痢沙门菌的诊断相同。

【类症鉴别】本病的临床表现与鸡白痢、禽副伤寒、亚利桑那菌病相似，而成年鸡发病后则与急性霍乱和大肠杆菌败血症很相似，应注意区别。本病以肝脾淤血性高度肿胀、肝脏呈淡绿色或古铜色、表面有散在的灰白色坏死灶等病变最具特征性。

图 3-66　病鸡的肝脏呈青铜色或绿色，伴有大量坏死灶（孙卫东 供图）

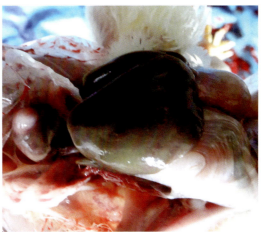

图 3-67　病鸡铜绿肝，伴心尖肉芽肿（李银 供图）

图 3-68　病鸡的腺胃可见灰白色坏死灶，下面的肝脏呈铜绿色（孙卫东 供图）

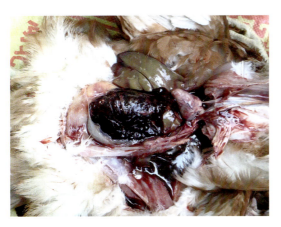
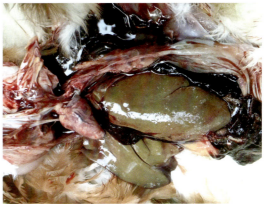

图 3-69　成年蛋鸡铜绿肝，伴发肝脏破裂

【预防措施】【安全用药】 请参考"鸡白痢"相关部分的内容叙述。

(三) 禽副伤寒

禽副伤寒是由多种能运动的泛嗜性沙门菌引起的家禽疾病的总称。对家禽而言，本病主要危害雏鸡和火鸡，常引起感染家禽生长受阻、体质虚弱和易于并发其他疾病，幼禽还可造成严重死亡，母禽感染后会明显影响产蛋率、受精率和孵化率。该病广泛存在于各类鸡场，给养鸡业造成严重的经济损失。此外，该病还被认为是影响最广泛的人畜共患病之一。

【病原】 引起本病的沙门菌有60多种150多个血清型，其中最常见的为鼠伤寒沙门菌、肠炎沙门菌、鸭沙门菌、乙型副伤寒沙门菌、猪霍乱沙门菌等。本菌为一群血清学上具有相关性的革兰阴性细长杆菌，有鞭毛，能运动，不形成荚膜和芽孢。沙门菌属的抗原构造复杂，主要有菌体（O）抗原、鞭毛（H）抗原及表面（K）抗原。本菌的致病性与菌体的内毒素有关，有些菌型在注射入体内后能迅速被溶解，并释放出大量内毒素，而引起幼禽的急性死亡，另外一些菌型则需经过较多天的大量繁殖后才能释放出足够的内毒素使家禽死亡。副伤寒沙门菌的抵抗力不强，在60℃15分钟可被杀灭；碱、酚以及甲醛等常用消毒药对其也有很好的杀灭效果。但本菌在外界环境中生存和繁殖的能力很强，在粪便和蛋壳上能保持活力约2年，在土壤中可存活280天以上，在水中能存活119天，这成为本病易于传播的一个重要因素。

【流行特征】 禽伤寒沙门菌广泛存在于禽类、啮齿类、爬行类及其他哺乳动物体内和环境中，引起多种动物的交叉感染，并可通过食品等途径传染给人。①易感动物：鸡和火鸡对本病易感，呈地方流行性。②传染源：感染禽的粪便是最常见的病菌来源，病愈鸡则是最重要的带菌者。③传播途径：本病主要通过蛋及消化道传播，也可通过呼吸道或损伤的皮肤感染。在养禽场内，污染的饲料、饮水、蛋壳是主要的传播媒介，野鸟、猫、鼠、蛇、苍蝇，甚至饲养人员也都可能成为本菌的机械传播者。④流行季节：无明显的季节性。禽舍闷热、潮湿、卫生条件差、过度拥挤、饲料中维生素或矿物元素缺乏等加剧了本病的流行。其他诸如鸡球虫病、传染性法氏囊病、营养代谢病等会明显增加禽只对本病的易感性。

【临床症状】 胚胎感染者一般在出壳后几天发病死亡。出壳后感染的雏鸡或火鸡表现为垂头闭眼，翅下垂，羽毛松乱，食欲减退，饮水增加，怕冷扎堆，并出现严重的水样腹泻，稀便黏附于泄殖腔周围羽毛上，少数病鸡还出现眼结膜炎等。成年鸡或火鸡在临床上多呈慢性经过，少数呈急性经过，一般不表现症状，即使有症状也比较轻微，表现慢性腹泻、产蛋下降、消瘦等。

【剖检变化】 最急性感染的病死雏鸡可能看不到病理变化，有时出现肝脏肿大、胆囊扩张。病程稍长时可见消瘦、脱水、卵黄呈凝固状不吸收（见图3-70），肝脾充血、有条纹状出血斑或针尖大小的灰白色坏死灶，肾脏充血，心包炎并常有粘连，但心肌的坏死灶以及肺的多发性小脓疱样结节不如鸡白痢那样明显。肠道炎症明显，尤其以十二指肠的出血性肠炎特别明显。有25%～30%的病例可见到盲肠中有干酪样栓子阻塞。

成年鸡或火鸡急性感染表现为肝、脾和肾充血性肿胀，肠道有出血性炎症，严重者可见坏死性肠炎及心包炎。病情转为慢性者，还可见卵巢脓性或坏死性病变，卵泡变形、变色、变性，输卵管也有坏死性和增生性病变。上述病变还可扩展为腹膜炎。

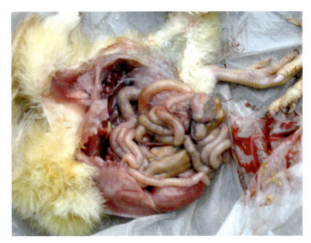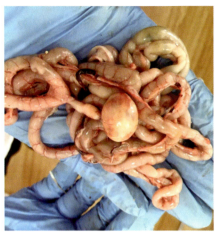

图 3-70　病鸡消瘦、卵黄凝固（孙卫东 供图）

【诊断】根据本病的流行特征、临床症状和病理剖检变化不难做出初步诊断，但确诊则需要通过血清学诊断和细菌的分离鉴定。

【类症鉴别】请参考"禽伤寒"相关部分的内容叙述。

【预防措施】请参考"鸡白痢"相关部分的内容叙述。此外，要重视禽副伤寒在公共卫生方面的意义，并加以预防，以消除人类的食物中毒。

【安全用药】药物治疗可以降低由急性副伤寒引起的死亡，并有助于控制此病的发展和传播，但不能完全消灭本病。一般在药敏试验的基础上，选择敏感的抗生素、磺胺类药物等进行治疗，具体用法请参考"鸡白痢"相关部分的叙述。

【注意事项】由于治愈的家禽往往长期带菌，因此不能留作种用。由于禽伤寒沙门菌的血清型众多，临床上很难用疫苗来预防本病。

四、禽霍乱

禽霍乱又称禽巴氏杆菌病、禽出血性败血症，是由多杀性巴氏杆菌引起的一种急性、热性、接触性传染病。临床上，急性病例见突然发病、腹泻、败血症状及高死亡率，剖检见全身黏膜、浆膜有小出血点，出血性肠炎以及肝脏有坏死点，心冠脂肪出血。慢性病例的特点是鸡冠、肉髯水肿，关节炎，病程较长，死亡率低。

【病原】本病病原为多杀性巴氏杆菌。本菌为卵圆形的短小杆菌，少数近于球形，无鞭毛，不能运动，不形成芽孢，革兰染色阴性，多呈单个或成对存在。在组织、血液和新分离的培养物中的菌体呈明显的两极着色，许多血清型菌株有荚膜，用美蓝、瑞氏染色均可着色。我国分离的禽源巴氏杆菌多为5∶A，其次为8∶A，有少数为9∶A。多杀性巴氏杆菌的荚膜与毒力有关，具有抗吞噬作用，有致病力的毒株如果失去产生荚膜的能力，可导致其毒力丢失。巴氏杆菌在体内繁殖可产生毒素，内毒素是其主要致病因子。多杀性巴氏杆菌对各种理化因素和消毒药的抵抗力不强，在阳光直射下或干燥条件下，很快死亡；对热敏感，50℃ 15分钟或60℃ 10分钟可被杀灭；对酸、碱及常用消毒药很敏感，5%～10%生石灰水、1%漂白粉、1%烧碱、3%～5%苯酚、3%来苏儿、0.1%过氧乙酸和70%乙醇均可在短时间内将其杀死。但该菌在2～4℃冰箱中可存活1年，在-30℃低温条件下可保持较长时间，在粪便中可存活1个月，在尸体中可存活1～3个月。

【流行特征】①易感动物：各种日龄和各品种的鸡均易感染本病，雏鸡对巴氏杆菌有一定的抵抗力，3～4月龄的鸡和成年鸡较容易感染。②传染源：病鸡/带菌鸡的排泄物、分泌物及带菌动物均是本病主要的传染源。③传播途径：主要是消化道和呼吸道或皮肤外伤。被污染的用具、土壤、饲料、饮水等是主要的传播媒介，吸血昆虫、苍蝇、鼠、猫也可能成为传播媒介。④流行季节：本病一年四季均可发生和流行，但在高温、潮湿、多雨的季节最易发生。禽霍乱的发生可因购入病禽或处于潜伏期的家禽等引起，也可自然发生。禽霍乱的病原体是一种条件致病菌，在某些健康鸡的呼吸道中存在，当在饲养管理不当、长途运输或频繁迁移、过度疲劳、饲料突变、营养缺乏、寄生虫等不利因素的影响下，机体抵抗力降低、细菌毒力增强时即可发病。特别是当有新鸡转入带菌鸡群，或者把带菌鸡调入其他鸡群时，更容易引起本病的发生。

【临床症状】自然感染的潜伏期由数小时到2～5天。多杀性巴氏杆菌的强毒力菌株感染后多呈败血性经过，急性发病，病死率高，可达30%～40%，较弱毒力的菌株感染后病程较慢，死亡率亦不高，常呈散发性。病鸡表现的症状主要有以下三种：

（1）最急性型　常发生在暴发的初期，特别是产蛋鸡，没有任何症状，突然倒地，双翅扑腾几下即死亡。

视频 3-15

（2）急性型　大多数病例为急性经过，主要表现为发病急，精神不振，缩颈闭眼；体温升高2～4℃时少食或不食，饮水增加；呼吸急促，鼻和口腔中流出混有泡沫的黏液，不时发出咕噜声响；呼吸困难，摇头，企图甩出分泌物；常有剧烈腹泻，排灰黄色、灰白色或绿色稀粪，腥臭。鸡冠、肉髯呈青紫色（见图3-71），发病1～3天后往往在见不到明显症状的前提下快速死亡（见视频3-15）。蛋鸡产蛋减少或停止。对发病禽群用抗生素或磺胺类药物治疗时，死亡率显著下降，但停药后可反复零星发病。

（3）慢性型　多见于流行后期或由急性病例转变而来，或由毒力较弱的菌株引起。病鸡精神不振，食欲减退。肉髯肿胀，颜色发白或发绀（见图3-72），有的病例肉髯后期发硬，甚至变性、坏

图3-71　病鸡的鸡冠、肉髯发绀呈青紫色（孙卫东 供图）

死（见图3-73）。某些病鸡关节发炎、肿大，出现跛行，切开肿大的关节时可见有干酪样物。少数病例病变可发生在耳部或头颈，引起歪颈，有时可见鼻窦肿大、鼻腔分泌物增多，分泌物有特殊臭味。有的慢性病鸡长期腹泻，病程可延长到几周，蛋鸡产蛋量下降。

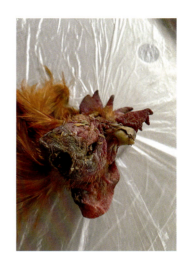

图3-72 慢性禽霍乱病鸡的肉髯肿胀（宋增财 供图）　　图3-73 慢性禽霍乱病鸡的肉髯肿胀发硬、变性坏死（孙卫东 供图）

【剖检变化】最急性型死亡的病鸡无特殊病变，有时只能看见心外膜有少许出血点。急性病例大多可见明显的病变，以败血症为主要变化。鼻腔内有黏液，皮下组织及腹腔中的脂肪、肠系膜、浆膜、黏膜有大小不等的出血点。心包变厚，心包内积有多量淡黄色液体（见图3-74），有的含纤维素絮状液体，心外膜、心内膜、心肌、心冠脂肪上有很多出血点（见图3-75），有的病鸡的心冠脂肪在炎性渗出物下有大量出血（图3-76）。肺有出血点或实变区。肝脏病变具有特征性，表现为肿大、质脆，呈棕红色或棕黄色或紫红色，表面有许多针头大或小米粒大小的灰白色或灰黄色的坏死点（见图3-77），有时可见点状出血。有的病例腺胃乳头出血（图3-78），肌胃角质层下出血显著；肠道尤其是十二指肠呈卡他性和出血性肠炎（见图3-79），肠内容物含有血液，呈污红色（见图3-80）；胰腺有炎症、边缘出血（见图3-81）；产蛋鸡卵泡出血（见图3-82），但很少破裂，输卵管内有即将产出的蛋（见图3-83），偶见卵泡破裂，腹腔内脏表面附着卵黄样物质。慢性病例可见肿胀的肉髯内有干酪样物质（见图3-84），往往伴有心包积液（见图3-85）。

【诊断】根据本病的流行特征、临床症状和病理剖检变化不难做出初步诊断，但确诊则需要通过实验室微生物学诊断（染色镜检、细菌培养、分离、鉴定）、动物接种试验等。

【类症鉴别】该病的急性病例出现的腺胃乳头出血与鸡新城疫、禽流感、喹乙醇中毒等病出现的病变类似，应注意区别。

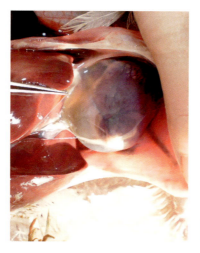
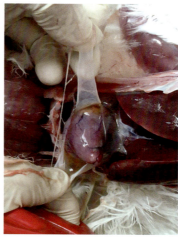

图 3-74　病鸡的心包积有多量淡黄色液体（孙卫东　供图）

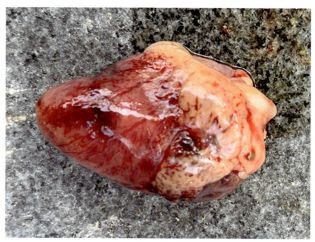

图 3-75　病鸡的心冠脂肪上有出血点（孙卫东　供图）

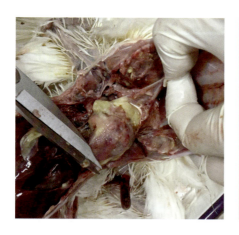
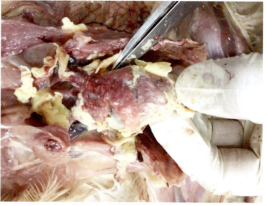

图 3-76　病鸡的心冠脂肪和心肌在炎性渗出物下有出血点（孙卫东　供图）

图 3-77　病鸡的肝脏肿大，表面有针尖大的灰白色坏死点（孙卫东 供图）

图 3-78　急性禽霍乱病鸡的腺胃乳头出血（孙卫东 供图）

图 3-79　急性禽霍乱病鸡十二指肠呈出血性肠炎（孙卫东 供图）

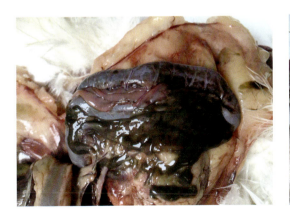

图 3-80　急性禽霍乱病鸡十二指肠严重出血，肠内容物黑色（孙卫东 供图）

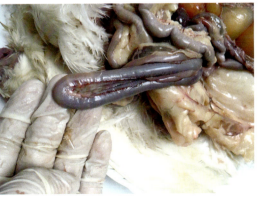

图 3-81　急性禽霍乱病鸡胰腺有炎症、边缘出血（孙卫东 供图）

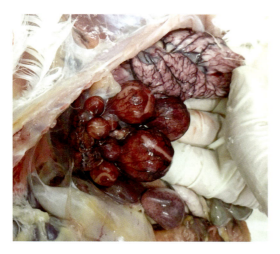
图 3-82　有的产蛋鸡卵泡出血（孙卫东 供图）

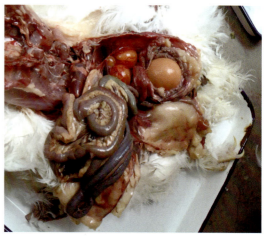
图 3-83　输卵管内有即将产出的蛋（孙卫东 供图）

【预防措施】

(1) 免疫接种　弱毒菌苗有禽霍乱 731 弱毒株、禽霍乱 $G_{190}E_{40}$ 弱毒菌苗等，免疫期为 3～3.5 个月。灭活菌苗有禽霍乱氢氧化铝菌苗、禽霍乱油乳剂灭活菌苗、禽霍乱乳胶灭活菌苗等，免疫期为 3～6 个月。其他还有禽霍乱荚膜亚单位疫苗。弱毒菌苗一般在 6～8 周龄进行首免，10～12 周龄进行再次免疫，常采用饮水途径接种。灭活苗一般在 10～12 周龄首，肌内注射 2 毫升，16～18 周龄加强免疫一次。

【注意事项】鉴于禽多杀性巴氏杆菌的抗原性复杂，在常发地区可从病死鸡中分离出菌株制成灭活疫苗（自家苗），更有助于改善免疫效果，但相关工作必须在执业兽医的指导下严格按照相关规定执行。

图 3-84　慢性禽霍乱肿胀的肉髯内有干酪样物（宋增财 供图）

(2) 被动免疫　患病鸡群可用猪源抗禽霍乱高免血清，在鸡群发病前作短期预防接种，每只鸡皮下或肌内注射 2～5 毫升，免疫期 2 周左右。

(3) 加强饲养管理　本病的发生常由于一些不良外界因素（如禽群拥挤、圈舍潮湿、营养缺乏、体内寄生虫、长途运输等）导致家禽的抵抗力下降而引起。因此，养鸡场应重视改善鸡群的饲养管理，避免或杜绝引发本病的诱因。

(4) 严格执行消毒卫生制度　养鸡场应建立和完善卫生消毒措施，定期进行鸡场环境和禽舍的消毒。由外地引进种鸡时，应从无本病的鸡场选购，新引进的种禽须隔离饲养 15 天，观察无病后方可混群。

图 3-85 慢性禽霍乱病鸡出现的心包积液（宋增财 供图）

【安全用药】在做好药物敏感试验的基础上，选择下列方法进行治疗。

(1) 特异疗法 用牛或马等异种动物及禽制备的禽霍乱抗血清，用于本病的紧急治疗，有较好的效果。

(2) 药物疗法 ①磺胺甲噁唑（磺胺甲基异噁唑、新诺明、新明磺、SMZ）：40%磺胺甲噁唑注射液按每千克体重 20～30 毫克一次肌内注射，连用 3 天。磺胺甲噁唑片按 0.1%～0.2% 混饲。②磺胺对甲氧嘧啶（消炎磺、磺胺 -5- 甲氧嘧啶、SMD）：磺胺对甲氧嘧啶片按每千克体重 50～150 毫克一次内服，1 天 1～2 次，连用 3～5 天。按 0.05%～0.1% 混饲 3～5 天，或按 0.025%～0.05% 混饮 3～5 天。③磺胺氯达嗪钠：30% 磺胺氯达嗪钠可溶性粉，肉禽按每升饮水 300 毫克混饮 3～5 天。休药期 1 天。禽产蛋期禁用。④沙拉沙星：5% 盐酸沙拉沙星注射液，1 日龄雏禽按每只 0.1 毫升一次皮下注射。1% 盐酸沙拉沙星可溶性粉按每升饮水 20～40 毫克混饮，连用 5 天。产蛋禽禁用。此外，其他抗鸡霍乱的药物还有链霉素、土霉素（氧四环素）、金霉素（氯四环素）、环丙沙星（环丙氟哌酸）、甲磺酸达氟沙星（单诺沙星）等。

(3) 中草药治疗 ①穿心莲、板蓝根各 6 份，蒲公英、旱莲草各 5 份，苍术 3 份，粉碎成细粉，过筛，混匀，加适量淀粉，压制成片，每片含生药为 0.45 克，鸡每次 3～4 片，每天 3 次，连用 3 天。②雄黄、白矾、甘草各 30 克，双花、连翘各 15 克，茵陈 50 克，粉碎成末拌入饲料投喂，每次 0.5 克，每天 2 次，连用 5～7 天。③茵陈、半枝莲、大青叶各 100 克，白花蛇舌草 200 克，藿香、当归、车前子、赤芍、甘草各 50 克，生地 150 克，水煎取汁，为 100 羽鸡只 3 天用量，分 3～6 次饮服或拌入饲料，病重不食者灌少量药汁，适用于治疗急性禽霍乱。④茵陈、大黄、茯苓、白术、泽泻、车前子各 60 克，白花蛇舌草、半枝莲各 80 克，生地、生姜、半夏、桂枝、白芥子各 50 克，水煎取汁供 100 羽鸡 1 天用，饮服或拌入饲料，连用 3 天，用于治疗慢性禽霍乱。

【注意事项】一些抗菌药物能迅速控制本病，但停药后极易复发，在治疗时应注意疗程。磺胺类药物会影响机体维生素的吸收，在治疗过程中应在饲料或饮水中补充适量的维生素/电解多维；磺胺类药物的使用时间过长会对鸡的肾功能造成损害，用药后应适当使用通肾药物，排出尿酸盐，恢复肾脏功能。

五、鸡弯曲菌病

鸡弯曲菌病曾被称为鸡弧菌性肝炎，是由弯曲菌感染引起的家禽、野禽、哺乳动物及人类共患的一种重要传染病。家禽发生弯曲菌病时症状不明显，或不表现临床症状，发病的主要特征为幼禽发育不良、肝脾肿大、腹水增多、发生肠炎，出现典型的红色腹泻。弯曲菌虽不是家禽的主要病原体，但对食品安全和公共卫生意义重大。本病流行于欧美及日本，我国鸡群也屡有发生。

【病原】本病的病原是弯曲菌，属于弯曲菌属。弯曲菌属包括16个种，其中与家禽弯曲菌病相关的有空肠弯曲菌、结肠弯曲菌和红嘴鸥弯曲菌。弯曲菌是革兰阴性螺旋状细菌，菌体具有一定的多形性，菌体一端或两端有单鞭毛。鸡空肠弯曲菌在胆汁中呈逗点状，在盲肠中呈螺旋状。空肠弯曲菌的毒力因子包括鞭毛蛋白、外膜蛋白、脂多糖和毒素4大类。本菌对渗透压、高温、低pH、干燥等敏感。一般在4℃下能存活96小时，在胆汁、尿液中可保持活力4周，在粪便中可存活7天以上。

【流行特征】①易感动物：弯曲菌可定植于禽类的肠道中，与禽类共生。家禽弯曲菌有多种基因型，鸡群可感染一种或多种基因型的弯曲菌。自然条件下只感染鸡和火鸡，3周龄以下家禽很少检测到弯曲菌，随着日龄的增加，带菌率也会增加，肉鸡屠宰时达到最高点。弯曲菌的阳性率非常高，约有90%的肉鸡、100%的火鸡可被感染。②传染源：病鸡/带菌鸡的排泄物及带菌动物均是本病主要的传染源。③传播途径：病原菌随粪便排出，污染饲料、饮水和用具等，使本病通过水平传播在鸡群中蔓延。弯曲菌的垂直传播不会发生或很少发生。昆虫、家蝇等可通过接触空肠弯曲菌污染的垫料等带有空肠弯曲菌，并使易感健康鸡感染本病。有调查显示，鸡场附近的家蝇中50%感染有空肠弯曲菌。④流行季节：无明显的季节性，多呈散发性或地方性流行。

【临床症状】一旦鸡群被感染，弯曲菌即可在群内迅速传播，几天内导致大多数鸡被感染。病鸡通常无明显的临床症状，可能会见到的临床症状包括精神不振、鸡冠皱缩、排水样或黏液性或出血性腹泻。部分病鸡因肝脏破裂出血而急性死亡，此时表现出鸡冠苍白（见图3-86）。病仔鸡发育受阻，腹围增大，并出现贫血和黄疸。

图3-86 发生肝脏破裂的病死鸡的鸡冠苍白
（孙卫东 供图）

蛋鸡群不能达到预期的产蛋高峰，产蛋率下降 25% ～ 35%。

【剖检变化】弯曲菌肝炎最明显的病理变化在肝脏。急性病例表现为肝脏实质变性、肿大、质脆，被膜下有出血区、血肿、坏死灶。肝脏表面因有许多出血点而呈斑驳状，在肝脏表面和实质内散布有多量星状坏死灶（见图 3-87），或布满菜花样坏死区（见图 3-88），其切面见贯穿性坏死灶（见图 3-89），胆囊内充满黏性分泌物。有的病鸡由于肝破裂（见图 3-90），腹腔积聚大量血液（见图 3-91），或肝脏被膜下有大小不等的血凝块（见图 3-92）。有的病鸡心冠脂肪消耗殆尽，心肌松软（见图 3-93）；脾脏肿大，偶见黄色梗死区；卵巢可见卵泡萎缩退化，仅呈豌豆大小（见图 3-94）。而由新型嗜热肝弯曲杆菌引起的斑点肝综合征，剖检见肝脏可轻度肿大，整个肝叶有多个灰白色或奶油色 1 ～ 2 毫米坏死灶，在肝叶边缘更密集（见图 3-95）。肠管的病理组织学变化是黏膜固有层充血，单核细胞浸润，黏膜上皮纤毛萎缩，上皮细胞坏死。

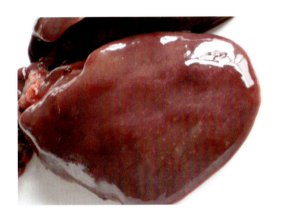
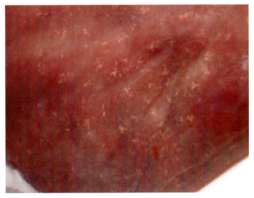

图 3-87　肝脏表面和实质内散布有多量星状坏死灶（右侧为放大的照片）（孙卫东 供图）

图 3-88　肝脏布满菜花样坏死区（孙卫东 供图）

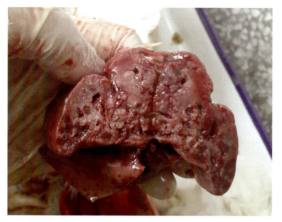

图 3-89　切面上深入肝脏实质的坏死灶（孙卫东 供图）

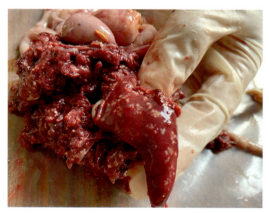

图 3-90　病鸡肝脏破裂（孙卫东 供图）

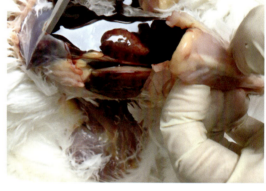

图 3-91　病鸡腹腔积聚大量血液（孙卫东 供图）

图 3-92　病鸡肝脏被膜下有大小不等的血凝块（孙卫东 供图）

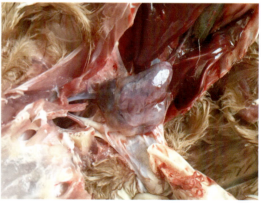

图 3-93　病鸡心冠脂肪消耗殆尽，心肌松软（孙卫东 供图）

图 3-94　病鸡卵巢可见卵泡萎缩退化，发黑（孙卫东 供图）

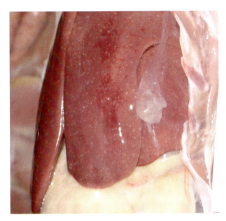

图 3-95　新型嗜热肝弯曲杆菌引起的斑点肝综合征（孙卫东 供图）

【诊断】根据临床症状和病理剖检变化可做出初步诊断。进一步对病鸡的肝、脾触片革兰染色后见阴性弯曲或逗点菌，从粪便、十二指肠和盲肠内容物中进行细菌分离培养，全身感染时也可从肝脏组织、胆汁、血液中进行细菌分离，对分离菌进行生化及表型鉴定，根据这些结果确诊。

【类症鉴别】本病出现的肝脏破裂、鸡冠苍白等症状与鸡住白细胞虫病、脂肪肝综合征的病变相似，其鉴别诊断见本章节中"脂肪肝综合征"部分的叙述。

【预防措施】目前还没有预防弯曲菌病的商品疫苗。规范的卫生和生物安全措施仍然是控制弯曲菌感染的有效途径。对鸡笼、用具、鸡舍等要做好消毒工作。粪便、垫料要及时清理，对病/死鸡、排泄物及被污染物作无害化处理。防止患病鸡与其他动物及野生禽类接触，加强饲养管理，提高鸡群抵抗力，从病原、宿主和传播途径3个方面入手研究鸡弯曲菌最新控制措施。

【注意事项】上市的肉鸡胴体或分割部分，加工后可用清水冲洗，并用0.5%乙酸或乳酸冲洗消毒，以减少加工过程中的污染，避免由食物传播引起人的弯曲菌病。

【安全用药】

（1）隔离病鸡，加强消毒　病鸡严格隔离饲养，鸡舍由原来1周消毒1次，改为1天带鸡消毒1次；用3%次氯酸和2%癸甲溴氨溶液交替消毒。水槽、食槽每天用消毒液清洗1次；环境用3%热苛性钠水溶液1～2天消毒1次。

（2）西药治疗　对病重鸡，每只鸡肌内注射氨苄青霉素5毫克，连用3～5天，同时用（氟）甲砜霉素水溶液饮用7天；或在每吨饲料中拌入500克强力霉素饲喂5天。对受威胁的临床健康鸡群在其饲料中拌入强力霉素（300克/吨）饲喂5～7天。

【注意事项】目前的研究表明弯曲菌的许多分离株已经对临床使用的抗菌药物产生耐药性，故建议有条件的规模化鸡场在日常监测中提前做好相关药物敏感试验，以备不时之需。

（3）中药治疗　用龙胆泻肝汤合郁金散加减：郁金300克、栀子150克、黄芩240克、黄柏240克、白芍240克、金银花200克、连翘150克、菊花200克、木通150克、龙胆草300克、柴胡150克、大黄200克、车前子150克、泽泻200克。按每只成年鸡2克/天，水煎饮用，1天1次，连用5天。

六、鸡坏死性肠炎

鸡坏死性肠炎是由A型或C型产气荚膜梭菌及其所产毒素引起的一种急性、非接触性传染病。临床上以突然发病、高死亡率和小肠黏膜坏死为特征，是一种散发病。

【病原】本病的病原是A型或C型产气荚膜梭菌，但直接致病因素则是由A型和C型产气荚膜梭菌产生的α毒素，以及C型产气荚膜梭菌产生的β毒素。α毒素是一种卵磷脂酶C，它能破坏细胞膜的结构，并有溶血作用，可引起黏膜功能的紊乱，而β毒素则可导致肠道黏膜发生典型的出血性坏死，这两种毒素均可在感染鸡的粪便中发现。本菌为厌氧菌，革兰染色阳性，两端粗大、钝圆，能产生荚膜，不易见芽孢，无鞭毛，生长特别快。

【流行特征】①易感动物：主要感染2周龄～6月龄的鸡，特别多见于2～5周龄的地面平养肉鸡，发病率为1.3%～37.3%，死亡率为5%～30%。②传染源：病鸡/带菌鸡的排泄物及带菌动物均是本病主要的传染源。③传播途径：该细菌在自然界广泛存在于土壤、污水、饲料和动物肠道，污染的饲料和垫料是传播本病的重要媒介，肠黏膜的损伤是本病的主要诱发因素，当禽类发生球虫、蛔虫、组织滴虫病等而引起肠道黏膜损伤时，经消化道传播。④诱发因素：突然更换饲料或饲料品质差，饲喂变质的鱼粉、骨粉等，鸡舍的环境卫生差，长时间饲料中添加土霉素等抗生素，可促使本病的发生。

【临床症状】鸡群突然发病，精神不振，羽毛蓬乱，食欲下降或不食，不愿走动，腹泻，粪便稀软，呈红褐色乃至黑色煤焦油样，有时可见脱落的肠道黏膜组织。多数鸡临床经过极短，常呈急性死亡。慢性病例生长发育受阻，体重减轻，贫血，逐渐衰竭死亡。死亡率不定，最高可达50%。近年来发现，由C型产气荚膜梭菌毒素引起中毒的鸡群中，部分病鸡出现头颈低垂前伸似蛇状，1～2天后头颈松软垂地，继而卧地不起（见图3-96），两腿后伸呈强直状，对驱赶等外界刺激无任何反应，应引起重视。

【剖检变化】病/死鸡剖检时可见嗉囊中仅有少量的食物，有较多的液体，打开腹腔时即闻到一种特殊的腐臭味。小肠表面污黑，肠道扩张，充满气体（见图3-97），肠壁增厚，肠内容物呈液体状，有泡沫（见图3-98），有时为栓子（见图3-99）或絮状。肠道黏膜有时有出血和坏死点（见图3-100），肠管脆，易碎，严重时黏膜呈弥漫性土黄色，干燥无光，黏膜呈严重的纤维素性坏死，并形成伪膜（见图3-101）。有时可见到肠道穿孔而引起的腹膜炎。有的病鸡的局部肠管出现较大的灰白色坏死灶（见图3-102），剖开肠管可见纤维素性坏死（见图3-103）。少数病例见肝脏肿大，表面有直径2～3毫米的圆形、黄白色坏死灶。

图3-96　C型产气荚膜梭菌毒素引起中毒的鸡的软颈（孙卫东 供图）

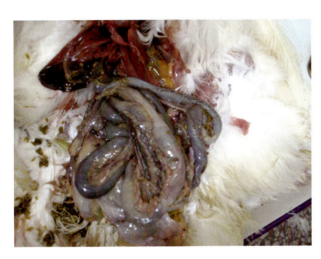

图3-97　病鸡小肠表面污黑，肠道扩张，臌气（孙卫东 供图）

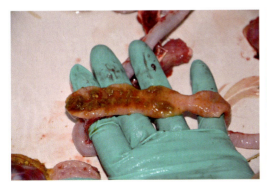

图3-98　剖开肠道见肠内容物呈液体，有泡沫（陈甫 供图）

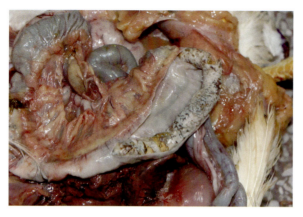

图 3-99　剖开肠道见凝固样的栓子（孙卫东 供图）

图 3-100　肠道黏膜有时有出血和坏死点（樊彦红 供图）

图 3-101　肠道黏膜有严重的纤维素性坏死，并形成伪膜（樊彦红 供图）

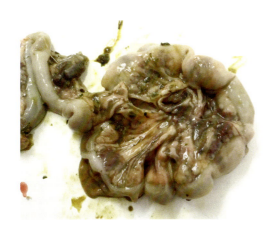

图3-102 病鸡的肠管出现多个大小不一的灰白色坏死灶（孙卫东 供图）

图3-103 剖开病鸡的肠管见纤维素性坏死灶（孙卫东 供图）

【诊断】根据临床症状和典型的病理剖检变化可做出初步诊断。确诊需要进行细菌的分离鉴定。检查肠内容物中的毒素有助于本病的诊断。

【类症鉴别】

1. 与溃疡性肠炎的鉴别

（1）相似点　肠道的病理剖检变化相似。

（2）不同点　溃疡性肠炎是由鹑梭状芽孢杆菌引起，其特征性病变为小肠后段和盲肠的多发性坏死和溃疡，以及肝坏死，打开腹腔后一般闻不到腐臭味。而坏死性肠炎的病变则局限在空肠和回肠，肝和盲肠很少发生病变。

2. 与小肠球虫的鉴别

（1）相似点　肠道的病理剖检变化相似。

（2）不同点　球虫的病变以肠黏膜的严重出血为特征，同时可通过粪便涂片或肠组织触片检查有无球虫卵囊得以鉴别。

【预防措施】应采取综合防控措施，减少诱发因素，包括做好饲养管理、及时清除粪便和更换垫料，做好地面的清洁消毒和环境消毒；预防小肠球虫病及其他肠道疾病，防止肠黏膜受损；饲喂全价饲料，防止维生素E和硒缺乏，不可突然更换饲料或盲目添加黄豆、小麦、鱼粉、猪油等高蛋白和高脂肪物质。添加泰乐菌素、阿莫西林、新霉素、林可霉素等抗菌药物，可降低鸡粪便中产气荚膜梭菌的数量，预防本病的发生。

【安全用药】饮水效果较好的药物有林可霉素、青霉素（用药剂量参考鸡葡萄球菌病治疗部分）、土霉素（用药剂量参考鸡白痢病治疗部分）、氟苯尼考（氟甲砜霉素）（用药剂量参考鸡大肠杆菌病治疗部分）、泰乐菌素（泰乐霉素、泰农）（用药剂量参考鸡慢性呼吸道病治疗部分）。应注意在治疗的同时给病鸡适当补充口服补液盐或电解质平衡剂；药物治疗后应在饲料中添加微生态制剂，连喂10天。

此外，有实验表明，临床上补充益生元（甘露寡糖等）或益生菌等物质，通过竞争排斥性治疗可有效降低肠道中产气荚膜梭菌的数量，减轻坏死性肠炎的病变程度，降低死亡率，提高生产性能。

【注意事项】在临床上由于球虫常与产气荚膜梭菌混合感染，故在形成治疗方案前应明确球虫是否是该病的触发或诱发因素。

七、念珠菌病

念珠菌病又称鹅口疮、消化道真菌病、念珠菌口炎、酸臭嗉囊病，是由白色念珠菌引起的禽类上消化道的一种霉菌性传染病。临床上以口腔、咽喉、食道和嗉囊黏膜形成白色伪膜和溃疡、嗉囊增大等为特征。本病还是一种内源性条件性真菌病，当菌群失调或宿主的抵抗力较弱时容易发病。

【病原】本病的病原是白色念珠菌，是半知菌纲念珠菌属的一种，形态与酵母相似，兼性厌氧。本病菌抵抗力不强，用3%～5%的来苏儿溶液对鸡舍、垫料进行消毒，可有效杀死该菌。

【流行特征】①易感动物：从育雏期到50日龄的肉鸡均可感染，4周龄以下的家禽感染本菌后会迅速大量死亡，但3月龄以上的家禽多数可康复。②传染源：病鸡/带菌鸡的分泌物及带菌动物均是本病主要的传染源。③传播途径：本菌广泛分布于自然界，病鸡通过带菌的粪便污染环境，包括垫料、饲料等，易感鸡通过摄食经消化道感染。本菌也存在于健康家禽的上消化道，当使用抗菌药物抑制了某些细菌的生长繁殖或由于饲养管理不当及饲料营养不全、患其他疾病等因素降低了禽体的抵抗力时，会发生本病的内源性感染。④流行季节：主要发生在夏秋两季。

【临床症状】从育雏转到中鸡期间，发现部分小鸡嗉囊稍胀大，但精神、采食及饮水都正常。触诊嗉囊柔软，触压时病鸡鸣叫、挣扎，从口腔内流出嗉囊中的黏液样内容物（见图3-104），有的病鸡将嗉囊中的液体吐到料槽中（见图3-105）。随后胀大的嗉囊愈来愈明显（见图3-106），但鸡的精神、饮水、采食仍基本正常，很少死亡，但生长速度明显减慢，肉鸡多在40～50日龄逐渐消瘦而死或被淘汰，蛋鸡在采取适当的治疗后可痊愈。有的病鸡在眼睑、口角部位出现痂皮样病变。病鸡绝食和断水24小时后，嗉囊增大症状可消失，但再次采食和饮水时又可增大。

【剖检变化】病/死鸡剖检可见：病鸡的嗉囊增大，消瘦（见图3-107），嗉囊内充满黄/白色絮状物（见图3-108）；口腔、舌面、咽喉、食道黏膜出现白色圆形凸出的溃疡和易于剥离的坏死物及白色、灰白色、黄色或褐色伪膜，伪膜剥离后留下红色的溃疡出血面；嗉囊有严重病变，黏膜粗糙增厚（见图3-109）；腺胃、肌胃有时可见灰白色圆形斑点覆盖。个别死雏肾肿色白，输尿管变粗，内积乳白色尿酸盐；其他脏器无特异性变化。

图 3-104　碰触病鸡的嗉囊，鸡从口腔排出黏液样嗉囊内容物（孙卫东 供图）

图 3-105　病鸡将嗉囊中的液体吐到料槽中（鲁宁 供图）

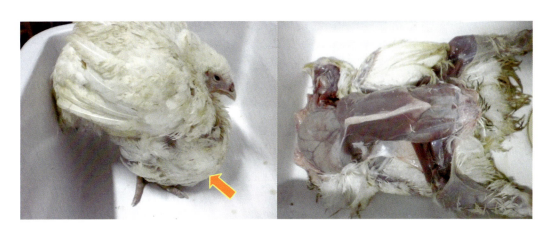

图 3-106　病鸡的嗉囊高度胀大并下垂（箭头方向）（孙卫东 供图）

图 3-107　病鸡的嗉囊增大、消瘦（孙卫东 供图）

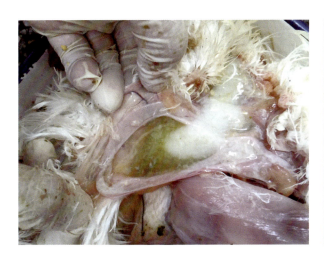

图 3-108　病鸡的嗉囊内充满黄/白色絮状物（左）或泡沫状物（右）（孙卫东 供图）

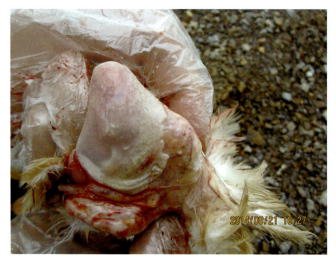
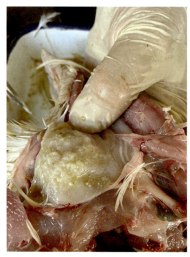

图 3-109　病鸡嗉囊黏膜粗糙增厚（孙卫东 供图）

【诊断】病禽上消化道黏膜出现特征性增生、溃疡灶及伪膜，常可作为本病的诊断依据，于病变组织和渗出物中发现酵母样菌体和假菌丝时即可确诊。

【类症鉴别】与鸡新城疫引起的嗉囊积液的鉴别

（1）相似点　有些感染鸡新城疫的病鸡出现嗉囊积液、膨大（见图 3-110），倒提鸡时从口腔流出黏液与本病相似。

（2）不同点　感染鸡新城疫的病鸡剖检时嗉囊黏膜光滑、无粗糙增厚，全身脏器出血及出现扭颈等神经症状。

【注意事项】在鸡病诊治的过程中，鸡念珠菌病的发生较为普遍，但在剖检过程中多数兽医临床工作者往往忽视检查嗉囊这一器官而造成误诊或漏诊。此外，传统文献没有说明或报道过鸡念珠菌病有肾脏病变的出现，但在剖检病雏的过程中发现 95% 以上的病鸡肾脏及输尿管均有明显的病变，该病变是原发性还是继发性有待进一步探讨与研究。该病出现的肾脏病变和少数病死鸡的腺胃病变在临床诊断中常易误诊为传染性腺胃炎、雏鸡病毒性肾炎、鸡肾型传染性支气管炎、霉菌毒素或药物引起的尿毒症等，须仔细鉴别。另外，该病的发生能抑制各种疫苗产生的抗体，影响多种治疗药物发生疗效，导致目前所出现的呼吸道病、腹泻病难以治疗，或者从临床上看似禽流感、类似新城疫、

图 3-110　感染鸡新城疫的病鸡出现嗉囊积液、膨大（孙卫东 供图）

类似法氏囊病，但治疗及用药都不能达到理想的疗效。

【预防措施】本病的发生与平时的环境卫生状况差及长期使用抗生素有密切关系。因此，在预防措施上应尽量避免拥挤、闷热、通风不良、密度过大、氨气浓度过高等。饮水

不卫生，或水线中的水滴到料槽中引起饲料变质、长期使用抗生素或维生素缺乏症等不利因素对本病具有诱发和促进作用。环境消毒时可选用碘制剂、甲醛或氢氧化钠等。潮湿雨季，在鸡的饮水中加入 0.02% 结晶紫，每星期喂 2 次可有效预防本病。

【安全用药】立即停用抗生素，鸡舍用 0.1% 的硫酸铜喷洒消毒，每天 1 次，饮水器具用碘消毒剂每天浸泡一次，每次 15～20 分钟，连用 3 天。鸡群用制霉菌素拌料喂饲，每千克饲料拌 100 万单位，连用 1～3 周。同时，让病鸡禁食 24 小时后，喂干粉料并在饲料中按说明书剂量加入酵母片、维生素 A 丸或乳化鱼肝油，每天 2 次。昼夜交替饮用硫酸铜溶液（3 克化学纯以上的硫酸铜加水 10 千克）和口服补液盐溶液（227 克加水 10 千克），连用 5 天。个体治疗时可将病禽的口腔黏膜的伪膜或坏死干酪样物刮除，溃疡病用碘甘油或 5% 甲紫涂擦，并向嗉囊中灌入适量的 2% 硼酸溶液。

八、球虫病

球虫病（coccidiosis）是由艾美耳属球虫（柔嫩艾美耳球虫、毒害艾美耳球虫等）引起的疾病的总称。临床上以贫血、消瘦和血痢等为特征。鸡球虫病分布广，是养鸡业中危害最严重的疾病之一，我国每年因球虫造成的损失高达数十亿元，故将其列为三类动物疫病。农业农村部将其列为《家禽产地检疫规程》的检疫疾病（农牧发〔2023〕16 号）。

【病原】本病的病原是鸡球虫，属于原生动物门顶复器亚门孢子纲真球虫目艾美耳科。目前世界上报道的球虫有 9 个种，包括堆型、布氏、哈氏、巨型、变位、和缓、毒害、早熟、和柔嫩艾美耳球虫。但也有学者认为只有 7 个种可靠，其中的变位和哈氏艾美耳球虫为无效种。在临床上危害最大的是毒害和柔嫩艾美耳球虫。卵囊对恶劣环境条件和消毒剂具有很强的抵抗力。在土壤中可存活 4～9 个月，在有树荫的运动场可存活 15～18 个月。但在垫料深部，常因干燥、氨气和消毒剂几种条件同时存在，结果使卵囊受到破坏，存活时间为 10～14 天。温暖潮湿的地区最有利于卵囊的孢子化，当气温 20～30℃时，一般只需 1～2 天就可形成孢子，但卵囊对高温、低温和干燥的抵抗力较弱。55℃以上和冰冻能很快将卵囊杀死，因此由孵化将球虫传给雏鸡的危险实际上是不存在的。

【流行特征】①易感动物：鸡是鸡球虫唯一的天然宿主。所有日龄和品种的鸡对球虫都易感染，但刚孵出的雏鸡由于小肠内没有足够的胰蛋白酶和胆汁使球虫脱去孢子囊，因而对球虫的易感性差。球虫病一般暴发于 3～6 周龄小鸡，很少见于 2 周龄以内的鸡群。堆型、柔嫩和巨型艾美耳球虫的感染常发生在 3～7 周龄鸡，而毒害艾美耳球虫常见于 6～18 周龄鸡。②传染源：病鸡、带虫鸡排出的粪便，耐过的鸡，可持续从粪便中排出球虫卵囊达 7.5 个月。③传播途径：凡被病鸡、带虫鸡的粪便或其他动物污染过的饲料、饮水、土壤或用具等，都可能有卵囊存在，易感鸡摄入有活力的卵囊，经消化道传播。苍蝇、暗黑甲虫、蟑螂、鼠类、野鸟、尘埃甚至人都可成为该寄生虫的机械性传播媒介。被苍蝇吸吮到体内的卵囊，可以在肠道内保持活力 24 小时。④流行季节：该病一年四季均可暴发流行。发病时间与温度和湿度密切相关，球虫通常在温暖的季节流行。在我国南方，从 3 月开始到 11 月末为流行季节，特别是 4～8 月潮湿多雨、气温较高时更为严重。

户外放牧饲养的鸡这种季节变化更为明显。

【临床症状】不同品种、年龄的鸡均有易感性，以 15～50 日龄鸡易感性最高，发病率高达 100%，死亡率 80% 以上。病愈后生长发育受阻，长期不能康复。成年鸡几乎不发病，多为带虫者，但增重和产蛋受到一定影响。其临床表现可分为急性型和慢性型。

（1）急性型　多见于 3～6 周龄鸡。在鸡感染球虫且未出现临床症状前，一般采食量和饮水明显增加，继而出现精神不振、食欲减退、羽毛松乱、缩颈闭目呆立（见图 3-111）；贫血，皮肤、冠和肉髯颜色苍白，逐渐消瘦（见图 3-112）。若为盲肠球虫病，病鸡排血样粪便，粪便呈淡红至鲜红色（见图 3-113），尾部羽毛被血液或被带血粪便污染（见图 3-114）；若为小肠球虫，病鸡可排出暗红色/巧克力色/酱油色（见图 3-115）、西红柿样（见图 3-116）粪便（毒害艾美耳球虫），橘红色（见图 3-117）或黏糊状（见图 3-118）粪便（非毒害艾美耳球虫）。病鸡后期甚至发生痉挛或昏迷，不久即死亡，其死亡率可高达 50% 以上。蛋鸡产蛋量下降，死亡率较低，但继发细菌感染而致肠毒血症时则死亡严重。病程数周或数月，且反反复复，饲料报酬低，生产性能降低。

图 3-111　病鸡食欲减退，羽毛松乱，缩颈闭目（孙卫东 供图）

图 3-112　病鸡的鸡冠和肉髯苍白、消瘦（孙卫东 供图）

图3-113　病鸡排出鲜血样粪便（孙卫东　供图）

图3-114　病鸡的尾部羽毛被血液或暗红色粪便污染（孙卫东　供图）

图3-115　病鸡排出暗红色／褐色粪便（孙卫东　供图）

图3-116　病鸡排出西红柿样粪便（孙卫东　供图）

图 3-117　病鸡排出橘红色粪便（吴志强 供图）

图 3-118　病鸡排出黏糊状粪便（吴志强 供图）

（2）慢性型　主要是由致病力中等的巨型、堆型艾美耳球虫感染所引起，多见于 1～5 个月的青年鸡或成鸡，症状与急性型类似，逐渐消瘦，间歇性腹泻，产蛋量减少或无产蛋高峰。病程数周或数月，饲料报酬低，生产性能降低，死亡率低。

【剖检变化】不同种类的艾美耳球虫感染后，在肠道的寄生部位不同，其病理变化也不同。

视频 3-16

（1）柔嫩艾美耳球虫　寄生于盲肠，致病力最强。盲肠肿大 2～3 倍，呈暗红色，浆膜外有出血点、出血斑（见图 3-119）；剪开盲肠，内有大量血液、血凝块（见图 3-120 和视频 3-16），盲肠黏膜出血（见图 3-121）、水肿和坏死，盲肠壁增厚；有的病例见肠黏膜坏死脱落与血液混合形成暗红色干酪样肠芯（见图 3-122）。

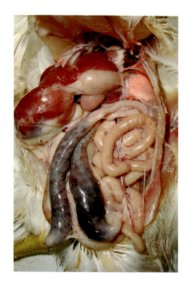
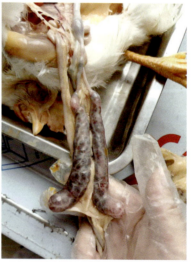

图 3-119　病鸡的盲肠肿大，呈暗红色，浆膜外有出血点、出血斑（孙卫东 供图）

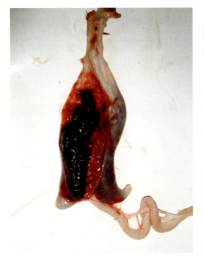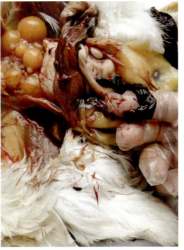

图 3-120　病鸡盲肠内有大量血液、血凝块（孙卫东 供图）

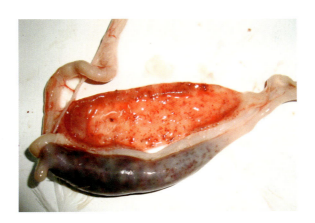

图 3-121　病鸡盲肠黏膜出血（孙卫东 供图）

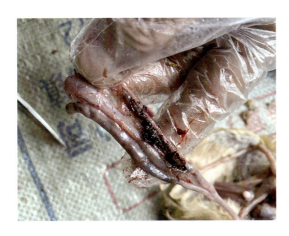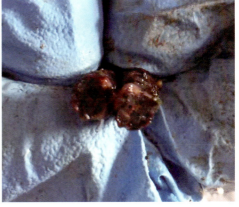

图 3-122　病鸡盲肠黏膜坏死脱落与血液混合形成暗红色干酪样物（左）或肠芯（右）

(2) 毒害艾美耳球虫 寄生于小肠的中 1/3 段，致病力强，其特点是病变肠管变粗、增厚，浆膜见许多小出血点（见图 3-123）或广泛出血（见图 3-124），肠内有凝血（见图 3-125）或西红柿样（见图 3-126）黏性内容物。重症者见肠壁外翻、增厚（见图 3-127），肠黏膜出现糜烂、溃疡（见图 3-128）或坏死（见图 3-129，视频 3-17 和视频 3-18）。

视频 3-17

视频 3-18

图 3-123　病鸡的小肠肠管变粗，浆膜上有许多小出血点（孙卫东 供图）

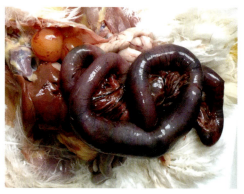

图 3-124　病鸡的小肠肠管变粗，浆膜严重出血（孙卫东 供图）

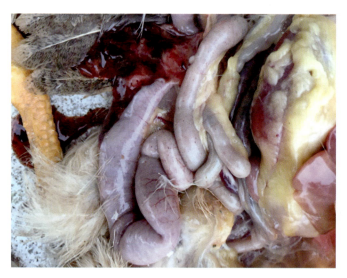

图 3-125　病鸡小肠内的血样内容物（孙卫东 供图）

(3) 巨型艾美耳球虫 主要损害肠管中段，表现为肠管扩张，肠壁增厚，肠道浆膜面可见灰白色的坏死点（见图 3-130），肠内容物呈淡黄色、淡褐色或淡红色，有黏性（见图 3-131），有时混有细小的血块，由于本虫有特征性的大卵囊，较易鉴别。

图 3-126　病鸡小肠内的西红柿样内容物
（孙卫东 供图）

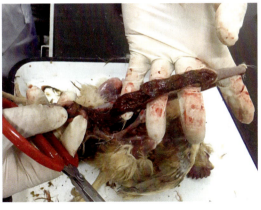

图 3-127　病鸡的小肠黏膜增厚、外翻
（孙卫东 供图）

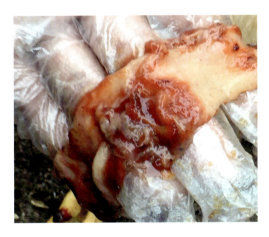

图 3-128　病鸡的小肠黏膜糜烂、溃疡
（孙卫东 供图）

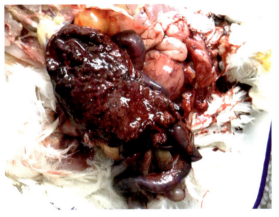

图 3-129　病鸡的小肠黏膜坏死
（孙卫东 供图）

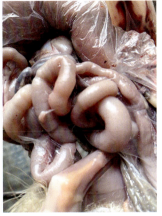

图 3-130　肠管扩张，浆膜面可见灰白色的坏死点（孙卫东 供图）

 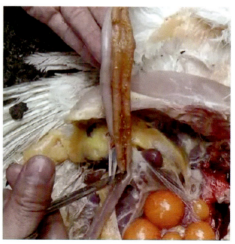

图 3-131 肠内容物呈淡黄色、淡褐色或淡红色（孙卫东 供图）

（4）堆型艾美耳球虫 寄生于十二指肠及小肠前段，其病变可从十二指肠的浆膜面观察到，病初肠黏膜变薄，覆有横纹状的白斑，外观呈梯状（见图 3-132）；肠道苍白，含水样液体。轻度感染的病变仅限于十二指肠肠袢，每平方厘米只有几个斑块；但在严重感染时，病变可沿小肠扩张一段距离，并可融合成片。本球虫可引起胡萝卜素的吸收减少而引起皮肤褪色。

 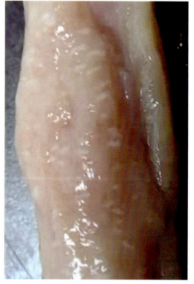

图 3-132 肠道覆有横纹状的白斑，外观呈梯状（孙卫东 供图）

（5）和缓艾美耳球虫 主要侵害十二指肠和小肠前段，特征性病理变化是肠壁发生大头针样红色圆形出血斑点。可能引起肠黏膜的卡他性炎症（见图 3-133）。

(6) 哈氏艾美耳球虫 寄生在小肠前段，致病力较低，可能引起肠黏膜的卡他性炎症。

(7) 早熟艾美耳球虫 寄生在小肠前1/3段，致病力低，一般无肉眼可见的病变。

(8) 布氏艾美耳球虫 寄生于小肠后段，盲肠根部，有一定的致病力，主要引起卡他性肠炎，肠管变厚，排出带血的稀粪，精神不振，但持续数天后可逐渐恢复。

(9) 变位艾美耳球虫 寄生于小肠、直肠和盲肠，有一定的致病力，轻度感染时肠道的浆膜和黏膜上出现单个、包含卵囊的斑块，严重感染时可出现散在或集中的斑点（见图3-134）。病鸡的心脏等脏器往往有结节状裂殖体（见图3-135和图3-136）。

此外，在临床上也可见小肠球虫和盲肠球虫同时感染（见图3-137），或小肠球虫混合感染的病例。

图 3-133　病鸡肠道黏膜卡他性炎症（孙卫东 供图）

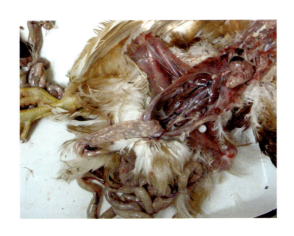

图 3-134　病鸡直肠黏膜的丘疹样变化（孙卫东 供图）

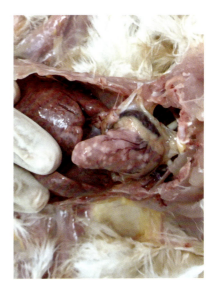

图 3-135　病鸡心脏上由裂殖体引起的结节外观（孙卫东 供图）

【诊断】本病多发生于温暖潮湿季节，以3月龄以内，尤其是21～45日龄的幼鸡最易感染，发病率和死亡率高。病鸡精神沉郁，羽毛松乱，黏膜及冠苍白，泄殖腔周围羽毛为稀粪沾染，有的鸡运动失调、翅轻瘫和下血痢，剖检见盲肠和小肠有典型病变。基于上述情况可做出初步诊断。再用显微镜检查粪便或肠黏膜刮取物，发现球虫卵囊、裂殖体或裂殖子，即可确诊。

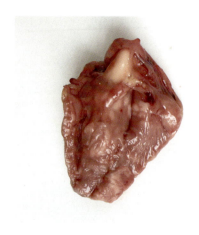
图3-136 病鸡心内膜上由裂殖体引起的结节外观(孙卫东 供图)

图3-137 病鸡同时感染小肠球虫和盲肠球虫(孙卫东 供图)

【类症鉴别】

1. 与鸡副伤寒的鉴别

(1) 相似点 在肠道黏膜有出血点。

(2) 不同点 鸡患副伤寒时,在十二指肠及其后面小肠的浆膜面上往往有芝麻粒大小的出血斑点(见图3-138),而非针尖样出血点;剖开肠管时见肠壁外翻,肠道黏膜有芝麻粒大小出血斑点,肠内容物不含血凝块或血水(见图3-139)。

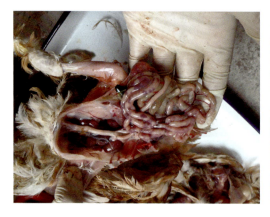
图3-138 病鸡十二指肠及其后面小肠的浆膜面上有芝麻粒大小的出血斑点(孙卫东 供图)

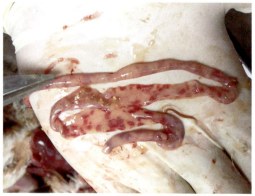
图3-139 病鸡十二指肠及其后面小肠黏膜上有芝麻粒大小的出血斑点(孙卫东 供图)

2. 与鸡肠毒综合征的鉴别

(1) 相似点 病鸡排出橘红色或西红柿样粪便。

(2) 不同点　鸡患肠毒综合征时，可排出橘红色或西红柿样粪便，但其在十二指肠及其后面小肠的浆膜面很少出现针尖样出血/坏死点；剖开肠管时见肠壁韧性下降，用手轻拉易断，肠道黏膜脱落，肠内容物呈黏脓样（见图3-140）。

此外，本病排血便（西红柿样粪便）和肠道出血症状与维生素K缺乏症、出血性肠炎、鸡坏死性肠炎、鸡组织滴虫病等出现的症状相似，应注意区别；本病出现的鸡冠、肉髯苍白症状与鸡传染性贫血、磺胺药物中毒、住白细胞虫病、蛋鸡脂肪肝综合征、维生素B_{12}缺乏症等出现的症状相似，应注意区别；本病表现出的过料、水样粪便表现与雏鸡开口药药量过大、氟苯尼考加量使用导致维生素B族缺乏、肠腔缺乏有益菌等的表现类似，应注意区别。

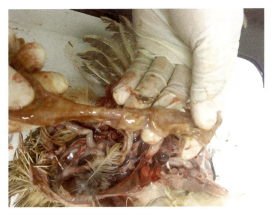

图3-140　病鸡肠道黏膜脱落，肠内容物呈黏脓样（孙卫东 供图）

【预防措施】

(1) 免疫接种　疫苗分为强毒卵囊苗和弱毒卵囊苗两类，疫苗均为多价苗，包含柔嫩、堆型、巨型、毒害、布氏、早熟等主要虫种。疫苗大多采用喷料或饮水，球虫苗（1～2头份）喷料接种可于1日龄进行，饮水接种须推迟到5～10日龄进行。鸡群在地面垫料上饲养的，接种一次卵囊；笼养与网架饲养的，首免之后间隔7～15天进行二免。疫苗免疫前后应避免在饲料中使用抗球虫药物，以免影响免疫效果。

【注意事项】①球虫病的免疫机制与病毒和细菌病有差异。一般认为，鸡球虫病的免疫是机体的一种综合性免疫反应，其中以T淋巴细胞为主的局部细胞免疫起重要作用。体液免疫应答只有在细胞免疫应答发生的同时协同发生，对球虫侵入发生作用。②球虫的免疫有种的特异性，且只有活的卵囊才能产生免疫。③多数球虫一次感染后，鸡只产生的免疫力是有限和暂时的，需要重复感染2～3次，才能建立坚强的抗球虫免疫力。

(2) 药物预防　①蛋鸡的药物预防：可从10～12日龄开始，至70日龄前后结束，在此期间持续用药不停；也可选用两种药品，间隔3～4周轮换使用（即穿梭用药）。②肉鸡的药物预防：可从1～10日龄开始，至屠宰前休药期为止，在此期间持续用药不停。③蛋鸡与肉鸡若是笼养，或在金属网床上饲养，可适当使用药物预防（尤其是鸡笼高度较低的鸡群）。

(3) 平时的饲养管理　鸡群要全进全出，鸡舍要彻底清扫、消毒（有条件时应使用火焰消毒），保持环境清洁、干燥和通风，在饲料中保持有足够的维生素A和维生素K等。同一鸡场，应将雏鸡和成年鸡分开饲养，避免耐过鸡排出的病原传给雏鸡。

【安全用药】用药后应及时清除鸡群排出的粪便，将粪便堆积发酵，同时将粪便污染的场地进行彻底消毒，避免二次感染。为防止球虫在接触药物后产生耐药性，应采用穿梭用药、轮换用药或联合用药方案；抗球虫药物在治疗球虫病时易破坏肠内的微生物区系，故在喂药后饲喂1～2天微生态制剂（益生素）；抗球虫药会影响机体维生素的吸收，在治疗过程中应在饲料或饮水中补充适量的维生素/电解多维。

（1）用 2.5% 妥曲珠利（百球清、甲基三嗪酮）溶液混饮（25 毫克/升）2 天。说明：也可用 0.2%、0.5% 地克珠利（球佳杀、球灵、球必清）预混剂混饲（1 克/千克饲料），连用 3 天。注意：0.5% 地克珠利溶液，使用时现用现配，否则影响疗效。

（2）用 30% 磺胺氯吡嗪钠（三字球虫粉）可溶粉混饲（0.6 克/千克饲料）3 天，或混饮（0.3 克/升）3 天，休药期 5 天。说明：也可用 10% 磺胺喹沙啉（磺胺喹噁啉钠）可溶性粉，治疗时常采用 0.1% 的高浓度，连用 3 天，停药 2 天后再用 3 天，预防时混饲（125 毫克/千克饲料）。磺胺二甲基嘧啶按 0.1% 混饮 2 天，或按 0.05% 混饮 4 天，休药期 10 天。

（3）20% 盐酸氨丙啉（安保乐、安普罗铵）可溶性粉混饲（125～250 毫克/千克饲料）3～5 天，或混饮（60～240 毫克/升）5～7 天。说明：也可用鸡宝 -20（每千克含氨丙嘧吡啶 200 克、盐酸呋吗吡啶 200 克），治疗量混饮（60 克/100 升水）5～7 天。预防量减半，连用 1～2 周。

（4）用 20% 尼卡巴嗪（力更生）预混剂肉禽混饲（125 毫克/千克饲料），连用 3～5 天。

（5）用 1% 马杜霉素铵预混剂混饲（肉鸡 5 毫克/千克饲料），连用 3～5 天。

（6）用 25% 氯羟吡啶（克球粉、可爱丹、氯吡醇）预混剂，混饲（125 毫克/千克饲料），连用 3～5 天。

（7）用 5% 盐霉素钠（优素精、沙里诺霉素）预混剂，混饲（60 毫克/千克饲料），连用 3～5 天。说明：也可用 10% 甲基盐霉素（那拉菌素）预混剂（禽安），混饲（60～80 毫克/千克饲料），连用 3～5 天。

（8）用 15% 或 45% 拉沙洛西钠（拉沙菌素、拉沙洛西）预混剂（球安），混饲（75～125 毫克/千克饲料），连用 3～5 天。

（9）用 5% 赛杜霉素钠（禽旺）预混剂，混饲（肉禽 25 克/千克饲料），连用 3～5 天。

（10）用 0.6% 氢溴酸常山酮（速丹）预混剂，混饲（3 毫克/千克饲料），连用 5 天。

此外，可用 25% 二硝托胺（球痢灵）预混剂，治疗时混饲（250 毫克/千克饲料）或预防时混饲（125 毫克/千克饲料）；盐酸氯苯胍（罗本尼丁）片内服（10～15 毫克/千克体重），10% 盐酸氯苯胍预混剂混饲（30～60 克/千克）；乙氧酰胺苯甲酯混饲（4～8 克/千克饲料）。

【注意事项】

（1）预防 ①把握鸡群中球虫卵囊数量的增长规律（见图 3-141）。②疫苗免疫应控制好鸡舍的温度、湿度等条件，避免免疫后 2 周暴发球虫病。③药物预防是防控本病的关键，一旦发病再治疗为时已晚，此时治疗需要适当使用一些抗菌药物，防止因球虫导致肠道上皮损伤引起细菌继发感染。

视频 3-19

视频 3-20

（2）毒性反应 使用（甲基）盐霉素等聚醚类抗球虫药物时应注意与治疗支原体病药物（如泰妙菌素、枝原净）等的药物配伍中毒反应。具体表现（见视频 3-19 和视频 3-20）为病鸡食欲、饮欲下降，病鸡鸡冠发绀（见图 3-142），站立不稳、蹲伏（见图 3-143）或瘫痪（见图 3-144）；剖检见腿肌轻度出血（见图 3-145），心肌变性（见图 3-146），胆囊肿大（见图 3-147），公鸡睾丸出血（见图 3-148），法氏囊轻度肿大、内有黏性分泌物（见图 3-149），脑盖骨及小脑出血（见图 3-150）等。治疗应立即停止饲喂含

（甲基）盐霉素等聚醚类抗球虫药物的饲料或治疗支原体所用的泰妙菌素、枝原净等药物，立即让病鸡饮用 5% 的葡萄糖溶液、1% 的维生素 C 溶液，有一定的作用。

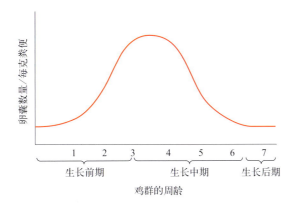

图 3-141 鸡群中球虫卵囊的增长规律（孙卫东 供图）

图 3-142 病鸡鸡冠发绀（孙卫东 供图）

图 3-143 病鸡站立不稳、蹲伏（孙卫东 供图）

图 3-144 病鸡瘫痪（孙卫东 供图）

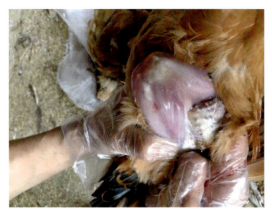
图 3-145　病鸡腿肌轻度出血（孙卫东 供图）

图 3-146　病鸡心肌变性（孙卫东 供图）

图 3-147　病鸡胆囊肿大（孙卫东 供图）

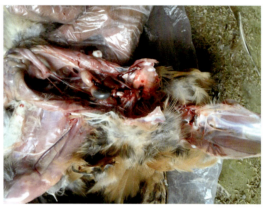
图 3-148　病鸡睾丸出血（孙卫东 供图）

图 3-149　病鸡法氏囊轻度肿胀、出血，内有黏性分泌物（孙卫东 供图）

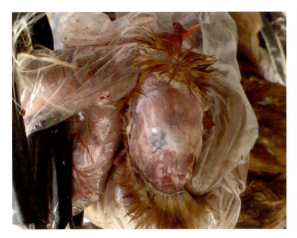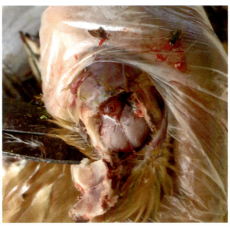

图 3-150　病鸡小脑出血（孙卫东 供图）

九、鸡蛔虫病

鸡蛔虫病（Ascariasis）是由鸡蛔虫引起的一种线虫病，是鸡吞食了感染性虫卵或啄食了携带感染性虫卵的蚯蚓而引起。临床上以鸡消瘦、生长缓慢，甚至因肠道阻塞而死亡为特征。该病分布分布于全国各地，是一种常见的寄生虫病，在大群饲养的情况下，常影响雏鸡的生长发育，甚至引起大批死亡，造成严重损失。

【病原】本病的病原是鸡蛔虫，属于禽蛔科禽蛔属，是寄生于鸡体内最大型的一种线虫，呈黄白色，表皮有横纹，头端有三个唇片。蛔虫属直接发育型，不需要中间宿主。雌虫在小肠内产卵，随粪便排出体外，在有氧及适宜的温度和湿度条件下，经 17～18 天，卵内形成幼虫，幼虫蜕化后仍驻留壳内，此即感染性虫卵。鸡吞食了被感染性虫卵污染的饲料和饮水而感染。蛔虫卵对外界环境因素和常用的消毒药物抵抗力很强，但对干燥和高温（50℃以上）敏感，特别是在阳光直射、沸水处理和粪便堆沤等情况下，可迅速死亡。在阴暗潮湿的地方可生存很长时间，感染性虫卵在土壤内一般可存活 6 个月。

【流行特征】①易感动物：4 月龄内的鸡易受侵害，病情也较重，雏鸡只要有 4～5 条、青年鸡只需要 15～25 条成虫寄生即可明显发病。超过 6 月龄的鸡抵抗力较强，12 月龄以上的鸡多为带虫者。②传染源：病鸡、带虫鸡排出的粪便。③传播途径：自然感染主要通过感染性虫卵污染的饲料和饮水，间或由于啄食体内带有感染性虫卵的蚯蚓而感染。④流行季节：该病一年四季均可发生。特别是 4～8 月潮湿多雨、气温较高时更为严重，户外放牧饲养的鸡这种季节变化更为明显。

【临床症状】病鸡表现食欲减退，精神委顿，不爱活动，羽毛松乱，发育不良。早期耳垂颜色变淡发白（见图 3-151），后期鸡冠颜色变淡/苍白，倒伏（见图 3-152）。有的病鸡腹泻，排细条状黄白色或淡红色结节状粪便（见图 3-153），渐渐消瘦，甚至死亡。有些病鸡可出现躯干羽毛掉落（见图 3-154）。蛋鸡/种鸡感染可表现为腹泻、产蛋量下降和贫血等。

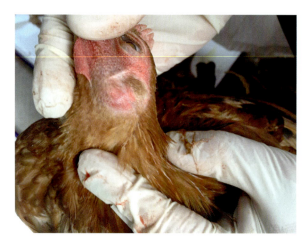

图 3-151　病鸡耳垂颜色变淡发白（孙卫东 供图）

图 3-152　病鸡耳垂苍白，鸡冠颜色变淡、倒伏（孙卫东 供图）

图 3-153　病鸡排细条状黄白色（左）或淡红色（右）结节状粪便（孙卫东 供图）

图 3-154　病鸡躯干的羽毛易掉落（孙卫东 供图）

【剖检变化】病/死鸡剖检时可见消瘦（见图 3-155），在小肠可见到肠内蛔虫（见图 3-156 和图 3-157），有的甚至充满整个肠管（见图 3-158），肠内容物呈橘黄色（见图 3-159）；蛔虫偶见于食道、嗉囊、肌胃（见图 3-160）、输卵管和体腔。蛔虫的虫体呈黄白色（见图 3-161 和视频 3-21），表面有横纹（见图 3-162）。雄虫长 27～70 毫米、宽 0.09～0.12 毫米，尾端有交合刺（见图 3-163）；雌虫长 60～116 毫米、宽 0.9 毫米。

视频 3-21

【诊断】由于本病症状缺乏特异性，故需要进行粪便涂片镜检检查虫卵，同时结合剖检所见进行诊断。

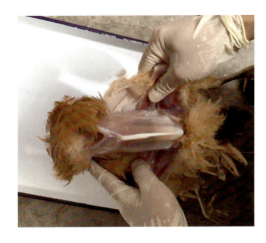

图 3-155　病鸡肠管内的蛔虫虫体外观（孙卫东 供图）

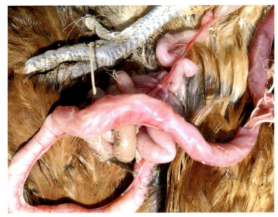

图 3-156　病鸡肠管内的蛔虫虫体外观（孙卫东 供图）

图 3-157　病鸡十二指肠后肠管内的蛔虫虫体、肠管外翻（孙卫东 供图）

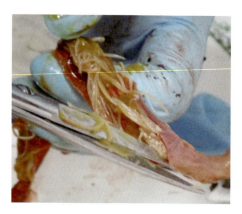

图 3-158　病鸡小肠内充满蛔虫虫体（孙卫东 供图）

图 3-159　病鸡肌胃内的蛔虫虫体（孙卫东 供图）

图 3-160　病鸡肌胃内的蛔虫虫体（孙卫东 供图）

图 3-161　从肠道取出的蛔虫虫体呈黄白色（孙卫东 供图）

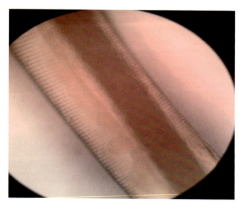

图 3-162　蛔虫虫体的表面有横纹（孙卫东 供图）

【类症鉴别】鸡蛔虫和鸡异刺线虫的幼虫和虫卵很相似，应注意区别。鸡蛔虫卵长70～80微米、宽47～51微米，椭圆形，较扁圆；鸡异刺线虫卵长50～70微米、宽30～39微米，椭圆形，但较长。鸡蛔虫幼虫尾部短，急行变尖；鸡异刺线虫幼虫尾部较长，逐渐变尖。

【预防措施】

（1）加强饲养管理　改善环境卫生，每天清除鸡舍内外的积粪，粪便应堆集发酵。雏鸡与成年鸡应分群饲养，不共用运动场。在该病流行的鸡场，其料槽和饮水器应每个1～2周用沸水清洗消毒1次。在饲料中适当增加维生素A和B族维生素，可防止或减轻感染。

（2）预防性驱虫　对有蛔虫病流行的鸡场，每年应进行2～3次定期驱虫。雏鸡在2月龄左右进行第1次驱虫，第2次在冬季进行；成年鸡的驱虫第1次在10～11月份，第2次在春季产蛋季节前1个月进行。

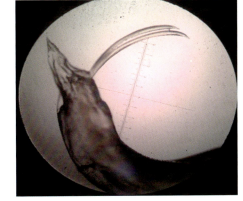

图3-163　蛔虫雄虫虫体的尾端有交合刺
（孙卫东 供图）

【安全用药】用药期间应尽可能将鸡群圈养4～5天，并及时清除鸡群排出的粪便，将粪便堆积发酵，同时将粪便污染的场地进行彻底消毒，避免二次感染。

（1）驱蛔灵（枸橼酸哌哔嗪）　按1千克体重250毫克，空腹时拌于少量饲料中一次性投喂，或配成1%的水溶液任其饮服，但药物必须在8～12小时内用完，且应在用药前禁食（饮）一夜。

（2）驱虫净（四咪唑）　按1千克体重40～60毫克，空腹时逐个鸡灌服；或按1千克体重60毫克，混于少量饲料中喂给。也可用左旋咪唑（左旋咪唑、左咪唑），内服（25毫克/千克体重），或拌于少量饲料中内服，或用5%的注射液肌注（0.5毫升/千克体重）；丙硫咪唑，一次口服（25毫克/千克体重）；阿苯达唑，一次口服（10～20毫克/千克体重）；丙氧咪唑，一次口服（40毫克/千克体重）。以上药物一次口服往往不易彻底驱除，间隔2周后再重复用药1次。

（3）潮霉素B（效高素）　1.76%潮霉素B预混剂按1千克饲料8～12克混饲，休药期3天。

（4）越霉素A（得利肥素）　20%越霉素A预混剂按1千克饲料5～10毫克混饲。产蛋鸡禁用，休药期3天。

（5）伊维菌素（害获灭、杀虫丁、伊福丁、伊力佳）或阿维菌素（阿福丁、虫克星、阿力佳）　1%伊维菌素注射液按1千克体重0.2～0.3毫克一次皮下注射或内服量。

十、绦虫病

鸡绦虫病（cestodiasis）是由戴文科赖利属的多种绦虫寄生于鸡的肠道引起的一类寄

生虫病。本病为全球分布,几乎所有养鸡的地方都有存在,特别是对放养鸡的威胁较大,严重感染时会引起鸡群大批发病死亡。

【病原】常见种是棘沟赖利绦虫、四角赖利绦虫和有轮赖利绦虫。其中间宿主为蚂蚁、蝇、甲虫和鞘翅目昆虫。

【流行特征】①易感动物:各种年龄的鸡都能感染,但易感性最高的是孵出后17天的雏鸡,最高死亡率出现在25～40日龄鸡,在饲养管理条件低劣的鸡场更利于该病的流行。若采用笼养或能隔绝含囊尾蚴的中间宿主蚂蚁、蜗牛和甲虫的舍养鸡群,则发病率较低。②传染源:病鸡、带虫鸡排出的粪便。③传播途径:自然感染主要通过吞食了含有似囊尾蚴的蚂蚁等后,中间宿主在消化道内被消化,逸出的似囊尾蚴,用吸盘和顶突固着于小肠壁上,经19～23天发育为成虫,并能见到孕节片随鸡粪排出。④流行季节:该病一年四季均可发生。

视频 3-22

视频 3-23

【临床症状】由于绦虫的品种不同,感染鸡的症状也有差异。病鸡共同表现有可视黏膜苍白或黄染、精神沉郁、羽毛蓬乱、缩颈垂翅、采食减少、饮水增多、肠炎、腹泻,有时带血。病鸡消瘦、大小不一(见图3-164)。有的绦虫产物能使鸡中毒,引起腿脚麻痹,头颈扭曲,进行性瘫痪(甚至劈叉)等症状(见图3-165和视频3-22);有些病鸡因瘦弱、衰竭而死亡。感染病鸡一般在下午2～5时排出绦虫节片。一般在感染初期(感染后50天左右)节片排出最多(见图3-166和视频3-23),以后逐渐减少。

图 3-164　病鸡消瘦、大小不一
(孙卫东 供图)

图 3-165　有的病鸡瘫痪呈"劈叉"姿势
(孙卫东 供图)

【剖检变化】剖检病/死鸡可见机体消瘦,可视黏膜苍白、黄染。在小肠内发现大型绦虫的虫体(见图3-167),严重时可阻塞肠道,但有的病鸡的虫体较小(见图3-168),其他器官无明显的眼观变化(见图3-169)。绦虫似面条,乳白色,不透明,扁平,虫体可分为头节、颈与链体三部分(见视频3-24)。小型绦虫则要用放大镜仔细寻找,也可将剪开的肠管平铺于玻璃皿中,滴少

视频 3-24

许清水,看有无虫体浮起。肠黏膜肥厚,肠腔内有大量黏液、恶臭。棘沟赖利绦虫感染时,肠壁上有结核样结节,结节中间有黍粒大的凹陷,在此常有虫体存在,或填充着黄褐色凝乳样栓塞物,也有变化为疣状溃疡者。

图 3-166　病鸡粪便上的白色绦虫节片(肖宁 供图)

图 3-167　病鸡小肠内发现绦虫虫体
（孙卫东 供图）

图 3-168　病鸡小肠内发现小的绦虫虫体
（孙卫东 供图）

【诊断】检查粪便,发现赖利绦虫节片或虫卵,即可诊断。值得注意的是,有轮赖利绦虫的孕节片为周期性排出,开始排出大量节片,以后极少或无节片排出。本病难以确诊时,可结合剖检或诊断性驱虫,发现虫体即可确诊。

【类症鉴别】与鸡马立克病的鉴别

(1) 相似点　病鸡消瘦、腿脚麻痹,进行性瘫痪,呈"劈叉"姿势。

(2) 不同点　马立克病鸡的腿脚麻痹是由于坐骨神经脱髓鞘引起的,其向后的一肢往往无支撑作用(见图 3-170),且会出现坐骨神经肿大(见图 3-171)。此外,其内脏多个器官常常有可见的肿瘤结节。

图 3-169　病鸡的内脏器官无明显的眼观变化（孙卫东 供图）

图 3-170　马立克氏病鸡呈"劈叉"姿势（孙卫东 供图）

图 3-171　马立克氏病鸡坐骨神经肿胀（李银 供图）

【预防措施】

请参考鸡蛔虫病预防部分的叙述。

【安全用药】用药期间应尽可能将鸡群圈养 4～5 天，并及时清除鸡群排出的粪便，将粪便堆积发酵，同时将粪便污染的场地进行彻底消毒，避免二次感染。

(1) 丙硫苯咪唑　按 1 千克体重 15～25 毫克，一次内服。

(2) 灭绦灵（氯硝柳胺）　按 1 千克体重 50～100 毫克，一次内服。

(3) 硫双二氯酚（别丁）　按 1 千克体重 100～200 毫克，一次内服。小鸡用量酌减。

(4) 氢溴酸槟榔碱　按 1 千克体重 3 毫克一次内服；或配成 0.1% 水溶液饮服。

(5) 吡喹酮　按 1 千克体重 10～20 毫克一次内服，对绦虫成虫及未成熟虫体有效。

【注意事项】据观察，鸡饥饿 24～48 小时，能使有轮赖利绦虫整个链体排出，唯头节尚存，当鸡进食后，节片又逐渐生出，故不能用饥饿方法来进行驱虫。

十一、鸡组织滴虫病

鸡组织滴虫病又称盲肠肝炎或黑头病，是由火鸡组织滴虫寄生于鸡盲肠和肝脏而引起的一种急性寄生虫病。临床上以肝脏表面扣状坏死和盲肠发炎溃疡、渗出物凝固等为特征。本病对黄羽肉鸡、肉种鸡和蛋鸡的危害大，除导致死亡和淘汰率高外，还长期影响鸡的生产性能。

【病原】本病的病原是火鸡组织滴虫，属于组织滴虫属。该虫为多形性虫体，根据寄生部位分为肠型虫体和组织型虫体。组织滴虫以二分裂法繁殖，但流行传播较为复杂。组织滴虫可进入异刺线虫体内，在其卵巢中繁殖，并进入卵内，且与养鸡场土壤中存在的蚯蚓密切相关。

【流行特征】①易感动物：2周龄到4月龄鸡均可感染，但4～6周龄鸡和3～12周龄火鸡易感性最强，死亡率也最高。成年鸡也可以发生，但呈隐性感染，并成为带虫者。②传染源：病鸡、带虫鸡排出的粪便。③传播途径：该寄生虫主要通过消化道感染，此外蚯蚓、蚱蜢、蝇类、蟋蟀等由于吞食了土壤中的异刺线虫虫卵和幼虫，而使它们成为机械的带虫者，当幼鸡吞食了这些昆虫后，单孢虫即逸出，并使幼鸡发生感染。④流行季节：本病多发生于夏季。⑤诱发因素：鸡群的管理条件不良、鸡舍潮湿、过度拥挤、通风不良、光线不足、饲料质量差、营养不全、饲料中营养缺乏特别是维生素A缺乏等，都可促使本病的流行。

【临床症状】本病的潜伏期15～21天，最短5天。病鸡表现为不爱活动，嗜睡，食欲减少或废绝，衰弱，贫血，消瘦，翅下垂，身体蜷缩，腹泻，粪便呈淡黄色或淡绿色。严重者粪带血色，甚至排出大量血液。随着病程的发展，病鸡头部皮肤、冠及肉髯严重发绀，呈紫黑色，故有"黑头病"之称。病程1～3周，死亡率可达10%～20%，甚至超过30%。

【剖检变化】病/死鸡剖检见肝肿大，表面形成圆形或不规则、中央凹陷、黄色或黄褐色的溃疡灶（见图3-172），溃疡灶数量不等，有时融合成大片溃疡区（见图3-173）。盲肠高度肿大，肠壁肥厚、紧实像香肠一样（见图3-174），肠内容物干燥坚实，成为干酪样的凝固栓子（见图3-175），横切栓子，切面呈同心层状，中心有黑色的凝固血块，外周为灰白色或淡黄色渗出物和坏死物。急性病鸡见一侧或两侧盲肠肿胀，呈出血性炎症，肠腔内含有血液（见图3-176）。严重病鸡盲肠黏膜发炎出血（见图3-177），形成溃疡（见图3-178），会发生盲肠壁穿孔，引起腹膜炎而死。有些病例还可在盲肠黏膜（见图3-179）及盲肠内容物（见图3-180）中发现异刺线虫。

 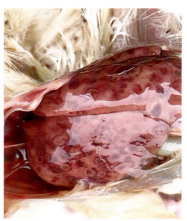

图3-172　肝脏上的不规则、黄色或黄褐色的溃疡灶（宋增财 供图）

图 3-173　肝脏上有大小不一溃疡灶，有时融合成大片的溃疡区（李银　供图）

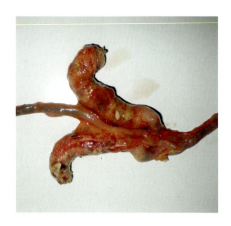

图 3-174　盲肠高度肿大，像香肠一样（秦卓明　供图）

图 3-175　盲肠内容物为干酪样的凝固栓子（宋增才　供图）

图 3-176　急性病鸡见一侧盲肠肿胀，一侧肠腔内有血液（秦卓明　供图）

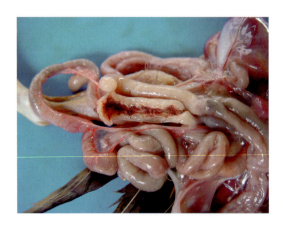

图 3-177　重病鸡盲肠黏膜发炎出血（程龙飞　供图）

图 3-178　重病鸡盲肠黏膜形成溃疡（李银　供图）

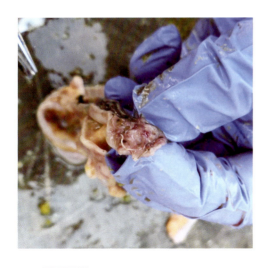

图 3-179　病鸡盲肠黏膜上的异刺线虫（孙卫东 供图）

图 3-180　病鸡盲肠内容物中的异刺线虫（孙卫东 供图）

【诊断】解剖病死鸡，发现本病典型病变，一般可做出初步诊断，确诊应进行病原检查。具体方法是：用40℃的生理盐水稀释盲肠黏膜刮下物，制成悬滴标本，置显微镜下观察，发现呈钟摆样运动的肠型虫体；或取肝脏组织印片，经吉姆萨染色液染色后镜检，发现组织型虫体，即可确诊。

【类症鉴别】

1. 与沙门菌病的鉴别

（1）相似点　感染沙门菌的雏鸡出现盲肠肿胀，内有干酪样渗出物（见图3-181）；青年鸡或成年鸡盲肠肿胀呈香肠样（见图3-182）。

图 3-181　雏鸡感染沙门菌后盲肠肿胀，内有干酪样渗出物（孙卫东 供图）

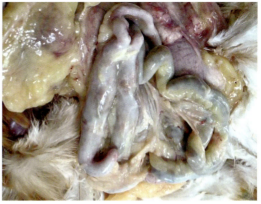

图 3-182　青年鸡感染沙门菌后盲肠肿胀呈香肠样（孙卫东 供图）

（2）不同点　感染沙门氏菌鸡的肝脏表面不形成圆形或不规则、中央凹陷、黄色或黄褐色的溃疡灶，在雏鸡的肝脏往往出现大小不等灰白色坏死点，胆囊肿大（见图3-183）；青年鸡或成年鸡的肝脏往往呈铜绿色，肿胀，有时可见心脏肉芽肿等病变（见图3-184）。

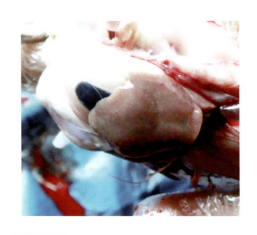

图3-183　雏鸡感染沙门菌后肝脏表面有大小不等的灰白色坏死点，胆囊肿大（李银 供图）

图3-184　青年鸡感染沙门菌后肝脏肿胀呈铜绿色，心脏有肉芽肿结节（孙卫东 供图）

2. 与饲养管理造成的头部青紫的鉴别

视频3-25

（1）相似点　鸡头部皮肤青紫与本病的"黑头病"相似。

（2）不同点　病鸡头部的皮肤发绀，但鸡冠及肉髯颜色正常，并未发绀，应考虑是鸡笼门间隙较鸡头部最宽处窄，鸡头伸出采食时受挤而出现的青紫（见图3-185和视频3-25）。

【预防措施】

（1）驱除异刺线虫　左旋咪唑，鸡每千克体重25毫克（1片），一次内服。也可使用针剂，用量、效果与片剂相同。另外，应对成年鸡进行定期驱虫。

（2）严格做好鸡群的卫生和管理工作　及时清除粪便，定期更换垫料，防止带虫体的粪便污染饮水或饲料。此外，鸡与火鸡一定要分开进行饲养管理。

【安全用药】在隔离病鸡的基础上选择下列药物进行治疗；在治疗的同时应配合维生素K_3粉以减少盲肠出血，并用广谱抗菌药物如复方敌菌净、氟哌酸等控制并发或继发感染；治疗后应及时收集粪便，将其堆积做无害化处理。

图3-185　鸡笼间隙较小所致鸡的颜面部颜色变深（孙卫东 供图）

(1) 甲硝唑（甲硝咪唑、灭滴灵） 禽按每升水 500 毫克混饮 7 天，停药 3 天，再用 7 天。蛋鸡禁用。

(2) 地美硝唑（二甲硝唑、二甲硝咪唑、达美素） 20% 地美硝唑预混剂，治疗时按每千克饲料 500 毫克混饲。预防时按每千克饲料 100～200 毫克混饲。产蛋鸡禁用，休药期 3 天。

(3) 丙硫苯咪唑 按每千克体重 40 毫克，一次内服。

(4) 2-氨基-5-硝基噻唑 在饲料中添加 0.05%～0.1%，连续饲喂 14 天。

【注意事项】球虫病可加重组织滴虫病的严重程度，组织滴虫的致病力与盲肠厌氧菌密切相关，因此做好球虫和厌氧菌的控制有助于减少组织滴虫病的发生以及病鸡的康复。

十二、脂肪肝综合征

脂肪肝综合征（fatty liver syndrome）是产蛋鸡的一种营养代谢病，临床上以过度肥胖和产蛋下降为特征。该病多出现在产蛋高的鸡群或鸡群的产蛋高峰期，病鸡体况良好，其肝脏、腹腔及皮下有大量的脂肪蓄积，常伴有肝脏小血管出血，故其又称为脂肪肝出血综合征（fatty liver hemorrhagic syndrome，FLHS）。该病发病突然，病死率高，给蛋鸡养殖业造成了较大的经济损失。

【病因】导致鸡发生脂肪肝综合征的因素包括遗传、营养、环境与管理、激素、有毒物质等，除此之外，促进性成熟的高水平雌激素也可能是该病的诱因。①遗传因素：为提高产蛋性能而进行的遗传选择是脂肪肝综合征的诱因之一，重型鸡和肥胖鸡多发，有的鸡群发病率较高，可高达 31.4%～37.8%。②营养因素：过量的能量摄入是造成鸡脂肪肝综合征的主要原因之一，笼养自由采食可诱发鸡脂肪肝综合征；高能量蛋白比的日粮可诱发此病，饲喂能蛋比为 66.94 的日粮，产蛋鸡脂肪肝综合征的发生率可达 30%，而饲喂能蛋比为 60.92 的日粮，其鸡脂肪肝综合征发生率为 0；饲喂以玉米为基础的日粮，产蛋鸡亚临床脂肪肝综合征的发病率高于以小麦、黑麦、燕麦或大麦为基础的日粮；低钙日粮可使肝脏的出血程度增加，体重和肝重增加，产蛋量减少；与能量、蛋白、脂肪水平相同的玉米-鱼粉日粮相比，采食玉米-大豆日粮的产蛋鸡，其鸡脂肪肝综合征的发生率较高；抗脂肪肝物质的缺乏可导致肝脏脂肪变性，维生素 C、维生素 E、B 族维生素、Zn、Se、Cu、Fe、Mn 等影响自由基和抗氧化机制的平衡，上述维生素及微量元素的缺乏都可能和鸡脂肪肝综合征的发生有关。③环境与管理因素：从冬季到夏季的环境温度波动，可能会引起能量采食的错误调节，进而也造成鸡脂肪肝综合征，而炎热季节发生鸡脂肪肝综合征可能和脂肪沉积量较高有关；笼养是鸡脂肪肝综合征的一个重要诱发因素，因为笼养限制了鸡的运动，活动量减少，过多的能量转化成脂肪；任何形式（营养、管理和疾病）的应激都可能是鸡脂肪肝综合征的诱因。④有毒物质：黄曲霉毒素也是蛋鸡产生鸡脂肪肝综合征的基本因素之一，而菜籽饼中的硫葡萄苷是造成出血的主要原因。⑤激素：肝脏脂肪变性的产蛋鸡，其血浆的雌二醇浓度较高，这说明激素-能量的相互关系可引起鸡脂肪肝综合征。

【临床症状】当病鸡肥胖超过正常体重的 25%，在下腹部可以摸到厚实的脂肪组织，其产蛋率波动较大,可从高产蛋率的75%～85%突然下降到35%～55%,甚至仅为10%。病鸡冠及肉髯色淡,或发绀,继而变黄、萎缩,精神委顿,多伏卧,很少运动。有些病鸡食欲下降,鸡冠变白,体温正常,粪便呈黄绿色,水样。当拥挤、驱赶、捕捉或抓提方法不当时,引起强烈挣扎,往往突然发病,病鸡表现为喜卧、腹大而软绵下垂、鸡冠肉髯褪色乃至苍白(见图3-186)。重症病鸡嗜眠、瘫痪,体温41.5～42.8℃,而鸡冠、肉髯及脚变冷,可在数小时内死亡。

图3-186 鸡冠肉髯褪色乃至苍白(孙卫东 供图)

【剖检变化】病/死鸡剖检见皮下、腹腔及肠系膜均有多量的脂肪沉积,肝脏肿大,边缘钝圆,呈黄色油腻状,表面有出血点和白色坏死灶,质地脆(见图3-187和图3-188)。有的病鸡由于肝破裂而发生腹腔积血(见图3-189,视频3-26和视频3-27),肝脏有血凝块(见图3-190)或陈旧的出血灶(见图3-191),肝脏易碎如泥样(见图3-192),用刀切时,在切的表面上有脂肪滴附着。腹腔内、内脏周围、肠系膜上有大量脂肪。有的鸡心肌变性呈黄白色。有些鸡的肾略变黄,脾、心、肠道有程度不同的小出血点。当死亡鸡处于产蛋高峰状态,输卵管中常有正在发育的蛋。

视频3-26

视频3-27

 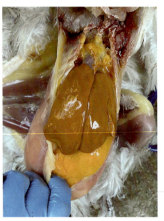

图3-187 病鸡腹腔有多量的脂肪沉积,肝脏呈土黄色(孙卫东 供图)

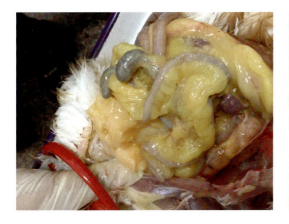

图 3-188　病鸡肠系膜上有多量的脂肪沉积（孙卫东 供图）

图 3-189　病鸡因肝脏破裂腹腔积血（孙卫东 供图）

图 3-190　病鸡肝脏破裂，肝被膜下（左）和腹腔（右）的血凝块（孙卫东 供图）

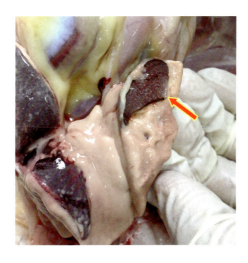

图 3-191　病鸡肝脏内的陈旧性出血凝血块（箭头所指）（孙卫东 供图）

图 3-192　病鸡肝脏质脆，切面易碎如泥样（王大军 供图）

【诊断】根据病因、发病特点、临床症状和病理剖检变化可做出初步诊断。

【类症鉴别】

1. 与鸡传染性贫血的鉴别诊断

（1）相同点　鸡冠、肉髯颜色变淡，可视黏膜苍白等贫血症状相似。

（2）不同点　鸡传染性贫血垂直感染的雏鸡在 10 日龄左右发病，表现症状且死亡率上升。雏鸡若在 20 日龄左右发病，表现症状并有死亡，可能是水平传播所致。贫血是该病的特征性变化，病鸡感染后 14～16 天贫血最严重。病鸡衰弱，消瘦，瘫痪，翅、腿、趾部出血或肿胀，一旦碰破，则流血不止。剖检时可发现血液稀薄，血凝时间延长，骨髓萎缩，常见股骨骨髓呈脂肪色、淡黄色或淡红色。而脂肪肝综合征发病和死亡的鸡都是母鸡，剖检见体腔内有大量血凝块，并部分地包着肝脏，肝脏明显肿大，色泽变黄，质脆弱易碎，有油腻感，这些易与鸡传染性贫血区别。

2. 与鸡球虫病的鉴别诊断

（1）相同点　可视黏膜苍白，鸡冠、肉髯苍白等贫血症状相似。

（2）不同点　鸡球虫病剖检症状很典型，即受侵害的肠段外观显著肿大，肠壁上有灰白色坏死灶或肠道内充满大量血液或血凝块。而脂肪肝综合征病鸡一般无此病变。

3. 与住白细胞虫病的鉴别诊断

（1）相同点　鸡冠苍白、血液稀薄、骨髓变黄等症状相似。

（2）不同点　住白细胞虫病剖检时还可见内脏器官广泛性出血，在胸肌、腿肌、心、肝等多种组织器官有白色小结节。同时住白细胞虫病在我国福建、广东等地呈地方性流行，每年的 4～10 月份发病多见，有明显的季节性。而脂肪肝综合征病鸡一般无此特点。

4. 与磺胺类药物中毒的鉴别诊断

（1）相同点　贫血症状相似。

（2）不同点　磺胺类药物中毒除表现贫血症状外，初期鸡群还表现兴奋，后期精神沉郁，鸡群有大剂量或长期使用磺胺类药物的病史。这些易与鸡脂肪肝综合征区别。

5. 与肉鸡脂肪肝肾出血综合征的鉴别

（1）相似点　肝脏破裂，出血。

（2）不同点　若肉鸡出现脂肪肝破裂时，应诊断为肉鸡脂肪肝肾出血综合征（见图3-193）。

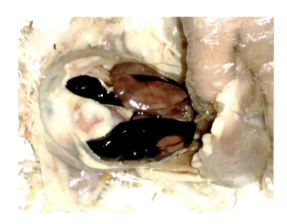

图3-193　肉鸡出现脂肪肝破裂，肝脏被膜下有血凝块（孙卫东 供图）

【预防措施】

（1）坚持育成期的限制饲喂　育成期的限制饲喂至关重要，一方面，它可以保证蛋鸡体成熟与性成熟的协调一致，充分发挥鸡只的产蛋性能；另一方面它可以防止鸡只过度采食，导致脂肪沉积过多，从而影响鸡只日后的产蛋性能。因此，对体重达到或超过同日龄同品种标准体重的育成鸡，采取限制饲喂是非常必要的。

（2）严格控制产蛋鸡的营养水平，供给营养全面的全价饲料　处于生产期的蛋鸡，代谢活动非常旺盛。在饲养过程中，既要保证充分的营养，满足蛋鸡生产和维持的各方面的需要，同时又要避免营养的不平衡（如高能低蛋白）和缺乏（如饲料中蛋氨酸、胆碱、维生素E等的不足），一定要做到营养合理与全面。对开产蛋鸡产蛋率不达标或者肠道一直不好的鸡群提前添加氯化胆碱（60%含量，饲料级别）和每吨料500克维生素C，每两个月用1～2个疗程保肝护肾中药（如肝胆颗粒）。

（3）调整饲养管理　适当限制饲料的喂量，使体重适当，鸡群产蛋高峰前限量要小，高峰后限量可相应增大，小型鸡种可在120日龄后开始限喂，一般限喂8%～12%。

【安全用药】当确诊鸡群患有脂肪肝综合征时，应及时找出病因进行针对性治疗。重症病鸡无治疗价值，应及时淘汰。通常可采取以下几种措施。

（1）平衡饲料营养　尤其注意饲料中能量是否过高，如果是，则可降低饲料中玉米的含量，改用麦麸代替。另据报道，如果在饲料中增加一些富含亚油酸的植物油而减少碳水化合物的含量，则可降低脂肪肝出血性综合征的发病率。

（2）补充"抗脂肪肝因子"　主要是针对病情轻和刚发病的鸡群。在每千克日粮中补加胆碱22～110毫克，治疗1周有一定帮助。澳大利亚研究者曾推荐补加维生素B_{12}、维生素E和胆碱。美国曾有研究者报道，在每吨日粮中补加氯化胆碱1000克、维生素E 10000单位、维生素B_{12} 12毫克和肌醇900克，2～3周一个疗程；或每只鸡喂服氯化胆碱0.1～0.2克，连服10天，之后可根据病情适当增加疗程。

（3）添加胆汁酸　对于已经发病鸡群，先饮用葡萄糖，按照3%用量饮水5小时，按照每小时饮水量计算；其次，添加胆汁酸，用量根据厂家推荐治疗量，治疗2个疗程，并且把维生素C用量提高到治疗水平。

(4) 中药治疗　用大腹皮、木香各10克，柴胡、叶下珠、黄芩各20克，干姜、桑白皮各25克，泽泻、白术、茯苓、厚朴各30克，然后使用5倍的药量来将其浸泡2小时，经过两次煎煮之后给500只病鸡自由饮用，连用1～2周。

十三、鸡生石灰中毒

生石灰，又叫氧化钙，遇水变成氢氧化钙。氢氧化钙具有杀菌消毒作用，是农村养鸡户常用的消毒剂，价格低廉，效果好，但使用不当也会引起生石灰中毒。石灰不但会破坏消化道的酸性环境，影响营养物质吸收，而且会损伤消化道黏膜，引起发炎、水肿和胃糜烂、穿孔等。

【病因】多因在养鸡的地面上撒上一层生石灰粉，然后在那层生石灰粉上面直接铺上一层砻糠/锯末。在垫料中能发现明显的石灰颗粒（见图3-194），或因垫料较薄鸡刨食，误食生石灰而引起。

【临床症状】鸡群部分鸡食欲下降，伏卧、伸头、闭眼、呆立、垂头，全身发冷似地颤抖，围绕热源打堆（见图3-195）；有的病鸡甩头，口腔流出黏液性分泌物，嗉囊积食；有的病鸡运动失调，两脚无力，鸡冠先发凉后变成紫色；有的病鸡爱喝水，呼吸困难，排出黄色或酱色稀粪，有死亡。

图3-194　在垫料中能发现明显的石灰颗粒
（孙卫东 供图）

图3-195　病鸡怕冷、围绕热源打堆
（孙卫东 供图）

【剖检变化】病/死鸡剖检见嗉囊、肌胃内有垫料，混有白色乳状物/颗粒——生石灰（乳）（见图3-196）。肌胃、肠道黏膜炎性水肿，充血、出血，严重者出现糜烂（见图3-197）、溃疡甚至穿孔，肺不同程度水肿。

【诊断】根据临床症状、病理剖检变化，结合使用生石灰消毒的病史即可诊断。

【预防措施】用生石灰消毒鸡舍和地面时，应使用20%的石灰乳，消毒后应及时清除剩余的生石灰和颗粒，避免其与鸡直接接触，防止鸡啄食后造成中毒。

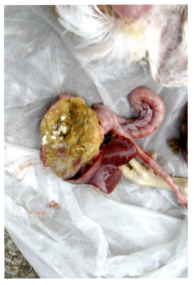

图 3-196 肌胃内容物混有白色石灰颗粒和石灰乳（孙卫东 供图）

【安全用药】

（1）清除鸡舍内生石灰　将鸡舍内的垫料、生石灰粉全部清理干净，换上新鲜的垫料。

（2）中和碱性　发现中毒后，鸡群立即饮用 0.5% 稀盐酸或 5% 食醋。

（3）对症治疗　灌服牛奶或蛋清以保护胃肠黏膜。同时在饲料中拌入 1% 土霉素和多维素，连续 4 天。对于症状较重的鸡，每只鸡可用滴管口服食醋 0.2～0.5 毫升，并灌服 0.5 毫升 1% 食盐水，1 天 2 次；肌注维生素 B_1、维生素 C 各 5 毫克，1 天 1 次；至鸡恢复食欲。

图 3-197 肌胃糜烂和溃疡（孙卫东 供图）

十四、有机磷农药中毒

有机磷农药因其在农作物病虫害上的广泛应用，故放养/散养鸡发生有机磷农药急性中毒的病例并不少见，而舍饲鸡也可因饲料中带有有机磷农药而引起有机磷农药中毒。

【病因】①用刚喷过有机磷农药不久的菜叶、青草、谷物等喂鸡；②在刚喷洒过有机磷农药的田地上放鸡；③用有机磷农药驱虫、杀灭鸡体表的寄生虫或鸡舍内外的昆虫时，药物的剂量、浓度超过了安全限度，或鸡食入较多被有机磷毒死的昆虫；④由于工作上的疏忽或其他原因使有机磷农药混入饲料或饮水中，引起鸡发生中毒等。

【临床症状】最急性中毒时可不出现症状而突然死亡；急性中毒时表现为兴奋、鸣叫、盲目奔走，行走时摇摆不定，严重时倒地不起，抽搐、痉挛（见图3-198），流泪，瞳孔明显缩小（见图3-199），流鼻液，流涎（见图3-200），呼吸困难，频频排粪，冠、肉髯和皮肤蓝紫色，最后因衰竭而死亡。慢性中毒病例主要表现为食欲不振、消瘦，有头颈扭转、圆圈运动等神经症状，最后也可因虚弱而死。

图3-198　病鸡倒地不起，抽搐、痉挛（孙卫东　供图）

图3-199　病鸡流泪，瞳孔缩小（孙卫东　供图）

图3-200　病鸡流涎（孙卫东　供图）

【剖检变化】病/死鸡剖检时可见胃肠黏膜充血、出血、肿胀并易于剥落；嗉囊、胃肠内容物有大蒜味，心肌出血，肺充血水肿，气管、支气管内充满泡沫状黏液，心肌、肝、肾、脾变性，如煮熟样。

【诊断】根据临床症状、病理剖检变化，结合鸡群有接触有机磷农药史即可诊断。

【预防措施】养鸡场内所购进的有机磷农药应与常规药物分开存放并由专人负责保管，严防毒物误入饲料或饮水中；使用有机磷农药毒杀体表寄生虫或禽舍内外的昆虫时，药物的计量应准确；驱虫最好是逐只喂药，或经小群投药试验确认安全后再大群使用；不要在新近喷洒过有机磷农药的地区放牧；不要用喷洒过有机磷农药后不久的菜叶、青草、谷物喂鸡等。已经死亡的鸡严禁食用，要集中深埋或进行其他无害化处理。

【安全用药】当有鸡出现中毒时，应立即停喂含毒物的饲料和饮水，改换新配饲料，换上确认为安全的饲料和饮水。对于已发病的鸡可根据实际情况，选择下列方法进行治疗：①肌内注射解磷定，每只 0.2～0.5 毫升（每毫升含解磷定 40 毫克）；②肌内注射硫酸阿托品，每只 0.2～0.5 毫升（每毫升含 0.5 毫克）；③灌服 1% 硫酸铜或 0.1% 高锰酸钾水溶液 2～10 毫升，对经口食入有机磷农药的不少病例有效；④灌服 1%～2% 石灰水上清液 2～10 毫升，对经口食入有机磷农药后不久的病例有效，但对敌百虫中毒的病鸡严禁灌服石灰水，因为敌百虫遇碱后变成毒性更强的敌敌畏。此外，饲料中添加一些维生素 C，用 3%～5% 葡萄糖饮水。

十五、呕吐毒素中毒

呕吐毒素中毒是由饲料、饲料原料中呕吐毒素超标而引起的一种霉菌毒素中毒病。该毒素会对鸡产生消化系统损伤、细胞毒性、免疫毒性、神经毒性以及"三致"等作用，其危害在很多鸡场是隐形的，对鸡场的经济效益影响很大。

【病因】饲料、饲料原料中呕吐毒素超标。

【临床症状】病鸡口腔和皮肤损伤（见图 3-201），采食下降，生长缓慢（见图 3-202）；喙、爪、皮下脂肪着色差，出现腿弱、跛行（见图 3-203），死淘率明显增高；粪便多呈黑糊状，泄殖腔周围的羽毛沾有粪便（见图 3-204）。有的病例可见粪便中未消化的饲料颗粒（过料）（见图 3-205）；重症鸡粪便中有大量脱落的肠黏膜。病程较长的鸡羽毛生长不良（见图 3-206）。蛋鸡产蛋量迅速下降，产"雀斑"蛋（见图 3-207）、薄壳蛋；种鸡受精率、孵出率、出壳键雏率下降。

图 3-201　病鸡口角损伤，有大量结痂
（王金勇　供图）

图 3-202　病鸡生长缓慢（右为健康对照）
（王金勇　供图）

图 3-203　病鸡出现腿弱、跛行
（孙卫东 供图）

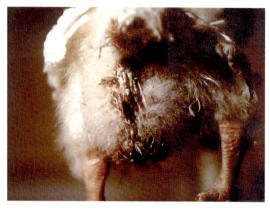

图 3-204　病鸡泄殖腔周围的羽毛沾染粪便
（王金勇 供图）

图 3-205　病鸡排出的粪便中含有未消化的饲料
（孙卫东 供图）

图 3-206　病鸡的羽毛生长不良（左为健康对照）
（王金勇 供图）

图 3-207　病鸡产的"雀斑蛋"（孙卫东 供图）

【剖检变化】病/死鸡剖检可见口腔黏膜溃烂，或形成黄色结痂（见图3-208）。腺胃严重肿大呈椭圆形或梭形、腺胃壁增厚、乳头出血、透明肿胀。肌胃内容物呈黑色（见图3-209），肌胃角质层明显溃烂，部分有明显溃疡灶（见图3-210）。肾脏肿大，尿酸盐沉积。青年鸡胸腺萎缩或消失。蛋鸡的卵巢和输卵管萎缩。

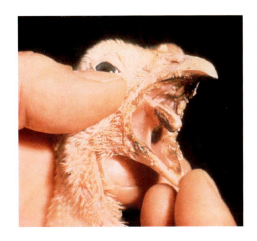

图3-208　病/死鸡口腔黏膜溃烂，形成黄色结痂（王金勇 供图）

图3-209　病鸡的肌胃内容物呈黑色（孙卫东 供图）

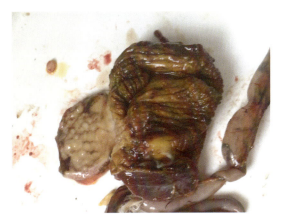

图3-210　病鸡的肌胃角质层糜烂、溃疡（孙卫东 供图）

【诊断】根据临床症状、病理剖检变化可做出初步诊断，确诊需结合饲料、饲料原料中呕吐毒素的测定结果。

【预防措施】霉菌毒素没有免疫原性，不能通过低剂量霉菌毒素的长时间饲喂使鸡产生抵抗力，反而会不断蓄积，最终中毒。更应注意的是，虽然鸡对该毒素相对不敏感，但霉菌毒素间具有毒性协同互作效应，会对鸡产生较大的损害。所以应从原料生产、运输、存储、饲料生产、使用等每一个环节加以预防和控制。

【安全用药】当有鸡出现中毒时，应立即停喂含毒物的饲料，改换新配饲料。新配饲料可根据实际情况作如下处理：①使用霉菌毒素吸附剂或吸收剂，如活性炭、基于硅的聚合物（如蒙脱石）、基于碳的聚合物（如植物纤维、甘露寡糖）等；②使用防霉剂，如丙酸/丙酸盐、山梨酸/山梨酸钠（钾）、苯甲酸/苯甲酸钠、富马酸/富马酸二甲酯等；③使用抗氧化剂，如维生素 E、维生素 C、硒、类胡萝卜素、L-肉碱、褪黑激素，或合成的抗氧化剂等。

十六、肌胃糜烂症

肌胃糜烂症是近几年来普遍引起重视的鸡的一种非传染性疾病。临床上多见于肉用仔鸡和 1～5 月龄的蛋鸡。

【病因】病鸡多有饲喂变质鱼粉或超量饲喂鱼粉（或动物蛋白）、霉变饲料的病史。

【临床症状】病鸡精神不振，吃食减少，喜蹲伏，不爱走动，羽毛粗乱、蓬松，发育缓慢，消瘦，贫血，倒提病鸡可从其口腔中流出黑色或煤焦油样物质，排出棕色或黑褐色软粪，出现死亡，但死亡率不高，为 2%～4%。

【剖检变化】病/死鸡剖检时可见病鸡的整个消化系统呈暗黑色外观（见图 3-211），但最明显的病理变化在胃部。肌胃、腺胃（见图 3-212）、肠道内充有暗褐色或黑色内容物（见图 3-213 和图 3-214），轻者在腺胃和肌胃交接处出现变性、坏死（见图 3-215），随后向肌胃中后部发展，角质变色，皱襞增厚、粗糙，似树皮样，重者可见皱襞深部出血和大面积溃疡和糜烂（见图 3-216）；最严重时，溃疡向深部发展造成胃穿孔，嗉囊扩张，内充满黑色液体，十二指肠可见卡他性炎症或局部坏死。

图 3-211 病鸡整个消化系统呈暗黑色外观（孙卫东 供图）

图 3-212 病鸡肌胃、腺胃内有暗褐色/黑色内容物（孙卫东 供图）

图3-213 病鸡十二指肠内充满暗褐色或黑色内容物（孙卫东 供图）

图3-214 病鸡小肠内充满暗褐色或黑色内容物（孙卫东 供图）

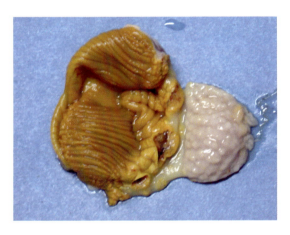

图3-215 腺胃和肌胃交接处出现变性、坏死（孙卫东 供图）

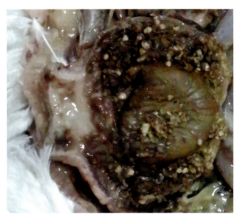

图3-216 肌胃出血、糜烂和溃疡（孙卫东 供图）

【诊断】根据临床症状、病理剖检变化，结合鸡群有使用变质鱼粉或霉变饲料的病史等即可诊断。

【预防措施】严禁用腐烂变质鱼生产鱼粉，或将其他变质动物蛋白加工成动物性饲料蛋白，或饲喂霉变饲料。有条件的单位，可以对所购鱼粉、动物蛋白或饲料霉菌毒素进行检测，如检测质量不合格不予使用；选用优质鱼粉，饲料中的鱼粉含量不能超过10%，并在饲料中补添足够的维生素等；注意改善饲养管理，搞好鸡舍内环境卫生，以消除各种致病的诱发因素。

【安全用药】目前尚无有效的治疗方法。一旦发病，立即更换饲料，适当使用保护胃肠黏膜及止血的药物等，一般经3～5天可控制病情。

第四章

鸡心血管系统疾病的鉴别诊断与安全用药

第一节 鸡心血管系统系统疾病的发生

一、概述

鸡的心血管系统包括心脏和血管,心脏占体重的比例较大,约为 4%～8%。鸡的心脏呈倒立圆锥形,外覆有心包,位于胸腔后下方,心底与第 1 和第 2 肋相对,心尖位于左右两肝叶之间,与第 5 肋相对。心脏包括两个心房和心室,右房室口的瓣膜不是三尖瓣,而是一片肌肉瓣,且没有腱索。血管包括动脉、静脉和毛细血管。

二、鸡心血管系统疾病发生的因素

1. 生物性因素

包括病毒(如鸡传染性贫血病毒、禽淋巴白血病病毒等)、某些寄生虫(如住白细胞虫病)等,这些疾病除了引起贫血、血液成分和性质的变化外,还可导致造血器官和免疫功能的损伤。某些细菌的菌血症(如大肠杆菌等)引起的心包、心肌的损伤。

2. 饲养管理因素

如鸡舍通风不足、缺氧引起右心衰竭等。

3. 营养因素

如维生素 A 缺乏,饲料中动物性蛋白含量过高,日粮中钙磷比例不合理(尤其是钙含量过高）等原因引起的高尿酸盐血症，引起心包膜、心脏表面尿酸盐沉积；硒缺乏引起的心肌变性等。

4. 中毒性因素

如砷中毒引起的心肌菌丝状出血等。

5. 其他因素

如高钾血症引起的肉鸡猝死综合征等。

第二节 鸡心血管系统常见疾病的鉴别诊断与安全用药

一、鸡传染性贫血

鸡传染性贫血（chicken infectious anemia，CIA）是由鸡传染性贫血病毒引起的以再生障碍性贫血和淋巴组织萎缩为特征的一种免疫抑制性和蛋传性疾病。该病造成雏鸡的免疫抑制，使鸡群对其他病原的易感性升高和某些疫苗的免疫应答能力下降，从而发生继发感染和疫苗的免疫失败，造成重大经济损失。

【病原】本病的病原是鸡传染性贫血病毒，属圆环病毒科圆环病毒属，病毒呈球形，无囊膜。不同国家的 CIA 病毒分离株均属于同一个血清型，但不同毒株的致病性有差异。CIA 病毒对氯仿和乙醚有抵抗力；对酸，pH 3.0 条件下作用 3 小时仍然稳定；对热，在 56℃ 1 小时或 70℃ 15 分钟仍有抵抗力，但 80℃ 3 分钟则部分失活，100℃ 15 分钟完全灭活；90% 丙酮处理 2 小时还有抵抗力。CIA 病毒在 5% 次氯酸 37℃ 作用 2 小时可失去感染力。甲醛和含氯制剂可用于消毒。

【流行特征】①易感动物：鸡是 CIA 病毒的唯一自然宿主，不同品种和日龄的鸡均可感染，但多发生于 2～4 周龄雏鸡，发病率 20%～60%，病死率 5%～10%，严重时可高达 60% 以上。肉鸡比蛋鸡易感，公鸡比母鸡易感。本病具有明显的年龄抵抗力，在无其他病原的情况下，随鸡日龄的增长，其易感性、发病率和死亡率均逐渐降低。②传染源：病鸡和带毒鸡及其排泄物，被污染的器具、饮水、饲料等都是本病的传染源。③传播途径：主要感染途径是消化道，其次是呼吸道。CIA 病毒既可水平传播，又可垂直传播，也有经精子传播的报道。一般认为，CIA 病毒水平传播不能致病，本病的垂直传播具有重要的临床和生产意义，成年种鸡感染 CIA 病毒后，可经卵巢垂直传播，引起新生雏鸡发生典型的贫血病。此外，有研究表明鸡羽毛在 CIA 病毒的水平传播中具有重要作用。

【临床症状】该病的潜伏期不是很确定，一般在感染 10 天后发病，第 3～4 周死亡增加。病鸡表现为精神沉郁、衰弱、消瘦、行动迟缓、生长缓慢/体重减轻、鸡冠、肉垂等可视黏膜苍白，喙、脚鳞颜色变白（见图4-1），皮下和肌肉出血，翅尖出血也极为常见。感染后20～28天存活的鸡逐渐恢复健康，但大多生长迟缓，成为僵鸡。若继发细菌、真菌或病毒感染，可加重病情，阻碍康复，死亡增多。

【剖检变化】病鸡血液稀薄、色淡（见图4-2），血凝时间延长，血细胞比容值可下降20%以下，在感染14～16天后贫血最严重。全身肌肉及各脏器苍白呈贫血状态（见图4-3），有时病鸡会出现肌肉出血（见图4-4），骨髓萎缩，胫骨的骨髓呈脂肪色、淡黄色或粉红色；胸腺显著萎缩、充血，严重时甚至完全退化，随病鸡日龄的增加，胸腺萎缩比骨髓病变更容易观察到，法氏囊萎缩不明显，但大多数病鸡的法氏囊外观呈半透明状态。肝脏、肾脏肿大、变黄、质脆。严重贫血鸡可见腺胃/肌胃黏膜糜烂或溃疡，消化道萎缩、变细，黏膜有出血点（见图4-5）。部分病鸡的肺实质病变，心肌、真皮及皮下出血。

图4-1 病鸡的脚鳞颜色变白（左为正常对照）（孙卫东 供图）

图4-2 病鸡的血液稀薄、色淡（孙卫东 供图）

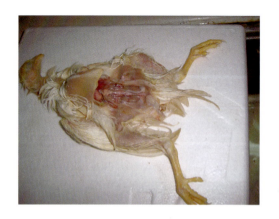

图4-3 病鸡的全身肌肉出血和各脏器苍白呈贫血状态（秦卓明 供图）

图4-4 有些病鸡的腿肌肌肉出血（秦卓明 供图）

【诊断】根据流行病学特点、临床症状和病理剖检变化可做出初步诊断，血常规检查有助于诊断，但最终确诊需要做病原学（病毒的分离鉴定）、血清学和分子生物学等方面的检验。

【类症鉴别】（1）该病的贫血症状与原髓细胞增多症、球虫病、住白细胞虫病、黄曲霉素中毒、磺胺药中毒出现的贫血症状类似，应注意鉴别。（2）该病出现的胸腺萎缩病变与马立克病、传染性法氏囊病和某些真菌毒素中毒出现的病变类似，应注意区别。

图4-5 病鸡腺胃黏膜糜烂，消化道变细、黏膜有出血（孙卫东 供图）

【预防措施】

（1）免疫接种 目前有两种商品化的疫苗可供使用，一是由鸡胚生产的有毒力的活疫苗，如德国罗曼动物保健有限公司的Cux-1株活疫苗，可以经饮水途径接种8周龄至开产前6周龄的种鸡，使子代获得较高水平的母源抗体，有效保护子代抵抗自然野毒的侵袭。要注意的是，不能在开产前3～4周龄时接种，以防止该病毒通过种蛋传播。二是减毒的活疫苗，可通过肌内、皮下对种鸡进行接种，有良好的免疫保护效果，如果后备种鸡群血清学阳性，则不宜接种。此外，有报道指出CIA免疫复合物疫苗和灭活苗可有效预防CIA感染。

（2）加强饲养管理和卫生消毒措施 实行严格的环境卫生和消毒措施，采取"全进全出"的饲养方式和"封闭式饲养"制度。鸡场应做好鸡马立克病、鸡传染性法氏囊病等免疫抑制性病的疫苗免疫接种工作，避免因霉菌毒素或其他传染病导致的免疫抑制。

【安全用药】目前尚无有效治疗方法。该病一旦发生，应隔离病鸡和同群鸡，禁止病鸡向外流通和上市销售。鸡舍及周围进行彻底消毒，可选用0.3%过氧乙酸、2%火碱水溶液、漂白粉水溶液等对鸡、过道、水源等每天消毒1次，连续消毒1周。对重症病鸡应立即扑杀，并连同病死鸡、粪便、羽毛及垫料等进行深埋或焚烧等无害化处理。

二、禽白血病

禽白血病（avian leukosis，AL）是由禽白血病/肉瘤病毒群中的病毒（简称禽白血病病毒）引起的禽类多种肿瘤性疾病的总称。该病有多种表现形式，包括淋巴细胞白血病、成红细胞白血病、成髓细胞白血病、骨髓细胞瘤、结缔组织瘤、上皮组织瘤、血管瘤、骨硬化症等。本病几乎波及所有鸡群，但出现症状的病鸡数量不多。病鸡呈渐进性发病和持续低死亡率（1%～2%），偶尔出现高达20%或以上的累计死亡率；法氏囊、肝、脾和肾等内脏器官有肿瘤；很多禽白血病发病鸡群的生产性能，如增重、产蛋率、蛋品质等下降。

【病原】本病的病原为禽白血病病毒，反转录病毒科α反转录病毒属，该病毒被分为A、B、C、D、E、F、G、H、I和J等亚群，A和B亚群病毒是临床上较为常见的外源性病毒，E亚群为极普遍的无致瘤性的内源病毒，C和D亚群在临床上罕见，J亚群是从肉用型鸡中分离到的一种新的致病性白血病病毒。本病毒对脂溶剂和去污剂敏感，对热的抵抗力弱。病毒材料需保持在-60℃以下，而在-15℃左右的条件下，病毒半衰期不到1周。病毒冻融会引起裂解，释放出gs抗原。病毒在pH5～9稳定，对紫外线抵抗力较强。

【流行特征】①易感动物：鸡是本群所有病毒的自然宿主。此外，雉、鸭、鸽、日本鹌鹑、火鸡、岩鹧鸪等也可感染。②传染源：病禽或病毒携带禽为主要传染源，特别是病毒血症期的禽。③传播途径：外源性AL病毒的传播方式有垂直传播和水平传播两种。垂直传播主要是AL病毒经种蛋由母鸡垂直传播给后代，垂直传播在流行病学上十分重要，它为世代间的持续感染提供了一条途径。同时AL病毒也可以通过直接或间接接触水平传播，多数鸡在早期通过与先天性感染的鸡密切接触而受到水平感染。AL病毒还可通过翻肛性别鉴定和疫苗接种而传播给健康禽只。对通过公鸡的精液传播AL病毒应给予足够的重视。由传染性法氏囊病毒引起的免疫抑制可提高AL病毒的排毒率。④流行季节：无明显的季节性。

【临床症状和剖检变化】潜伏期较长，因病毒株、鸡群的遗传背景差异等而不同。自然病例可见于16周龄后的任何时间，但通常在性成熟时发病率最高。其临床表现和剖检变化有多个类型，分述如下。

视频4-1

（1）淋巴性白血病型　在鸡白血病中最常见，该病无特异性临床症状。病鸡表现为食欲不振，进行性消瘦（见图4-6），冠、肉髯和耳垂渐进性发白、皱缩（见图4-7和视频4-1）、偶见发绀，眼球下陷，后期腹部增大，可触诊出肝脏肿瘤结节。隐性感染的母鸡，性成熟推迟、蛋小且壳薄，受精率和孵化率降低；与不排毒的鸡相比，排毒母鸡饲养到497天，每只鸡产蛋减少20～35枚。剖检时可见到肝脏（见图4-8和图4-9）、脾脏（见图4-10）、心脏（见图4-11）、肾脏（见图4-12）、肺脏、腺胃（见图4-13）、肠壁（见图4-14）、盲肠扁桃体（见图4-15）、卵巢（见图4-16）和睾丸、法氏囊（见图4-17）等不同器官有大小不一、数量不等的肿瘤。有的病鸡在颅骨（见图4-18）、胸骨（见图4-19）、肋骨（见图4-20）等处可见形成的肿瘤。肿瘤有结节型、粟粒型、弥散型和混合型等。有的病鸡可见因脾脏肿大而破裂（见图4-21），引起病鸡的快速死亡；有的病鸡肠道有结节性增生和出血（见图4-22），常引起腹泻；有的病鸡腺胃有结节性增生和坏死（见图4-23），引起腺胃炎。

（2）成红细胞性白血病型　该病型较少见。有增生型和贫血型两种。病鸡表现为冠轻度苍白或变成淡黄色，消瘦，腹泻，一个或多个羽毛囊可能发生大量出血。病程从数天到数月不等。剖检时，增生型肝脏和脾脏显著肿大，肾轻度肿胀，上述器官呈樱红色到曙红色，质脆而柔软。骨髓增生呈水样，颜色为暗红色到樱红色。贫血型病变为内脏器官萎缩，骨髓苍白呈胶冻样。

图 4-6 病鸡进行性消瘦,龙骨突出（孙卫东 供图）

图 4-7 病鸡的鸡冠和肉髯色淡、皱缩（左为健康对照）（孙卫东 供图）

图 4-8 病鸡肝脏上的弥散型肿瘤结节（孙卫东 供图）

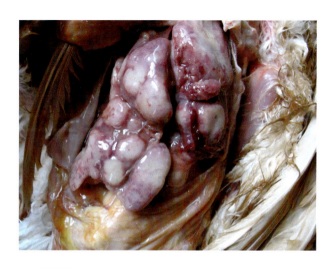

图 4-9 病鸡肝脏上的结节型肿瘤结节（陈甫 供图）

图 4-10　病鸡脾脏上的弥散型肿瘤结节（孙卫东 供图）

图 4-11　病鸡心脏上的肿瘤结节（宋增财 供图）

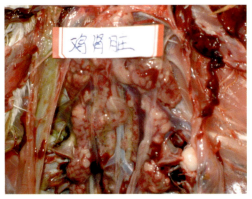

图 4-12　病鸡肾脏上的肿瘤结节（陈甫 供图）　　图 4-13　病鸡腺胃因肿瘤而肿大（秦卓明 供图）

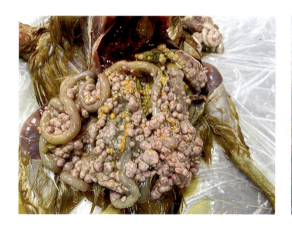

图 4-14 病鸡的肠系膜上有大小不等的肿瘤结节（孙卫东 供图）

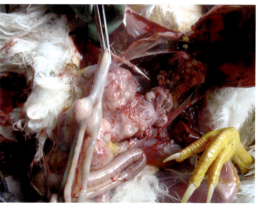

图 4-15 病鸡盲肠淋巴结上的肿瘤结节（陈甫 供图）

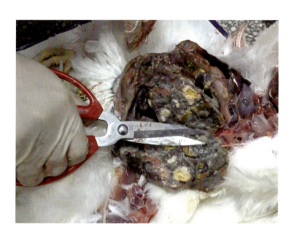

图 4-16 病鸡的卵巢上有大小不等的肿瘤结节（孙卫东 供图）

图 4-17 病鸡的法氏囊上有大小不等的肿瘤结节（孙卫东 供图）

图 4-18 病鸡颅骨上的肿瘤结节（陈甫 供图）

图 4-19 病鸡胸骨上的肿瘤结节（宋增财 供图）

图 4-20 病鸡肋骨上的肿瘤结节（宋增财 供图）

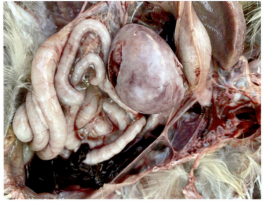
图 4-21 病鸡脾脏肿大、破裂（孙卫东 供图）

图 4-22 病鸡肠道有结节性增生和出血
（孙卫东 供图）

图 4-23 病鸡腺胃有结节性增生和坏死
（孙卫东 供图）

（3）成髓细胞性白血病型　病鸡表现为嗜睡、贫血、消瘦、下痢和部分毛囊出血（见图 4-24 和视频 4-2），有时可见在鸡的皮肤（见图 4-25）、翅部（见图 4-26）、腿部（见图 4-27）等处有出血。剖检时可见肝脏呈粒状或斑纹状，有灰色斑点，骨髓增生呈苍白色。剖检时可见肝脏（见图 4-28）、脾脏（见图 4-29）、肠道（见图 4-30）、腹部脂肪（见图 4-31）等处出现血管瘤，骨髓增生呈苍白色。

视频 4-2

（4）骨髓细胞瘤病型　在病鸡的骨髓上可见到由骨髓细胞增生所形成的肿瘤，因而病鸡头部、胸和肋骨会出现异常突起。剖检可见在骨髓的表面靠近肋骨处发生肿瘤。骨髓细胞瘤呈淡黄色、柔软、质脆或似干酪样，呈弥漫状或结节状，常散发，两侧对称发生。

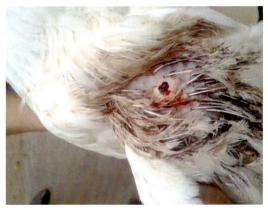

图 4-24 病鸡的毛囊出血（孙卫东 供图）

图 4-25 病鸡的皮肤出血（张永庆 供图）

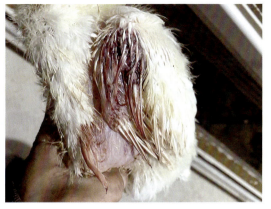

图 4-26 病鸡翅部出血（张永庆 供图）

图 4-27 病鸡的腿部出血（张永庆 供图）

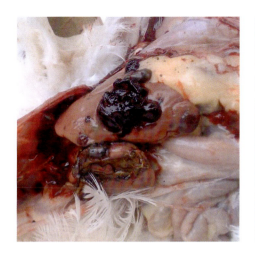

图 4-28 病鸡肝脏上的血管瘤（张文明 供图）

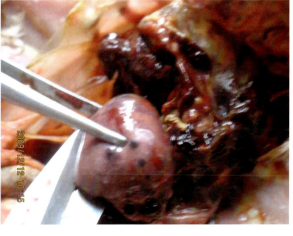

图 4-29 病鸡脾脏上的血管瘤（孙卫东 供图）

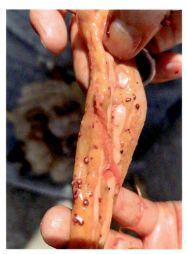

图 4-30　病鸡肠壁上的血管瘤（宋增才　供图）

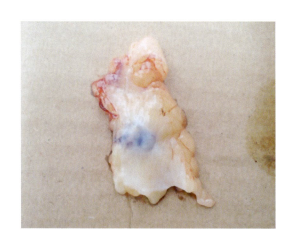

图 4-31　病鸡腹部脂肪内的血管瘤（孙卫东　供图）

（5）骨石化病型　多发于育成期的公鸡，呈散发性，特征是长骨，尤其（跖骨）变粗（见图4-32），外观似穿长靴样，病变常两侧对称。病鸡一般发育不良，苍白，行走拘谨或跛行。剖检见骨膜增厚，疏松骨质增生呈海绵状，易被折断，后期骨质变成石灰样，骨髓腔可被完全阻塞，骨质比正常坚硬（见图4-33）。

【诊断】根据流行病学和病理学检查，如16周龄以上的鸡渐进性消瘦、低死亡率，法氏囊组织中淋巴细胞浸润等即可做出初步临床诊断。确诊依赖于病毒的分离鉴定和血清特异性抗体检测，它们虽然在日常诊断中很少使用，但在净化种鸡场、原种鸡场特别是SPF鸡场时却十分有用。病毒分离最好选用血浆、血清、肿瘤病灶、刚产蛋的蛋清、10日龄鸡胚和粪便。病料经适当处理后接种敏感CEF，因接种后不产生明显的细胞病变，可选择抵抗力诱导因子试验（RIF）、补体结合试验和ELISA、非产毒细胞激活试验（NP）、表型混合试验（PM）等进行鉴定。有些毒株接种鸡胚绒毛膜可产生痘斑。一般实验室可用琼脂扩散试验检测羽髓中的gs抗原，结果可靠。

【注意事项】鉴于白血病在我国鸡群中感染的特点，甚至在临床健康鸡群中也可能存在，因此，在进行诊断时，仅依靠检测禽白血病病毒的血清抗体或者病原核酸结果都不能直接说明鸡群发生了禽白血病，通常需要结合发病鸡群的流行病学信息以及肿瘤病理组织学分析，再配合作为辅助诊断依据的实验室病原检测结果来综合判定。

【类症鉴别】在很多情况下，禽白血病在临床症状、病理变化与马立克病非常相似，必须进行必要的鉴别诊断。禽白血病的鉴别诊断主要依据流行病学和病理学检查，如16

周龄以上的鸡渐进性消瘦、低死亡率、法氏囊组织有淋巴细胞浸润等。但淋巴白血病需要与马立克病做鉴别诊断，淋巴白血病发病日龄较迟，一般在16周龄以后才出现病例，马立克病则在6周龄前便可出现症状；"麻痹"和"灰眼"是马立克病的特异性症状，淋巴白血病病鸡在触诊其泄殖腔时，常能发现法氏囊的结节性肿瘤；而结节性淋巴细胞的皮肤病变以及骨骼肌的淋巴细胞性瘤在淋巴白血病中不会发生。

图 4-32　病鸡的跗骨变粗（箭头所示）（孙卫东 供图）

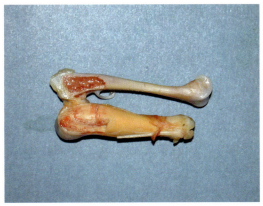

图 4-33　病鸡的跗骨变粗，骨髓腔被完全阻塞，骨质比正常坚硬（上为对照）（孙卫东 供图）

【预防措施】

（1）建立无白血病的鸡群　本病至今尚无有效疫苗可降低该病的发生率和死亡率。控制该病应从建立无禽淋巴白血病的种鸡群着手，对每批即将产蛋的种鸡群，经酶联免疫吸附试验或其他血清学方法检测，对阳性鸡进行一次性淘汰。如果每批种鸡淘汰一次，经3～4代淘汰后，鸡群的禽淋巴白血病将显著降低，并逐步消灭。因此，控制该病的重点是做好原种场、祖代场、父母代场鸡群净化工作。已经净化的种鸡场还应定期检测血清和蛋清，监控种群的感染状态，禁止使用被外源禽白血病病毒污染的疫苗。在引种时应详细考察和评估拟引进种源的禽白血病带毒状况，禁止从有近期病史的禽场引种。同时，对引进的品种必须定期进行禽白血病病毒的监测，确保混群和使用前种群安全。

（2）实行严格的检疫和消毒　由于禽白血病可通过鸡蛋垂直传播，因此种鸡、种蛋必须来自无禽白血病的鸡场。雏鸡和成鸡也要隔离饲养。孵化器、出雏器、育雏室及其他设备每次使用前应彻底清洗、消毒，防止雏鸡接触感染。

（3）建立科学的饲养管理体系　采取"全进全出"的饲养方式和"封闭式饲养"制度。加强饲养管理，前期温度一定要稳定，降低温差；密度要适宜，保证每只鸡有适宜的采食、饮水空间；低应激，防止贼风、不断水、不断料等。使用优质饲料促进鸡群良好的生长发育。

【安全用药】目前尚没有疗效确切的药物治疗。发现病鸡要及时淘汰，同时对病鸡粪便和分泌物等污染的饲料、饮水和饲养用具等彻底消毒，防止直接或间接接触的水平传播。发现疑似疫情时，养殖户应立即将病禽及其同群禽隔离，并限制其移动，并按照《J-亚群禽白血病防治技术规范》进行疫情处理。

三、包涵体肝炎

包涵体肝炎（inclusion body hepatitis，IBH）又名出血性贫血综合征，是由腺病毒引起的一种鸡的急性传染病。临床上以病鸡贫血、黄疸，肝脏肿大、脂肪变性、肝细胞内出现核内包涵体等为特征。多发生于3～10周龄的肉用仔鸡，产蛋鸡多在18周龄后发生，能造成很高的死亡率和严重的经济损失。

【病原】包涵体肝炎病毒属于腺病毒科禽腺病毒属（Ⅰ亚群禽腺病毒），该病毒为双股DNA病毒，无囊膜。目前已经分离出的禽腺病毒共有12个血清型，利用限制性内切酶分析可将其分为A～E 5个基因型，现在已确定为不同的腺病毒种，绝大多数血清型都有自然暴发IBH的报道。现在认为，同一个鸡体内可分离到不同血清型的禽腺病毒，而同一血清型的不同病毒株间在致病性上的差异也较明显。禽腺病毒对鸡、鸭、鹅、火鸡、绵羊及大鼠的红细胞多无凝集性。一般来说，禽腺病毒对外界环境条件的抵抗力较强。对乙醚、氯仿不敏感，对乙醇、酚、硫柳汞也有一定程度的耐受性，但对甲醛、次氯酸钠、碘制剂较为敏感。可耐受pH 3～9。对热具有较强抵抗力。在室温下，禽腺病毒可保持致病性达6个月之久，在25℃和干燥条件下可存活7天。分泌物和细胞培养物中的病毒在-20℃下保存，可存活数月至数年。

【流行特征】①易感动物：肉用仔鸡5～7周龄的鸡发病较多，产蛋鸡群多在18周龄以后，特别是在开产后散发性发病。②传染源：病鸡或感染鸡。③传播途径：自然感染时，病毒可通过消化道、呼吸道及眼结膜感染；产蛋鸡发病时，可通过输卵管使病毒感染鸡蛋，发生母鸡-蛋-雏鸡的垂直传染。④流行季节：无明显的季节性。

【临床症状】自然感染的鸡潜伏期为1～2天，1日龄雏鸡感染时呈现严重的贫血症状。发病率可高达100%，病死率2%～10%，偶尔也可达30%～40%。病初不见任何症状而突然出现死鸡，2～3天后少数病鸡表现为精神委顿，羽毛蓬松逆立，食欲降低，腹泻，嗜眠，有的病鸡表现肉髯褪色、皮肤呈黄色，皮下有出血，偶尔有水样稀粪。在发病3～5天后达死亡高峰，每天可死亡1%～2%。约经2周，死亡停止。种鸡或成年鸡主要表现为隐性感染，产蛋下降，种蛋孵化率低，雏鸡死亡率高。

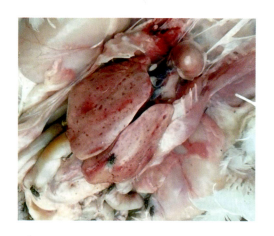

图4-34 病脏肿土黄色，有不同程度的点状出血（孙卫东 供图）

【剖检变化】剖检病死鸡可见肝脏肿大，呈土黄色，质脆，有不同程度的点状（见图4-34）、斑状（见图4-35）出血。病程稍长的鸡有肝萎缩，并发肝包膜炎（见图4-36）。若病毒侵害骨髓，有明显贫血，胸肌、骨骼肌、皮下组织、肠管黏膜、脂肪等处有广泛的出血或带黄色。肾脏、脾脏肿大。法氏囊萎缩，胸腺水肿。病鸡因抵抗力下降，常出现巴氏杆菌［肝脏出血并伴有点状灰白色坏死灶（见图4-37）］或大肠杆菌［肝脏出血伴有点肝脏表面胶冻样渗出（见图4-38）］等的继发或并发感染。病理组织学可见肝细胞广泛性空泡变性、坏死，部分肝细胞可见核内包涵体（见图4-39）；脾脏（见图4-40）、法氏囊（见图4-41）有广泛性、弥漫性、重度淋巴细胞坏死；胸腺的皮质萎缩变薄，淋巴细胞减少（见图4-42）。

 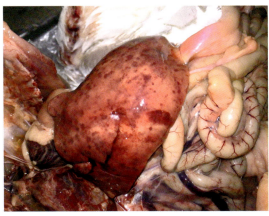

图 4-35　病脏肿大，有不同程度的斑块状出血（王峰 供图）

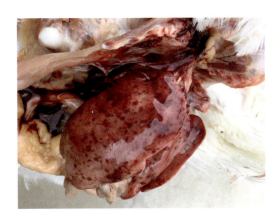 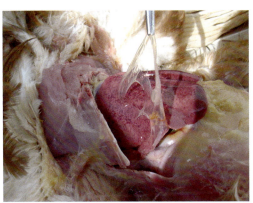

图 4-36　病鸡肝脏略萎缩（左），并发肝包膜炎（右）（孙卫东 供图）

【诊断】该病根据临床症状、病理剖检变化和肝脏细胞特征性组织学变化可做出初步诊断，确诊必须进行病原分离和血清学试验。

【预防措施】

（1）加强饲养管理，防止或消除一切应激因素（过冷、过热、通风不良、营养不足、密度过高、贼风以及断喙过度等）。

图 4-37　病鸡肝脏出血伴有点状灰白色坏死灶（孙卫东 供图）

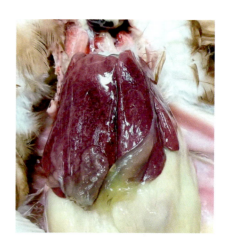

图 4-38　病鸡肝脏出血伴有胶冻样渗出（孙卫东 供图）

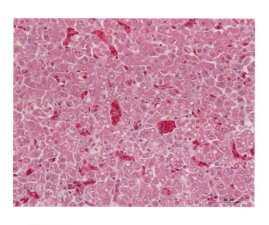

图 4-39　病鸡肝细胞广泛性空泡变性、坏死，部分肝细胞可见核内包涵体（孙卫东 供图）

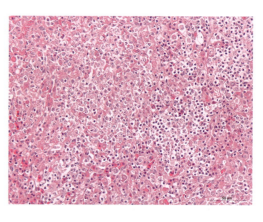

图 4-40　病鸡脾脏有广泛性、弥漫性、重度淋巴细胞坏死（孙卫东 供图）

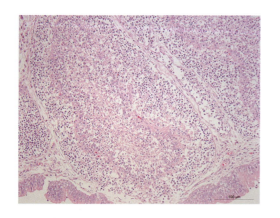

图 4-41　病鸡法氏囊有广泛性、弥漫性、重度淋巴细胞坏死（孙卫东 供图）

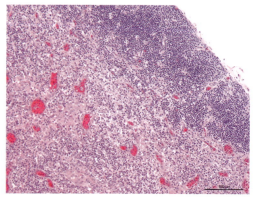

图 4-42　病鸡胸腺的皮质萎缩变薄，淋巴细胞减少（孙卫东 供图）

(2) 杜绝传染源传入，从安全的种鸡场引进苗鸡或种蛋。若苗鸡来自可疑种鸡场，应在本病可能暴发前 2～3 天（根据以往病史），适当喂给抗菌药物，连续喂 4～5 批出壳的雏鸡，同时再添加铁、铜、钴等微量元素，并且同时用碘制剂、次氯酸钠等消毒剂进行消毒。

【安全用药】目前尚无有效的治疗药物。

【注意事项】由于本病毒的血清型较多，故疫苗接种的可靠程度不一，因此，控制本病的诱因要比接种疫苗更为有效。腺病毒广泛存在于鸡群中，只有在免疫抑制时才发病，因此必须首先做好传染性法氏囊病、鸡传染性贫血病等的免疫预防工作。

四、心包积水综合征

心包积水综合征该病最早于 1987 年发生在巴基斯坦的安格拉地区，故被称为 Angara 病，而在印度被称为 Leechi 病，在墨西哥和其他拉丁美洲国家被称为 hydropericardium hepatitis syndrome（心包积水 - 肝炎综合征）。

【病原】本病的病原为腺病毒科禽腺病毒属、Ⅰ 亚群血清 4 型禽腺病毒。其他病毒特性请参照上文包涵体肝炎。

【临床症状】本病多发生于 5～7 周龄的肉用鸡，已经进入产蛋期的蛋鸡也可发生此病，只是发病率相对低一些。发病初期，病鸡多无先兆而突然死亡，并于 3～5 天内达到死亡高峰，持续 3～5 天，此时每天死亡率 0.5%～1.0%，再经过 3～5 天死亡逐渐减少或日渐减少。病鸡主要表现为精神沉郁，不愿活动，食欲减退或完全，排黄色稀粪。鸡冠呈暗紫红色，呼吸困难。

【剖检变化】病/死鸡剖检可见：多数鸡的心包积液十分明显，液体呈淡黄色、透明（见图4-43和视频4-3），内含胶冻样渗出物（见图4-44）；病鸡的心冠脂肪减少，呈胶冻样，且右心肥大、扩张（见图4-45）；肝脏肿大，有些有点状出血或坏死点；腺胃与肌胃之间有明显出血，甚至呈现出血斑或出血带；肾稍微肿大，输尿管内尿酸盐增多；少数病死鸡有气囊炎，肺脏淤血、出血、水肿（见图4-46）。育雏期内发病的，有的鸡胸腺（见图4-47）、法氏囊萎缩。产蛋期发病的，卵巢、输卵管均无异常。

视频 4-3

【诊断】根据流行病学、临床症状和病理变化可做出初步诊断。心包大量积液的同时伴有肝脏细胞内发现包涵体具有诊断意义。确诊需要进行病原学、血清学及分子生物学等方面的工作。

【预防措施】

国外（墨西哥、印度和巴基斯坦）采用鸡包涵体肝炎 - 心包积水综合征（Ⅰ群 4 型腺病毒）油乳灭活苗和活苗，肉鸡在 15～18 日龄免疫注射效果好，在 10 日龄和 20 日龄进行 2 次免疫效果更佳，皮下注射较肌内注射效果好。国内现有的研究资料显示，目前我国流行的所谓心包积水综合征不完全是 Ⅰ 群 4 型病毒导致，在使用前应该找相关的检测机构获得较为明确的诊断后，再使用与本鸡场血清型一致的疫苗。

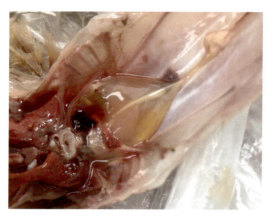

图 4-43　病鸡心包内积有大量的液体（孙卫东 供图）

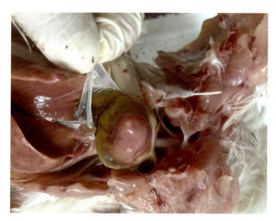
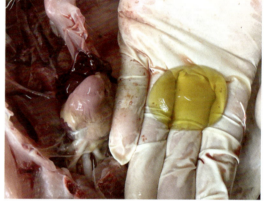

图 4-44　病鸡心包内的积液中有时还有胶胨样渗出物（孙卫东 供图）

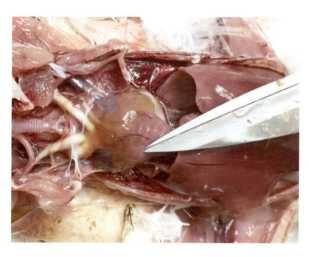
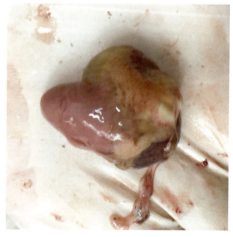

图 4-45　病鸡的心冠脂肪减少、呈胶胨样（左），且右心肥大、扩张（右）（孙卫东 供图）

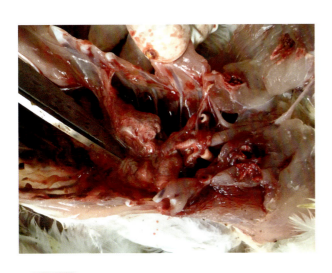
图 4-46　病鸡的肺脏淤血、出血、水肿（孙卫东 供图）

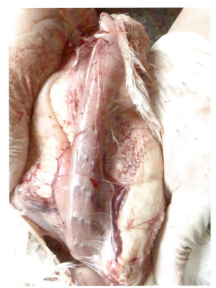
图 4-47　病鸡的胸腺萎缩（孙卫东 供图）

【注意事项】若在既往发生的疫区，可使用自家灭活疫苗，慎用活疫苗（尤其是非 SPF 鸡胚生产的疫苗）。

【安全用药】

在对鸡舍加强通风、换气，环境消毒，每天早晚各一次，同时用抗菌、抗病毒药物防治继发感染；在饲料中添加多种维生素和微量元素，在饮水中加入 0.07%～0.1% 碘液；将病鸡隔离饲养，用利尿药对症治疗，但治疗效果并不明显。使用自制卵黄治疗能取得一定的效果，但可能存在因卵黄带菌引起其他方面的感染发病，且不能排除复发的可能。

在收集病死鸡、淘汰病残鸡，及时做好无害化处理的同时，隔离病鸡治疗。

（1）生物制品疗法　①血清疗法，因该病原的血清型多（12 型），故在使用血清治疗前一定要确认其与本鸡场流行毒株的血清型一致，否则无效。②卵黄抗体疗法，能取得一定的效果，但可能存在卵黄带菌（毒），且不能排除该病复发的可能。③自家苗紧急预防，有人认为有一定效果，但考虑到自家苗制作、安全性检验及注射疫苗后产生抗体的时间，结合本病的病程，笔者认为其理论基础值得商榷。

（2）已发病鸡场防治药物的选择　该病侵袭的靶器官主要为肝脏、肺脏、右心室、肾脏。其西医治则为抑制病毒增殖，减少出血性肺炎，保肝护肾；中医治则为抗病毒，疏理肝气，安心神，温补脾气，坚阴除湿。具体做法为：①抑制病毒繁殖，可使用干扰素、抗病毒冲剂，或在饮水中加入 0.07%～0.1% 碘液等。②保肝护肾，使用葡萄糖、维生素 C、龙胆泻肝汤、五苓散、茯白散等。③利水消肿，保护上皮细胞，改善微循环，维持水、电解质和酸碱平衡，即使用呋塞米利尿，牛磺酸、ATP、肌苷、CoA 补充能量等。④提高自身抵抗力、防止继发感染（注意药物剂量）。

（3）已发病鸡场的管理　①做好鸡群基础性疫苗的免疫接种工作，尤其是免疫抑制性疾病的免疫。②种鸡控制注意引种安全。③在发病区域、发病季节，注意及时扩栏和鸡群的有效隔离，养殖密度合理；打开禽舍顶窗除湿等。④给鸡充足的氧气，注意通风。⑤密闭式鸡舍注意负压不要过大。⑥预防各种应激，尤其是夏季的热应激，做好防暑降温工作。

【注意事项】（1）病因分析　引发心包积液的原因很多，有以下几个方面。①病原因素：腺病毒只是其致病原之一，其他病毒与该病之间的相互作用值得进一步研究；另据研究报道，除腺病毒外，似乎还有一种传染性病原（如禽流感 H9 亚型等）与腺病毒协同感染才能复制出本病。②中毒因素：如黄曲霉毒素中毒、聚氯二苯中毒、某种化学毒素中毒等。据报道腺病毒与黄曲霉（毒素）混合感染后，可以复制典型的鸡心包积液综合征。③营养因素：如菜籽饼中的硫葡萄糖苷在硫葡萄糖苷酶的作用下形成异硫氰酸酯、噁唑烷硫酮、腈等有毒物质而引发机体细胞代谢紊乱。④诱发因素：缺氧、过度负压通风。⑤遗传育种。

（2）对待心包积水综合征的态度　①不要轻易相信你的鸡得了鸡心包积液综合征，但如果已经得到权威检测机构的明确结果时，应及时采取应对措施。②按流程做好常规管理，尤其是生物安全措施（消毒）、疫苗免疫和药物预防。③不要盲目使用一些效果尚不确定的生物制品，因为生物制品永远是防治疾病的最后一道防线。

五、鸡住白细胞虫病

鸡住白细胞虫病又称鸡白冠病，是由住白细胞虫属的沙氏住白细胞原虫和卡氏住白细胞原虫寄生于鸡的白细胞和红细胞内所引起的一种血液原虫病。临床上以咳血、腹泻（绿色稀粪）、产蛋量下降、增重放缓、内脏器官、肌肉组织广泛出血以及形成灰白色的裂殖体结节等为特征。鸡住白细胞虫在我国较为常见，其中以卡氏住白细胞虫的致病力最强，其较高的发病率和死亡率给养鸡业带来较大的经济损失。

【病原】本病的病原是住白细胞虫，属于疟原虫科住白细胞虫属。感染火鸡的是史氏住白细胞虫，感染鸡的是卡氏住白细胞虫和沙氏住白细胞虫。卡氏住白细胞虫的发育包括裂殖生殖、配子生殖、孢子生殖三个阶段。裂殖生殖和配子生殖的前半部分在鸡的体内完成，而配子生殖的后半部分及孢子生殖则在媒介昆虫库蠓体内完成。

【流行特征】①易感动物：不同品种、性别、年龄的鸡均能感染，日龄较小的鸡和轻型蛋鸡易感性最强，死亡率可高达 50%～80%；成年鸡感染多呈亚急性或慢性经过，死亡率一般为 2%～10%。②传染源：病鸡、病愈鸡或耐过鸡、带虫鸡等。本虫的发育需要有昆虫媒介，卡氏住白细胞虫的发育在库蠓体内完成，沙氏住白细胞虫的发育在蚋体内完成。③传播途径：虫媒传播，当蠓、蚋等吸血昆虫吸血时随其唾液将住白细胞虫的子孢子注入鸡体内。④流行季节：与蠓、蚋等吸血昆虫活动的季节相一致。广州地区多在 4～10 月份发生，严重发病见于 4～6 月份，发育的高峰季节在 5 月份。河南郑州、开封地区多发生于 6～8 月份。沙氏住白细胞虫的流行在福建地区的 5～7 月份及 9 月下旬至 10 月份多发。

【临床症状】3～6周龄的鸡感染多呈急性型，病鸡表现为体温42℃以上，冠苍白（见图4-48），翅下垂，食欲减退，渴欲增强，呼吸急促，粪便稀薄，呈黄绿色；双腿无力行走，轻瘫；翅、腿、背部大面积出血；部分鸡临死前口鼻流血（见图4-49），常见水槽和料槽边沿有病鸡咳出的红色鲜血。病程1～3天。青年鸡感染多呈亚急性型，鸡冠苍白，贫血，消瘦；少数鸡的鸡冠变黑，萎缩；精神不振，羽毛松乱，行走困难，粪便稀薄且呈黄绿色。病程1周以上，最后衰竭死亡。成年鸡感染多呈隐性型，无明显的贫血，产蛋率下降不明显，病程1个月左右。

图4-48 病鸡的鸡冠苍白，上有小的出血点（李鹏飞 供图）

图4-49 病鸡临死前口腔、鼻腔流血（孙卫东 供图）

【剖检变化】病/死鸡剖检时见血液稀薄、骨髓变黄等贫血和全身性出血。在肌肉，特别是胸肌和腿肌（见图4-50）常有出血点，有些出血点中心有灰白色小点（巨型裂殖体）；在脂肪，尤其是腹部脂肪（见图4-51）、腺胃外脂肪（见图4-52）和心冠脂肪（见图4-53）和肠系膜脂肪（见图4-54）有出血点；内脏器官广泛性出血，以肾（见图4-55）、胰腺（见图4-56）、肺、肝出血最为常见，胸腔、腹腔积血（见图4-57）。在颈部皮下（见图4-58）和咽喉（见图4-59）、嗉囊及消化道见有出血和血凝块。脑实质点状出血。本病的另一个特征是在胸肌、腿肌、心肌、肝、脾、肾、肺等多种组织器官有白色小结节，结节针头至粟粒大小，类圆形，有的向表面突起，有的在组织中，结节与周围组织分界明显，其外围有出血环。

【诊断】根据临床症状、剖检病变及发病季节可做出初步诊断。病原检查，即取病鸡的血液或脏器（肝、脾、肺、肾等）做成涂片，经姬姆萨染色后，油镜下观察，发现血细胞中的配子体；或者挑取肌肉中红色小结节，做成压片标本，在显微镜下观察，发现圆形裂殖体有助于确诊。

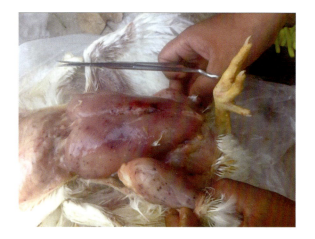

图 4-50 病鸡的胸肌出血（张永庆 供图）

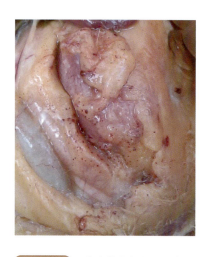

图 4-51 病鸡的腹部脂肪有大量出血点出血（李鹏飞 供图）

图 4-52 病鸡的腺胃外脂肪有出血点（李鹏飞 供图）

图 4-53 病鸡的心冠脂肪有出血点（吴志强 供图）

图 4-54 病鸡的肠系膜脂肪有出血点（贡奇胜 供图）

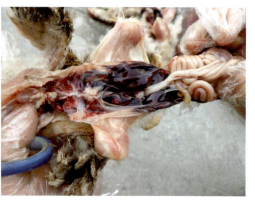

图 4-55 病鸡的肾脏严重出血（孙卫东 供图）

图 4-56　病鸡的胰腺上有出血点（李鹏飞 供图）

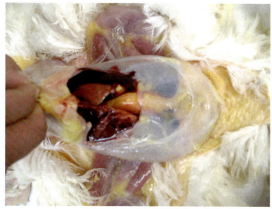

图 4-57　病鸡的腹腔积血（孙卫东 供图）

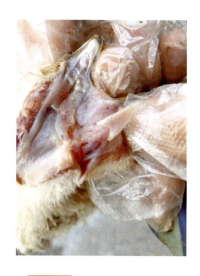

图 4-58　病鸡的颈部皮下有出血点（李鹏飞 供图）　　图 4-59　病鸡咽喉处的血凝块
（孙卫东 供图）

【类症鉴别】

1. 与鸡传染性法氏囊病的鉴别

（1）相似点　胸肌与腿肌的出血。

（2）不同点　鸡感染传染性法氏囊病毒后往往是斑块状出血（见图4-60），肾脏因尿酸盐沉积呈"花斑肾"，法氏囊肿大/出血，腺胃与肌胃交界处有出血带，其发病与吸血昆虫无关等。

2. 与磺胺类药物中毒的鉴别

（1）相似点　胸肌与腿肌的出血。

（2）不同点　鸡磺胺类药物中毒时的出血往往是条状/斑块状出血（见图4-61），肾脏因磺胺类药物沉积而损伤、无出血，鸡有接触磺胺类药物的病史，病鸡发病时常伴有神经症状等。

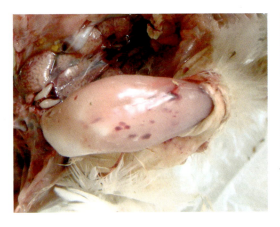

图4-60　病鸡感染传染性法氏囊病毒后腿肌呈斑块状出血（吴志强　供图）

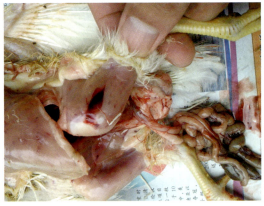

图4-61　病鸡磺胺类药物中毒后腿肌细条状/斑块状出血（孙卫东　供图）

【预防措施】

（1）消灭中间宿主，切断传播途径　防止库蠓或蚋进入鸡舍侵袭鸡，可采取以下措施：①鸡舍周围至少200米以内，不要堆积畜禽粪便与堆肥，并清除杂草，填平水洼。如无此条件，在流行季节可每隔6～7天应用马拉硫磷或敌敌畏乳剂等农药喷洒一次，杀灭幼虫与成虫。②鸡舍内于每日黎明与黄昏点燃蚊香，阻止蠓、蚋进入。③鸡舍用窗纱作窗帘与门帘，黎明与黄昏放下，阻止蠓、蚋进入，其余时间掀起，以利通风降温。由于蠓、蚋比蚊虫小，须用细纱。

（2）药物预防　一般是根据当地本病的流行特点，在流行前期于饲料中添加药物进行预防和控制。预防药物主要有乙胺嘧啶，剂量为5毫克/千克；克球粉，剂量为125毫克/千克；痢特灵，剂量为100毫克/千克。

（3）避免将病愈鸡或耐过鸡留作种用　耐过的病鸡或病愈鸡体内可以长期带虫，当有库蠓、蚋出现时，就可能在鸡群中传播本病。因此，在流行地区选留鸡群时应全部淘汰曾患过本病的鸡。同时应避免引入病鸡。

【安全用药】磺胺类药物是治疗和预防本病的有效药物，但其易产生耐药性，可选择下列药物交替使用。

（1）磺胺间甲氧嘧啶（制菌磺、磺胺-6-甲氧嘧啶、泰灭净、SMM）　磺胺间甲氧嘧啶片按每千克体重首次量50～100毫克一次内服，维持量25～50毫克，1天2次，连用3～5天。按0.05%～0.2%混饲3～5天，或按0.025%～0.05%混饮3～5天。休药期7天。

（2）磺胺嘧啶（SD）　10%、20%磺胺嘧啶钠注射液按每千克体重10毫克一次肌内注射，1天2次。磺胺嘧啶片按每只育成鸡0.2～0.3克一次内服，1天2次，连用3～5天。按0.2%混饲3天，或按0.1%～0.2%混饮3天。蛋鸡禁用。

（3）盐酸二奎宁　每支1毫升注射4只鸡，每天1次，连注6天，疗效较好。

（4）克球粉　25%氯羟吡啶预混剂，按每千克饲料250毫克混饲。

六、肉鸡腹水综合征

肉鸡腹水综合征（ascites syndrome，AS）又称肉鸡肺动脉高压综合征（pulmonary hypertension syndrome，PHS），是一种由多种致病因子共同作用引起的快速生长幼龄肉鸡以右心肥大、扩张以及腹腔内积聚浆液性淡黄色液体为特征，并伴有明显的心、肺、肝等内脏器官病理性损伤的一种非传染性疾病。

【病因】诱发本病的因素很多，包括遗传、饲养环境、营养等。①遗传因素：肉鸡（特别是公鸡）生长快速，存在亚临床症状的肺心病，这可能是发生本病的生理学基础。②饲养环境：寒冷，饲养环境恶劣，通风换气不良、过度造成鸡舍负压太高或海拔太高造成长时间的供氧不足。③营养：采用高能量、高蛋白饲料喂鸡，促使其生长，机体需氧量增加，也会发生供氧相对不足；饲料中含有毒物质如黄曲霉素或高水平的某些药物（如呋喃唑酮等），某些侵害肝脏、肺或气囊的疾病（如大肠杆菌感染、传染性支气管炎病毒感染等）也可引起肉鸡腹水综合征。

【临床症状】患病肉鸡主要表现为精神不振，食欲降低，不愿站立，以腹部着地，喜躺卧（见图4-62），或行动缓慢似企鹅样运动；腹部膨胀、皮肤呈粉红到紫红色（见图4-63），触之有波动感（见视频4-4）；体温正常，羽毛粗乱，反应迟钝，重症病呼吸困难，鸡冠和肉髯呈紫红色，抓鸡时可突然抽搐死亡。用注射器可从腹腔可抽出数量不等的淡黄色液体（见图4-64），病鸡腹水消失后，其生长速度缓慢（见图4-65）。

视频4-4

图 4-62　病鸡精神不振，蹲伏、不愿走动（孙卫东 供图）

图 4-63　病鸡腹部膨大，皮肤呈粉红到紫红色（孙卫东 供图）

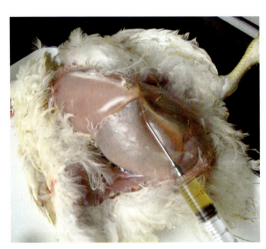

图 4-64　用注射器可从病鸡腹腔可抽出数量不等的淡黄色液体

图 4-65　发生腹水后的肉鸡（右）与同日龄健康鸡（左）比较其生长速度降低

【剖检变化】病/死肉鸡剪开皮肤后，见腹腔充满淡黄色的液体（见图 4-66），胸肌淤血更为明显（见图 4-67）。从病鸡的泄殖腔下方剪开腹部，见清亮、淡黄色液体不是积聚在腹腔中，而是积聚在肝脏包膜腔内（见图 4-68），腹水中混有纤维素凝块（见图 4-69），腹水量约 50～500 毫升。肝脏充血、肿大（见图 4-70），呈紫红或微紫红，有的病例见肝脏萎缩变硬，表面凹凸不平，肝脏表面有胶冻样渗出物（见图 4-71、视频 4-5 和视频 4-6）或纤维素性渗出物（图 4-72）。心包膜增厚，心包积液，右心肥大（见图 4-73），右心室扩张、柔软，心壁变薄（见图 4-74），右心室内常充满血凝块（见图 4-75）。肺呈弥漫性充血或水肿（见图 4-76），副支气管充血。胃、肠显著淤血（见图 4-77）。肾充血、肿大，有的有尿酸盐沉着。脾脏通常较小。

视频 4-5

视频 4-6

图 4-66 病鸡剪开皮肤后可见腹腔充满淡黄色的液体（孙卫东 供图）

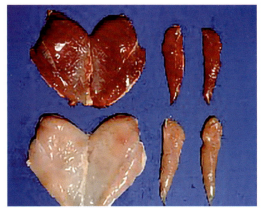

图 4-67 病鸡的胸肌（上）与健康鸡的胸肌（下）比较淤血更为明显（孙卫东 供图）

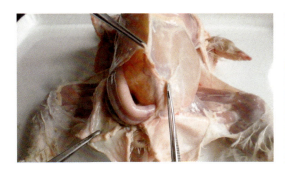

图 4-68 病鸡肝腹膜腔内积有大量淡黄色液体（孙卫东 供图）

图 4-69 病鸡肝腹膜腔内积液（腹水）呈淡黄色，内混有纤维素凝块（孙卫东 供图）

图 4-70　病鸡肝脏肿大，边缘变钝（孙卫东 供图）

图 4-71　病鸡肝脏表面的胶冻样渗出物（孙卫东 供图）

图 4-72　病鸡肝脏表面的纤维素性渗出物（孙卫东 供图）

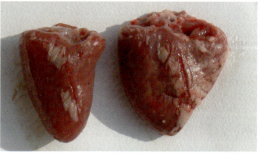

图 4-73　病鸡右心肥大（左侧为正常对照）（孙卫东 供图）

图 4-74　病鸡右心室扩张（左侧为正常对照）（孙卫东 供图）

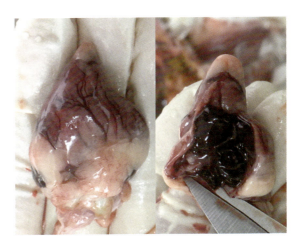

图 4-75　病鸡右心室扩张（左），内充满血凝块（右）（孙卫东 供图）

图 4-76　病鸡肺脏呈弥漫性充血、水肿（孙卫东 供图）

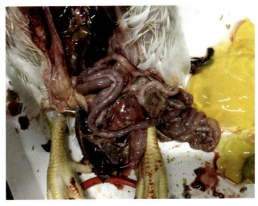

图 4-77　病鸡的肠道淤血（孙卫东 供图）

【诊断】根据症状、病理变化可做出初步诊断，确诊需要进行相关病原的分离和鉴定。必要时可进行 X 光检查（见图 4-78）。

【类症鉴别】

1. 与大肠杆菌病的鉴别

（1）相似点　病鸡腹腔内有积液，肝脏的表面有胶冻样渗出物（见图 4-79）。

（2）不同点　鸡感染大肠杆菌后除上述病变外，往往还伴有其他脏器的炎性渗出（如心包、气囊等），且渗出液浑浊、不清亮。

2. 与输卵管积液的鉴别

（1）相似点　病鸡的腹腔内积聚大量的液体。

(2) 不同点　仔细剖检时可发现其积液在输卵管内，积液透明、清亮（见图 4-80）。

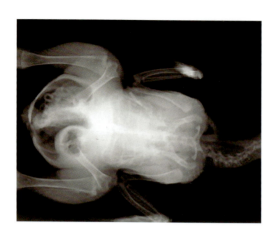

图 4-78　由 X 光片可见腹水病鸡的积液是在肝脏包膜腔，而不是腹腔（孙卫东　供图）

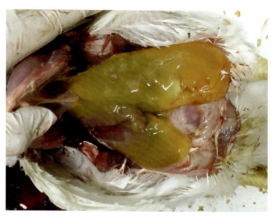

图 4-79　大肠杆菌感染后引起的肝脏胶冻样渗出及心包浑浊（孙卫东　供图）

图 4-80　大量透明、清亮的液体积聚在输卵管内（孙卫东　供图）

【预防措施】早期限饲或控制光照，控制其早期的生长速度或适当降低饲料的能量；改善鸡群管理及环境条件，防止拥挤，改善通风换气条件，保证鸡舍内有较充足的空气流通，同时做好鸡舍内的防寒保暖工作；禁止饲喂发霉饲料；日粮中补充维生素 C，每千克饲料中添加 0.5 克维生素 C，对预防肉鸡腹水综合征能取得良好效果；选用抗肉鸡腹水综合征的品种；做好相关传染病的疫苗预防接种工作。

【安全用药】国内外有多种药物防治肉鸡腹水综合征的报道，概括起来包括西药防治、中草药防治以及将两种方法相结合的中西结合防治。

1. 西药疗法

（1）腹腔抽液　在病鸡腹部消毒后用 12 号针头刺入病鸡腹腔抽出腹水，然后注入青、链霉素各 2 万单位或选择其他抗生素，经 2～4 次治疗后可使部分病鸡康复。

（2）利尿剂　双氢克尿噻（速尿）0.015% 拌料，或口服双氢克尿噻每只 50 毫克，每日 2 次，连服 3 日；双氢氯噻嗪 10 毫克/千克拌料，防治肉鸡腹水综合征有一定效果。也可口服 50% 葡萄糖。

（3）碱化剂　碳酸氢钠（1% 拌料）或大黄苏打片（20 日龄雏鸡每天每只 1 片，其他日龄鸡酌情处理）。碳酸氢钾 1000 毫克/千克饮水，可降低肉鸡腹水综合征的发生率。

（4）抗氧化剂　向瑞平等在日粮中添加 500 毫克/千克的维生素 C 成功降低了低温诱

导的肉鸡腹水综合征的发病率，并发现维生素 C 具有抑制肺小动脉肌性化的作用。也可选用硝酸盐、亚麻油、亚硒酸钠等进行防治。

（5）脲酶抑制剂　用脲酶抑制剂 125 毫克 / 千克或 120 毫克 / 千克除臭灵拌料，可降低肉鸡腹水综合征鸡的死亡率。

（6）支气管扩张剂　用支气管扩张剂二羟苯基异丙氨基乙醇给 1～10 日龄幼雏饮水投药（2 毫克 / 千克），可降低肉鸡腹水综合征的发生率。

（7）其他　有人研究了在日粮中添加高于 NRC 标准的精氨酸可以降低肉鸡腹水综合征的发病率；给肉鸡饲喂 0.25 毫克 / 千克的 β-2 肾上腺素受体激动剂 clenbuteol 防治肉鸡腹水综合征，取得良好效果；在日粮中添加 40 毫克 / 千克辅酶 Q_{10} 能够预防肉鸡腹水综合征；日粮中添加肉碱（200 毫克 / 千克）可预防肉鸡腹水综合征；饲喂血管紧张素转换酶抑制剂卡托普利（5 毫克 / 只，1 日 3 次）、硝苯地平（1.7 毫克 / 只，1 日 2 次）、维拉帕米（6.7 毫克 / 只，1 日 3 次）、Verapamil（5 毫克 / 千克体重，1 日 2 次），或肌内注射扎鲁司特（0.4 毫升 / 千克，早晚各 1 次），可降低肉鸡的肺动脉高压。

2. 中草药疗法

中兽医认为肉鸡腹水综合征是由于脾不运化水湿、肺失通调水道、肾不主水而引起脾、肺、肾受损、功能失调的结果。宜采用宣降肺气、健脾利湿、理气活血、保肝利胆、清热退黄的方药进行防治。

（1）苍苓商陆散　苍术、茯苓、泽泻、茵陈、黄柏、商陆、厚朴各 50 克，栀子、丹参、牵牛子各 40 克，川芎 30 克。将其烘干、混匀、粉碎，按每只鸡每天 1～2 克，拌料饲喂，连用 3～4 天。

（2）复方中药哈特维（腥水消）　丹参（50%）、川芎（30%）、茯苓（20%）。三药混合后加工成中粉（全部过四号筛）。按 1 千克饲料加药 4 克喂服，连用 3～4 天。

（3）运饮灵　猪苓、茯苓、苍术、党参、苦参、连翘、木通、防风及甘草各 50～100 克。将其烘干、混匀、粉碎，按每只鸡每天 1～2 克，拌料饲喂，连用 3～4 天。

（4）腹水净　猪苓 100 克、茯苓 90 克、苍术 80 克、党参 80 克、苦参 80 克、连翘 70 克、木通 80 克、防风 60 克、白术 90 克、陈皮 80 克、甘草 60 克、维生素 C 20 克、维生素 E 20 克。将中药烘干、粉碎，并与维生素混匀，按每只鸡每天 1 克，拌料饲喂，连用 3～4 天。

（5）腹水康　茯苓 85 克、姜皮 45 克、泽泻 20 克、木香 90 克、白术 25 克、厚朴 20 克、大枣 25 克、山楂 95 克、甘草 50 克、维生素 C 45 克。将中药烘干、粉碎，并与维生素混匀，按 1 千克饲料加药 15 克饲喂，3～5 天为一个疗程。8～35 日龄肉鸡预防，每 1 千克饲料加药 4 克饲喂。

（6）术苓渗湿汤　白术 30 克、茯苓 30 克、白芍 30 克、桑白皮 30 克、泽泻 30 克、大腹皮 50 克、厚朴 30 克、木瓜 30 克、陈皮 50 克、姜皮 30 克、木香 30 克、槟榔 20 克、绵茵陈 30 克、龙胆草 40 克、甘草 50 克、茴香 30 克、八角 30 克、红枣 30 克、红糖适量。共煎汤，按每只鸡每天 1 克饮用，连用 3～4 天。

（7）苓桂术甘汤　茯苓、桂枝、白术、炙甘草按 4∶3∶2∶2 组成。共煎汤，按每只鸡每天 1 克饮用，连用 3～4 天。

（8）十枣汤　芫花 30 克，甘遂、大戟（面裹煨）各 30 克，大枣 50 枚。煎煮大枣取汤，与它药共为细末，按每只鸡每天 1 克，拌料饲喂，连用 3～4 天。

（9）冬瓜皮饮　冬瓜皮 100 克、大腹皮 25 克、车前子 30 克。共煎汤，按每只鸡每天 1 克饮用，连用 3～4 天。

（10）其他中草药方剂　复方利水散，腹水灵，防腹散，去腹水散，科宝，肝宝，地奥心血康，茵陈蒿散，八正散加减联合组方，真武汤等。

七、肉鸡猝死综合征

肉鸡猝死综合征（sudden death syndrome，SDS）又称急性死亡综合征，常发生于生长迅速、体况良好的幼龄肉鸡群。临床上以体况良好的鸡突然发病、死亡为特征。本病在我国也普遍存在，对肉鸡生产的危害也越来越严重。

【临床症状】本病的发生无季节性，无明显的流行规律。公鸡发病比母鸡多见，鸡群中因该病而死亡的鸡中公鸡占 70%～80%；营养好、生长发育快的鸡较生长慢的鸡多发；本病多发生于 1～5 周龄鸡；死亡率约在 0.5%～5% 之间。鸡在发病前并无明显的征兆，采食、活动、饮水等一切正常。病鸡表现为正常采食时突然失去平衡，向前或向后跌倒，翅膀剧烈拍动，发出尖叫声，肌肉痉挛而死。死亡鸡多两脚朝天、腿和颈伸直，从发病到死亡的时间很短，约为 1～2 分钟。

【剖检变化】死亡鸡剖检可见生长发育良好，嗉囊及肠道内充满采食的饲料，胸肌发达（见图 4-81）；肝脏稍肿大，胆囊小或空虚（见图 4-82），剪开胆囊见有少量淡红色液体（见图 4-83）；肺淤血、水肿，右心房淤血，心室紧缩（见图 4-84）。

图 4-81　病鸡发育良好，胸肌发达
（孙卫东 供图）

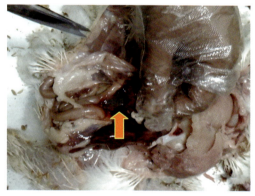

图 4-82　病鸡的胆囊小或空虚
（箭头所示）（孙卫东 供图）

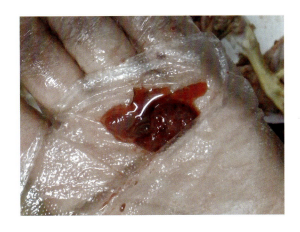

图 4-83　剪开病鸡的胆囊，有少量淡红色液体（孙卫东 供图）

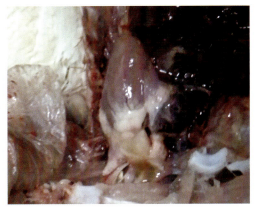

图 4-84　病鸡左心室紧缩，右心房淤血（孙卫东 供图）

【诊断】根据临床症状，结合病理剖检变化可做出初步诊断。

【预防措施】

（1）改善环境因素　鸡舍应防止噪声及突然惊吓，减少各种应激因素。合理安排光照时间，在肉鸡 3～21 日龄时，光照时间不宜太长，一般为 10 小时。3 周龄后可逐渐增加光照时间，但每日应有两个光照期和两个黑暗期。

（2）适量限制饲喂　对 3～30 日龄的雏鸡进行限制性饲喂，控制肉鸡的早期生长速度，可明显降低本病的发生率，在后期增加饲喂量并提高营养水平，肉鸡仍能在正常时间上市。

（3）药物预防　在本病的易发日龄，每吨饲料中添加 1 千克氯化胆碱、1 万国际单位维生素 E、12 毫克维生素 B_1 和 3.6 千克碳酸氢钾及适量维生素 AD_3，可使猝死综合征的发生率降低。

【安全用药】由于发病突然、死亡快，目前尚无有效的治疗办法。

第五章

鸡泌尿生殖系统疾病的鉴别诊断与安全用药

第一节 鸡泌尿生殖系统疾病的发生

一、蛋的形成与产出

在生殖激素的作用下,成熟卵泡破裂而排卵,排出的卵泡被漏斗部接入,进入输卵管的膨大部。卵泡在膨大部首先被腺体分泌的浓蛋白包绕,由于输卵管的蠕动作用,卵泡做被动性的机械旋转,使这层浓蛋白扭转而形成系带;然后膨大部分泌的稀蛋白包围卵泡形成稀蛋白层,之后又形成浓蛋白层和最外层稀蛋白层。膨大部蠕动作用促使卵泡进入峡部,在此处形成内外蛋壳膜。在卵进入子宫后的约前 8 小时,由于内外蛋壳膜渗入了子宫液(水分和盐分),使蛋的重量增加了近 1 倍,同时使蛋壳膜鼓胀呈蛋形。在膨胀初期钙的沉积很慢,进入约 4 小时后,钙的沉积开始加快,到 16 小时就达到稳定的水平。子宫上皮分泌的色素卵嘌呤均匀分布在蛋壳和胶护膜上,蛋离开子宫时在蛋壳表面覆有极薄的、有色可透性角质层。

二、鸡泌尿生殖系统疾病发生的因素

(1) 生物性因素 包括病毒(如肾型传染性支气管炎病毒、传染性法氏囊病毒、鸡产蛋下降综合征病毒、新城疫病毒、禽流感病毒、马立克病毒等)、细菌(如大肠杆菌等),霉菌(如橘青霉、赭曲霉等)和某些寄生虫(如组织滴虫、前殖吸虫)等。

(2) 饲养管理因素 如鸡舍阴暗潮湿、饲养密度过大、光照不足、运动不足等。

(3) 营养因素 如维生素 A 缺乏、饲料中动物性蛋白含量过高、日粮中钙磷比例不合理(尤其是钙含量过高)等。

（4）药物因素　如磺胺类药物、庆大霉素、卡那霉素以及药物配伍不当等引起的肾脏损伤。

（5）其他因素　如人工授精的器具未严格消毒、人工授精所用精液/精液的稀释液被病原污染等。

第二节　鸡泌尿生殖系统常见疾病的鉴别诊断与安全用药

一、肾病型传染性支气管炎

肾病型传染性支气管炎是由肾病型传染性支气管炎病毒引起的一种以肾病变为主的支气管炎，临床上以突然发病、迅速传播、排白色稀粪、渴欲增加、严重脱水、肾脏肿大为特征。

【病原】见第二章第三节呼吸型传染性支气管炎。

【流行特征】见第二章第三节呼吸型传染性支气管炎。

【临床症状】主要集中在14～45日龄的鸡发病。病初有轻微的呼吸道症状，怕冷、嗜睡、减食、饮水量增加，经2～4天症状近乎消失，表面上"康复"。但在发病后10～12天，出现严重的全身症状，精神沉郁，羽毛松乱，厌食，排白色石灰水样稀粪沾染在泄殖腔周围的羽毛上（见图5-1和视频5-1），脚趾干枯（见图5-2）。整个病程21～25天，鸡日龄越小，发病率和死亡率越高，通常在5%～45%不等。

视频5-1

图5-1　病鸡排白色石灰水样稀粪，沾染在泄殖腔下的羽毛上（孙卫东 供图）

图5-2　病鸡脚趾干枯（孙卫东 供图）

【剖检变化】病/死鸡剖检可见肾肿大、出血（见图5-3），或肾脏苍白，肾小管和输尿管扩张，充满白色的尿酸盐，外观呈花斑状（见图5-4），称之为"花斑肾"；盲肠后段和泄殖腔中常有多量白色尿酸盐；机体脱水、消瘦。严重病例在内脏浆膜的表面（见图5-5）、肌肉（见图5-6）、胆囊内（见图5-7）会有尿酸盐沉积。

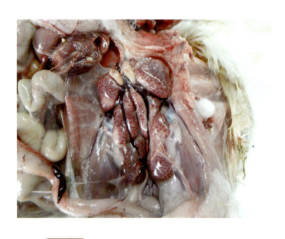

图5-3 病鸡肾肿大出血（秦卓明 供图）

图5-4 病鸡肾肿大，充满白色的尿酸盐，外观呈花斑状（李银 供图）

图5-5 病鸡的内脏浆膜面有尿酸盐沉积（孙卫东 供图）

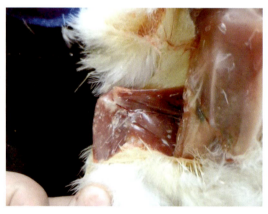

图5-6 病鸡肌肉内有尿酸盐沉积（秦卓明 供图）

【诊断】见第二章第三节呼吸型传染性支气管炎。

【类症鉴别】

（1）与鸡传染性法氏囊的鉴别 本病排出石灰水样稀粪、肾脏尿酸盐沉积呈"花斑肾"，与肾型传染性支气管炎的病变相似，其鉴别诊断详见鸡痛风相关部分内容的叙述。

（2）与鸡痛风的鉴别 本病排出石灰水样稀粪、肾脏尿酸盐沉积呈"花斑肾"，与肾型传染性支气管炎的病变相似，其鉴别诊断详见鸡痛风相关部分内容的叙述。

 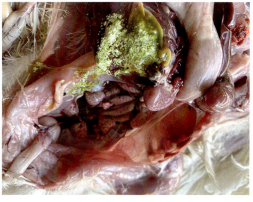

图 5-7　病鸡的胆囊内有尿酸盐沉积（孙卫东 供图）

【预防措施】临床上进行相应毒株的疫苗接种可有效预防本病。该病的疫苗有肾型毒株（Ma5、IBn、W93、C90/66、HK、D41、H94 等）和多价活疫苗及灭活疫苗。肉仔鸡预防肾型传支时，1 日龄用新城疫Ⅳ系-H120-28/86 三联苗点眼或滴鼻首免，15～21 日龄用 Ma5 点眼或滴鼻二免。蛋鸡预防肾型传支时，1～4 日龄用 Ma5 或 H120 或新城疫传支二联苗点眼或滴鼻首免，15～21 日龄用 Ma5 点眼或滴鼻二免，30 日龄用 H52 点眼或滴鼻，6～8 周龄时用新支二联弱毒苗点眼或滴鼻，16 周龄时用新支二联灭活油乳剂苗肌注。

【安全用药】选用抗病毒药抑制病毒的繁殖、添加抗生素防止继发感染、用黄芪多糖等提高鸡群的抵抗力同第二章第三节呼吸型传染性支气管炎的描述，其他对症疗法如下。

（1）减轻肾脏负担　将日粮中的蛋白质水平降低 2%～3%，禁止使用对肾有损伤的药物，如庆大霉素、磺胺类药物等。

（2）维持肾脏的离子及酸碱平衡　可在饮水中加入肾肿解毒药（肾肿消、益肾舒或口服补液盐）或饮水中加 5% 葡萄糖或 0.1% 盐和 0.1% 维生素 C，并充足供应饮水，连用 3～4 天，有较好的辅助治疗作用。

（3）中草药疗法　取金银花 150 克、连翘 200 克、板蓝根 200 克、车前子 150 克、五倍子 100 克、秦皮 200 克、白茅根 200 克、麻黄 100 克、款冬花 100 克、桔梗 100 克、甘草 100 克。水煎 2 次，合并煎液，供 1500 只鸡分上、下午两次喂服。每天 1 剂，连用 3 剂（说明：由于病鸡脱水严重，体内钠、钾离子大量丢失，应给足饮水，如添加口服补液盐或其他替代物，效果更好）。或取紫菀、细辛、大腹皮、龙胆草、甘草各 20 克，茯苓、车前子、五味子、泽泻各 40 克，大枣 30 克。研末，过筛，按每只每天 0.5 克，加入 20 倍药量的 100℃开水浸泡 15～20 分钟，再加入适量凉水，分早、晚两次饮用。饮药前断水 2～4 小时，2 小时内饮完，连用 4 天即愈。

二、生殖型传染性支气管炎

生殖型传染性支气管炎是由生殖型传染性支气管炎病毒引起的一种以生殖系统病变为

主的支气管炎，临床上以病鸡的"企鹅状"走路姿势、输卵管发育不良或积液等为特征。

【病原】见第二章第三节呼吸型传染性支气管炎。

【流行特征】见第二章第三节呼吸型传染性支气管炎。

【临床症状】产蛋鸡/种鸡开产日龄后移，产蛋高峰不明显，开产时产蛋率上升速度较慢，病鸡腹部膨大呈"大裆鸡"，触诊有波动感（见视频5-2），行走时呈"企鹅状"步态（见图5-8和视频5-3），病鸡常因"企鹅状"走路致腹部皮肤损伤、感染和坏死（见图5-9）。有的病鸡常因腹内压增高呈"犬坐"姿势，张口呼吸（见图5-10和视频5-4）。将病鸡背部着地时，则自己不能翻转过来（见图5-11），有时可见病鸡因腹内压增高而泄殖腔外翻（见图5-12）。

视频5-2

视频5-3

视频5-4

图5-8　病鸡头颈高举，行走时呈"企鹅状"姿势（孙卫东 供图）

图5-9　病鸡腹部皮肤损伤、感染（孙卫东 供图）

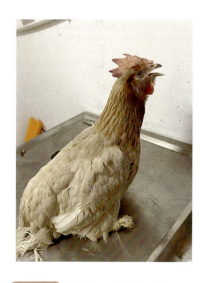

图 5-10 病鸡呈"犬坐"姿势，张口呼吸（孙卫东 供图）

图 5-11 病鸡背部着地时，则自己不能翻转过来（孙卫东 供图）

【剖检变化】病死鸡可见幼稚型输卵管（见图 5-13），狭部阻塞（见图 5-14）或输卵管壁积液、变薄，发育不良（见图 5-15），有的病鸡输卵管内有大量积液（见图 5-16 和视频 5-5）。

视频 5-5

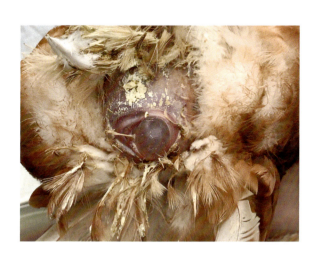
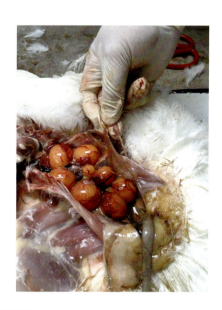

图 5-12 病鸡泄殖腔外翻（孙卫东 供图）

图 5-13 病鸡形成幼稚型输卵管（孙卫东 供图）

【诊断】见第二章第三节呼吸型传染性支气管炎。

【预防措施】见第二章第三节呼吸型传染性支气管炎。

【安全用药】见第二章第三节呼吸型传染性支气管炎。

【注意事项】在鸡生殖系统发育阶段避免传染性支气管炎弱毒疫苗的免疫或野毒感染。

图 5-14　病鸡的输卵管狭部阻塞（右上为健康对照）（孙卫东 供图）

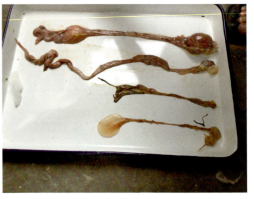

图 5-15　病鸡的输卵管积液、变薄，发育不良（最上为健康对照）（孙卫东 供图）

图 5-16　病鸡的输卵管发生水泡性囊肿（孙卫东 供图）

三、产蛋下降综合征

产蛋下降综合征（egg drop syndrome，EDS）是由产蛋下降综合征病毒（EDSV）引起的一种急性、病毒性传染病。其特点是在饲养管理条件正常的情况下，当蛋鸡/种鸡群产蛋量达到高峰时产蛋量突然急剧下降，同时在短期内出现大量无壳蛋、薄壳蛋或蛋壳不整的畸形蛋，棕色蛋蛋壳颜色变浅，有些薄壳蛋表面不光滑，沉积有大量灰白色或灰黄色粉状物。目前，EDS 已经成为世界范围内引起产蛋下降的一个主要原因。

【病原】EDSV 属于腺病毒科、禽腺病毒属Ⅲ群，仅有一个血清型。REV 对外界因素的抵抗力强，对乙醚、氯仿不敏感，pH 3～10 稳定，对热也有一定的抵抗力，可耐受 56℃ 3 小时，但 60℃ 30 分钟可被灭活。EDSV 能凝集鸡、鸭、鹅和火鸡等禽的红细胞，但不能凝集大鼠、马、绵羊、山羊、牛、猪及兔等哺乳动物的红细胞。

【流行特征】①易感动物：所有品系产蛋鸡都能感染，特别是产褐壳蛋的种鸡最易感。②传染源：病鸡和带毒母鸡。③传播途径：主要经卵垂直传播，种公鸡的精液也可传播；其次是鸡与鸡之间缓慢水平传播；第三是家养或野生的鸭、鹅或其他水禽，通过粪便污染饮水而将病毒传播给母鸡。④流行季节：无明显的季节性。

【临床症状】①典型症状：26～32周龄产蛋鸡群突然产蛋下降，产蛋率比正常下降20%～30%，甚至达50%。病初蛋壳颜色变浅（见图5-17），随之产畸形蛋，蛋壳粗糙变薄，易破损（见图5-18），软壳蛋和无壳蛋增多（见图5-19）（15%以上）。鸡蛋的品质下降，蛋白稀薄呈水样（见图5-20）。病程一般为4～10周，无明显的其他表现。②非典型症状：经过免疫接种但免疫效果差的鸡群发病症状会有明显差异，主要表现为产蛋期可能推迟，产蛋率上升速度较慢，高峰期不明显，少部分鸡会产无壳蛋（见图5-21），且很难恢复。

图5-17　病鸡所产蛋的蛋壳颜色变淡（孙卫东　供图）

图5-18　鸡笼下粪便中可见破碎的鸡蛋及鸡蛋壳（孙卫东　供图）

图5-19　病鸡的蛋壳粗糙变薄、易破损，软壳蛋和无壳蛋增多（孙卫东　供图）

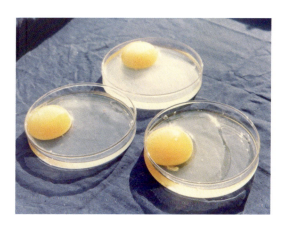

图5-20　鸡蛋的品质下降，蛋清呈水样或混浊（右下角为健康对照）（孙卫东　供图）

【剖检变化】病鸡卵巢、输卵管萎缩变小（见图5-22）或呈囊泡状（见图5-23），输卵管黏膜轻度水肿、出血（见图5-24），子宫部分水肿、出血（见图5-25），严重时形成小水疱。少部分鸡的生殖系统无明显的肉眼变化，只是子宫部的纹理不清晰，炎症轻微（见图5-26），且在下午五点左右子宫部的卵（鸡蛋）没有钙质沉积（见图5-27），故鸡产无壳蛋。

图5-21 鸡产无壳蛋（右下角为收集的无壳蛋）（孙卫东 供图）

图5-22 输卵管萎缩变小（最上排为健康对照）（孙卫东 供图）

图5-23 输卵管呈囊泡状（孙卫东 供图）

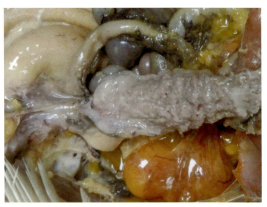

图5-24 输卵管卡他性炎症和黏膜水肿、出血（孙卫东 供图）

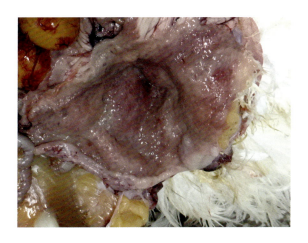

图 5-25　子宫部分水肿、出血（孙卫东 供图）

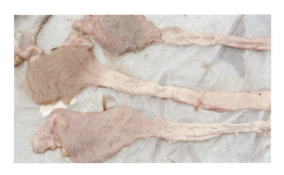

图 5-26　鸡子宫部的纹理不清晰，炎症轻微（中间为健康对照）（孙卫东 供图）

图 5-27　下午五点左右子宫部的卵（鸡蛋）没有钙质沉积（中间为健康对照）（孙卫东 供图）

【诊断】根据流行病学、结合临床症状（产蛋鸡群产蛋量突然下降，同时出现无壳软蛋、薄壳蛋及蛋壳失去褐色素的异常蛋）和病理变化，排除其他因素后，可做出初步诊断。根据病毒的分离与鉴定可做出确诊。此外，可用血凝抑制试验、琼脂扩散试验、病毒中和试验、免疫荧光抗体技术和 ELISA 等血清学方法进行诊断，也可选用基因探针、PCR 等分子生物学方法进行临床病料的检测。

【预防措施】

（1）预防接种　商品蛋鸡/种鸡 16～18 周龄时用鸡产蛋下降综合征（EDS_{76}）灭活苗，或鸡产蛋下降综合征-鸡新城疫二联灭活苗，或新城疫-鸡产蛋下降综合征-传染性支气管炎三联灭活油剂疫苗肌内注射 0.5 毫升/只，一般经 15 天后产生抗体，免疫期 6 个月以上；在 35 周龄时用同样的疫苗进行二免。注意：在发病严重的鸡场，分别于开产前 4～6 周和 2～4 周各接种一次；在 35 周龄时用同样的疫苗再免疫一次。

（2）加强检疫　因本病主要是通过种蛋垂直传播，所以引种要从非疫区引进，引进种鸡要严格隔离饲养，产蛋后经血凝抑制试验鉴定，确认抗体阴性者，才能留作种用。

（3）严格卫生消毒　对产蛋下降综合征污染的鸡场（群），要严格执行兽医卫生措施。

鸡场和鸭场之间要保持一定的距离,加强鸡场和孵化室的消毒工作,日粮配合时要注意营养平衡,注意对各种用具、人员、饮水和粪便的消毒。

(4) 加强饲养管理 提供全价日粮,特别要保证鸡群必需氨基酸、维生素及微量元素的需要。

【安全用药】一旦鸡群发病,在隔离、淘汰病鸡的基础上,可进行疫苗的紧急接种,以缩短病程,促进鸡群早时康复。本病目前尚无有效的治疗方法,多采用对症疗法(如用中药清瘟败毒散拌料,用双黄连制剂、黄芪多糖饮水;同时添加维生素 AD_3 和抗菌消炎药)。在产蛋恢复期,在饲料中可添加一些增蛋灵/激蛋散之类的中药制剂,以促进产蛋的恢复。

四、嗜输卵管型滑液囊支原体

近几年在一些无产蛋高峰蛋鸡/种鸡群的输卵管中检测到滑液囊支原体(*Mycoplasma synoviae*,MS)核酸呈阳性,MS ELISA 抗体水平很高,且鸡群早期几乎没有或者表现很轻微的关节病变,关节组织检测不到 MS 核酸,故目前一些学者认为在我国蛋鸡/种鸡中流行的 MS 按照其组织嗜性可分为关节型和输卵管型,而无产蛋高峰的主要原因是这部分鸡感染了嗜输卵管型 MS。

【病原】滑液囊支原体。

【临床症状】自 2000 年以来,一些商品蛋鸡/种鸡养殖场出现了一种奇特的鸡蛋,这些鸡蛋的蛋壳明显与正常鸡蛋不一样,具体表现为从鸡蛋的尖端往下大约 2 厘米高度的蛋壳表面粗糙不平、变薄、透明度增加、易碎、有裂纹,并且和下半部分蛋壳中间有一条明显的分界线(见图 5-28)。有学者将这种现象命名为"蛋壳尖端异常症"(eggshell apex abnormalities,EAA),这种鸡蛋命名为"EAA 鸡蛋"。传染性支气管炎(IB)D1466 毒株感染会增加鸡群产 EAA 鸡蛋的数量、加快 EAA 鸡蛋出现的时间。有试验研究表明:嗜输卵管型 MS 株对于白羽肉种鸡各试验组的总产蛋量明显少于对照组,提示嗜输卵管型 MS 可降低白羽肉种鸡的产蛋量。

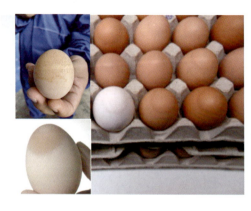
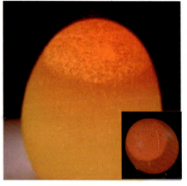

图 5-28 EAA 鸡蛋,右为手机灯光照耀下的景象(李同峰 供图)

【剖检变化】产 EAA 鸡蛋的鸡剖检时输卵管无任何肉眼能看到的病变。

【诊断】采集输卵管棉拭子培养病原，培养物进行 PCR 鉴定。

【注意事项】①嗜输卵管型 MS 对商品蛋鸡的危害大，严重降低鸡群的产蛋数量和质量，造成产蛋鸡出现"歇窝"，产"EAA 鸡蛋"、软壳蛋、破壳蛋等情况，这种情况将持续整个产蛋周期，若它与 IB 病毒混合感染会大大加重这种损失。②嗜输卵管型 MS 感染早期几乎没有任何可以察觉到的临床症状（比如轻微的呼吸方式或呼吸音的变化、关节肿胀等），鸡群往往在开产后才表现出来，它的感染具有隐蔽性，因此相对于关节型 MS，它的危害更大，应该引起重视。

五、鸡前殖吸虫病

鸡前殖吸虫病（prosthogonimus），又称蛋蛭病，是由于前殖吸虫寄生于鸡的输卵管、直肠、泄殖腔、法氏囊而引起的寄生虫病。临床上以输卵管炎、产蛋机能紊乱为特征，是影响产蛋数量和质量较严重的疾病之一。

【病原】鸡前殖吸虫属于前殖科、前殖属，包括透明前殖吸虫、卵圆前殖吸虫、楔形前殖吸虫等。其中常见的透明前殖吸虫的成虫呈椭圆形，虫体前半部体表有小棘突；口吸盘为球形，腹吸盘呈圆盘形；睾丸呈球形，对称排列；尾蚴多活动于水体下部，感染第二中间宿主，发育为囊蚴。

【流行特征】①易感动物：家鸡、鸭、鹅及其他鸟类。②传染源：本病在野生禽之间的流行常构成自然疫源，带虫鸡是本病的主要污染源。③传播途径：鸡捕食蜻蜓时最易感染。此外，在江河湖泊地区、低洼潮湿沼泽地区、淡水螺滋生地区，当鸡在水旁或下水捕食时，会将含有虫卵的粪便排入水中，造成水面的污染，造成该病自然流行。④流行季节：与蜻蜓出现的季节相一致，5~6 月份蜻蜓的幼虫在水旁聚集，爬到水草上变为成虫，在夏秋季节或阴雨过后，鸡捕食蜻蜓后感染。此外，在适宜于各种淡水螺滋生和蜻蜓繁殖的江湖河流交错的地区，有利于本病的流行。

【临床症状】在鸡体内，前殖吸虫幼虫沿肠管下行到泄殖腔，进入法氏囊或输卵管，在其中继续发育为成虫。病鸡表现为

图 5-29 病鸡泄殖腔潮红突出（孙卫东 供图）

食欲减退、饮欲增强、体况略差、精神不振、羽毛松乱、泄殖腔及腹部羽毛脱落、不愿活动，腹部触之有痛感，有的病鸡从泄殖腔排出白灰色粪便，泄殖腔潮红突出（见图 5-29），病重者可死亡。蛋鸡产薄壳蛋、软壳蛋，易

视频 5-6

破碎，或出现无壳蛋（见图5-30和视频5-6），甚至畸形蛋（见图5-31），产蛋率开始下降；有的鸡群会因感染无产蛋高峰或从产蛋高峰下来后再无高峰。

图 5-30　病鸡产薄壳蛋（左）、软壳蛋（中）和笼架下的无壳蛋（右）（孙卫东 供图）

图 5-31　病鸡产畸形蛋

【剖检变化】病/死鸡剖检时可见蛋鸡的输卵管外观发育正常，剪开输卵管，在其子宫部黏膜有大量芝麻粒大小灰白色颗粒和出血斑点（见图5-32），用剪刀在白色颗粒和出血斑点处可挑出虫体（见图5-33和视频5-7），形状扁平似小片树叶、略硬（用剪刀碾压后易碎，碎后的虫体可变色），呈白色/棕红，长约3～9毫米，宽约1～5毫米，头部有2个吸盘，虫体靠其吸附固着生活。病鸡发育卵泡的数量偏少（达不到6个或以上）（见图5-34）。输卵管黏膜增厚、充血，输卵管内有炎性渗出物（见图5-35）或有破碎的蛋壳、蛋白等。有些病例继发卵泡变性、变色

视频 5-7

(见图 5-36)，腹膜炎（见图 5-37）和泄殖腔炎（见图 5-38）。

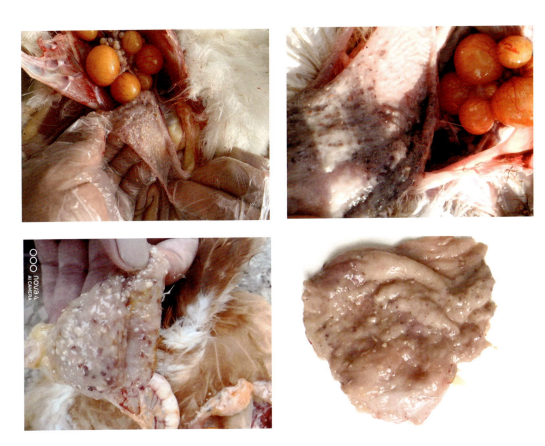

图 5-32　病鸡输卵管的子宫部黏膜有大量芝麻粒大小的灰白色颗粒和出血斑点

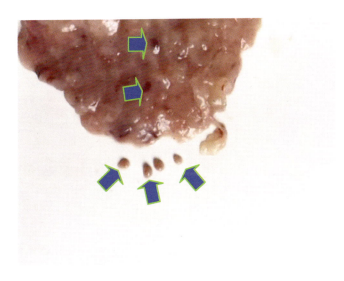

图 5-33　从病鸡输卵管子宫部黏膜白色颗粒和出血斑点处挑出的虫体

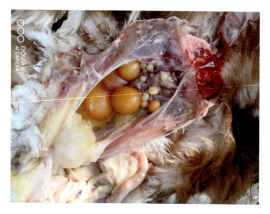 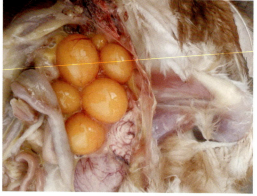

图 5-34　病鸡成熟卵泡的数量低于 6 个

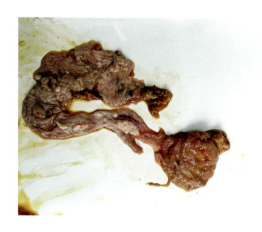 

图 5-35　病鸡输卵管黏膜增厚、充血，输卵管内有炎性渗出物（孙卫东 供图）

图 5-36　有些病鸡继发卵泡变性、变色（孙卫东 供图）

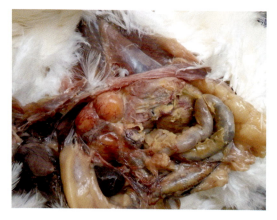 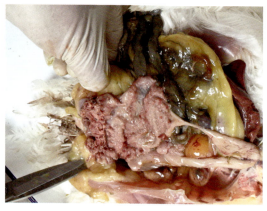

图 5-37　有些病鸡继发腹膜炎（孙卫东 供图）

图 5-38　有些病鸡伴有泄殖腔充血、炎症（孙卫东 供图）

【诊断】根据流行病学、临诊症状、病理变化、发现虫体即可作出初步诊断。结合虫体（见图 5-39）、虫卵显微镜检查即可确诊。检查方法是：将病鸡粪便反复洗涤沉淀，镜检见较小虫卵、椭圆形、棕褐色、前端有卵盖、后端有一个小突起、内含卵细胞。病理组织学镜检见其有完整的外观结构和内部的细胞器（见图 5-40）。

图 5-39　虫体在显微镜镜下的结构：头部（左），尾部（右）（孙卫东 供图）

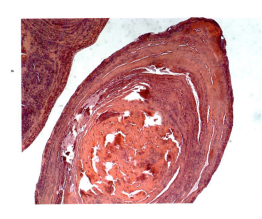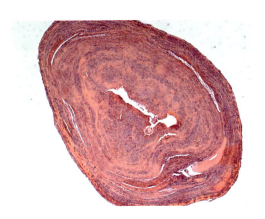

图 5-40　虫体的病理组织学镜检结果（HE 染色，40×）（左为纵切面，右为横断面）

【类症鉴别】该病出现的产蛋率停止、产软壳蛋、薄壳蛋等情况与鸡产蛋下降综合征（EDS_{76}）、传染性支气管炎感染、某些细菌性输卵管炎相似，应注意鉴别诊断。产蛋下降综合征（EDS_{76}）和传染性支气管炎感染时往往会出现输卵管的发育不良、积液等，采取相应措施后产蛋率可恢复；细菌性输卵管炎在控制源头感染的前提下，使用敏感抗生素会使病情很快改善。

【预防措施】
(1) 预防性驱虫　有计划地检查鸡群，根据发病季节进行预防性驱虫。
(2) 消灭中间宿主淡水螺　水塘中加入硫酸铜，切断前殖吸虫的发育环，阻断其生活史。

（3）加强饲养管理　夏秋季节，在鸡舍装上窗纱、纱门，防止昆虫（中间宿主、传播媒介等）飞入鸡舍散布病原体。在蜻蜓出现的季节，避免在清晨或傍晚及阴雨天后到池塘、水田处饲放鸡群，防止鸡捕食蜻蜓及幼虫而感染。

（4）加强粪便管理　坚持每天清除粪便，新鲜粪便不堆在河边、池塘边，定点堆放且做好无害化处理。

【安全用药】发现病鸡立即隔离、治疗。

（1）四氯化碳　早期可用其2~3毫升，胃管投入或嗉囊注射。

（2）丙硫苯咪唑　按每千克体重120毫克，拌料或一次口服。或丙硫咪唑，按每千克体重25~30毫克，拌料或一次口服。

（3）吡喹酮　按每千克体重60毫克，拌料或一次口服。

（4）氯硝柳胺　按每千克体重100~200毫克，拌料或一次口服。

（5）硫双二氯酚　按每千克体重100~200毫克，拌料或一次口服。

（6）六氯乙烷　按每只鸡0.2~0.5克拌料，1天1次，连喂3天。

【注意事项】根据鸡群的感染情况，使用丙硫苯咪唑（1~3次）可有效驱除该寄生虫（见图5-41），但驱虫后的输卵管子宫部的黏膜会出现不同程度的水肿、充血等（见图5-42）。吡喹酮等药物的驱虫效果不佳。该病易继发一些细菌的上行性感染，应使用敏感抗生素，并做好细菌感染源头的控制。

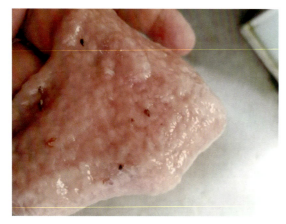
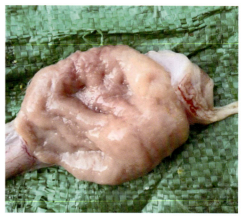

图 5-41　病鸡驱虫后输卵管子宫部的虫体明显减少（左）和消失（右）

六、鸡输卵管积液

鸡输卵管积液多发生于蛋鸡或蛋种鸡。临床上以产蛋减少或停产、腹部膨大为特征。

【病因】本病的病因尚不十分明确，大概有以下几种可能：大肠杆菌病、沙眼衣原体感染，传染性支气管炎病毒、禽流感病毒、EDS76病毒感染后的后遗症，激素分泌紊乱等。

第五章 鸡泌尿生殖系统疾病的鉴别诊断与安全用药 | **271**

图 5-42　病鸡驱虫后输卵管子宫部的黏膜出现不同程度的水肿（左）、充血（右）

【临床症状】患鸡初期精神状态很好，羽毛有光泽，鸡冠红润，但采食减少。随着病情的发展，腹部膨大下垂，头颈高举，行走时呈企鹅状姿势（见图5-43）。

【剖检变化】小心剥离腹部皮肤，打开腹腔，即可发现充满清亮、透明液体的囊包（见图5-44）。每只病鸡有一个（见图5-45）或数个囊包，且互不相通。囊壁很薄，稍触即破，壁上布满清晰可见的血管网。顺着囊包小心寻找附着点，发现囊包均附着在已发生变形变性的输卵管上。囊包液一般在500毫升以上。卵巢清晰可见，有的根本未发育，有的已有成熟卵泡，有的已开始产蛋。整个消化道空虚。肝脏被囊肿挤压向前，萎缩变小。肾脏多有散在的出血斑，但不肿大。

图 5-43　病鸡腹部膨大下垂，头颈高举，行走时呈企鹅状姿势（左为健康对照）（孙卫东 供图）

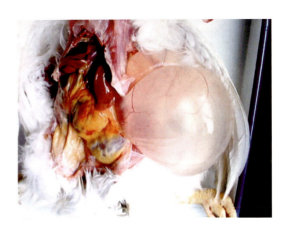

图 5-44　腹腔内有充满清亮、透明液体的囊包（孙卫东 供图）

图 5-45　输卵管内充满液体，形成大囊包（孙卫东 供图）

【诊断】根据临床症状的病理剖检变化，可做出初步诊断，确诊依赖于实验室病原学检测。

【类症鉴别】该病的输卵管积液与生殖型传支类似，应注意鉴别。

【安全用药】由于病因不明，目前尚无有效的防治方法。如发现病鸡则建议淘汰。

七、鸡右侧输卵管囊肿

任何雌性动物均有两个卵巢和两条输卵管，但是鸡却只有左侧卵巢和左侧输卵管具有功能，右侧卵巢和输卵管在胚胎期退化，但是有些鸡其右侧输卵管（苗勒管）退化不全（见图5-46），形成2～10厘米长、粗细不等的囊状物，即鸡右侧输卵管囊肿。该囊肿一般情况下对鸡没有影响，但过大的囊肿会压迫腹腔器官，其外观症状很像腹水综合征和输卵管囊肿的症状。有的病鸡未退化的右侧输卵管在形成囊肿的同时，其囊内还有炎性渗出物（见图5-47）。本病与输卵管囊肿的区别是该囊肿与泄殖腔基部连接，向前延伸端为盲端，内含清亮的液体。

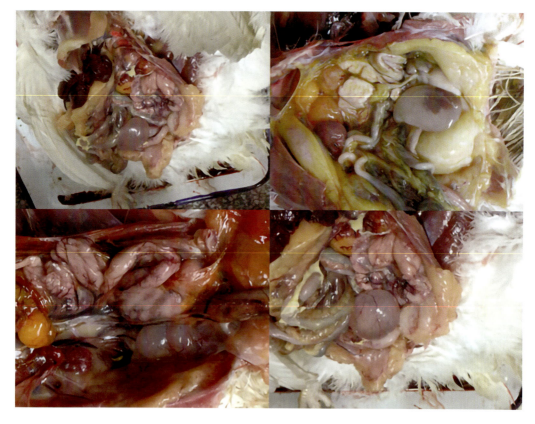

图 5-46　鸡右侧输卵管囊肿，形成积液囊泡（孙卫东 供图）

八、鸡痛风

鸡痛风又称鸡肾功能衰竭症、尿酸盐沉积症或尿石症，是指由多种原因引起的血液中蓄积的过量尿酸盐不能被迅速排出体外而引起的高尿酸血症。其病理特征为血液尿酸水平增高，尿酸盐在关节囊、关节软骨、内脏、肾小管和输尿管及其他间质组织中沉积。临床上可分为内脏型痛风和关节型痛风。主要临床表现为厌食、衰竭、腹泻、腿翅关节肿胀、运动迟缓、产蛋率下降和死亡率上升。近年来本病发生有增多趋势，已成为常见鸡病之一。

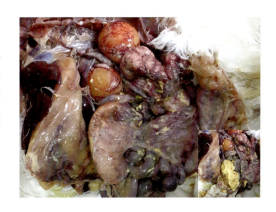

图 5-47　鸡右侧输卵管囊肿，内有干酪样渗出物（孙卫东 供图）

【病因】引起痛风的原因较为复杂，归纳起来可分为两类，一是体内尿酸生成过多，二是机体尿酸排泄障碍，后者可能是尿酸盐沉着症中的主要原因。（1）引起尿酸生成过多的因素有：①大量饲喂富含核蛋白和嘌呤碱的蛋白质饲料，如大豆、豌豆、鱼粉、动物内脏等。②鸡极度饥饿又得不到能量补充或患有重度消耗性疾病（如淋巴白血病）。（2）引起尿酸排泄障碍的因素：①传染性因素，凡具有嗜肾性，能引起肾机能损伤的病原微生物，如肾型传支病毒、传染性法氏囊病毒、沙门菌、组织滴虫等可引起肾炎、肾损伤，造成尿酸盐的排泄受阻。②非传染性因素。a.营养性因素：如日粮中长期缺乏维生素A；饲料中含钙太多或钙颗粒太细，含磷不足，或钙磷比例失调引起钙异位沉着；食盐过多，饮水不足。b.中毒性因素：包括嗜肾性化学毒物、药物和毒菌毒素。如饲料中某些重金属如汞、铅等蓄积在肾脏内引起肾病；草酸含量过多的饲料中草酸盐可堵塞肾小管或损伤肾小管；磺胺类药物中毒，引起肾损害和结晶的沉淀；赭曲霉毒素可直接损伤肾脏，引起肾机能障碍并导致痛风。此外，饲养在潮湿和阴暗的场所、运动不足、年老、纯系育种、受凉、孵化时湿度太大等皆可能成为促进本病发生的诱因。

【临床症状】本病多呈慢性经过，其一般症状为病禽食欲减退、逐渐消瘦、冠苍白、不自主地排出白色石灰水样稀粪、含有多量尿酸盐（图5-48）。成年禽产蛋量减少或产蛋停止。临床上可分为内脏型痛风和关节型痛风。

（1）内脏型痛风　比较多见，但临床上通常不易被发现。病禽多为慢性经过，表现为食欲下降、鸡冠泛白、贫血、脱羽、生长缓慢、粪便呈白色石灰水样，泄殖腔周围的羽毛常被污染（图5-49）。多因肾功能衰竭，呈现零星或成批死亡。注意该型痛风因原发性致病原因不同，其原发症状也不一样。

（2）关节型痛风　多在趾前关节、趾关节发病，也可侵害腕前、腕及肘关节。关节肿胀（图5-50），起初软而痛，界限多不明显，以后肿胀部逐渐变硬、微痛，形成不能移动或稍能移动的结节，结节有豌豆或蚕豆大小。病程稍久，结节软化或破裂，排出灰黄色干酪样物。局部形成出血性溃疡。病禽往往呈蹲坐或独肢站立姿势，行动迟缓，跛行。

图 5-48 病鸡排出的石灰水样稀粪（孙卫东 供图）

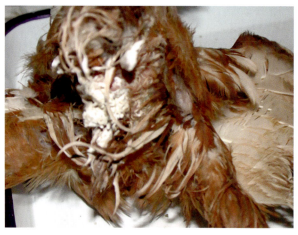

图 5-49 病鸡泄殖腔周围的羽毛被呈石灰水样粪便污染（孙卫东 供图）

图 5-50 关节型痛风患鸡的趾关节肿胀（孙卫东 供图）

【剖检变化】

（1）内脏型痛风　病死鸡剖检见尸体消瘦，肌肉呈紫红色，皮下、大腿内侧肌肉有白色灰粉样尿酸盐沉着（图 5-51）；打开腹腔见整个腹腔的脏器浆膜面有尿酸盐沉积（图 5-52），特别是在心包腔内（图 5-53），胸腹腔，肝（图 5-54）、胆囊（图 5-55）、脾脏、腺胃（图 5-56）、肌胃、胰腺、肠管和肠系膜（图 5-57）等内脏组织器官的浆膜表面覆盖一层石灰样粉末或薄片状尿酸盐；有的胸骨内壁有灰白色尿酸盐沉积（图 5-58），肾肿大，色淡，有白色花纹（俗称花斑肾）（图 5-59），输尿管变粗如同筷子粗细，内有尿酸盐沉积（图 5-60），有的输尿管内有硬如石头样白色条状物（结石）（图 5-61），此为尿酸盐结晶。有些病例可见直肠黏膜出血、内有混杂尿酸盐的黏液（图 5-62）。

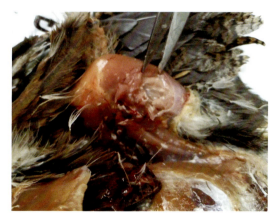

图 5-51　病鸡腿肌内有灰白色的尿酸盐沉着（孙卫东 供图）

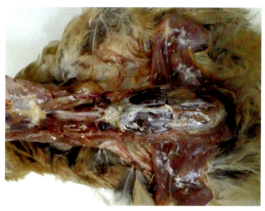

图 5-52　病鸡的心包、肝脏、腹腔浆膜表面有灰白色的尿酸盐沉积（孙卫东 供图）

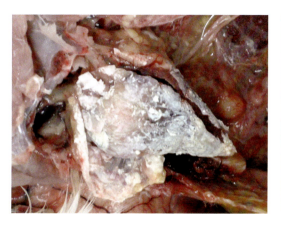

图 5-53　病鸡心包腔内有灰白色的尿酸盐沉积（孙卫东 供图）

图 5-54　病鸡心包内及肝脏表面有灰白色的尿酸盐沉积（孙卫东 供图）

图 5-55　病鸡胆囊内有灰白色的尿酸盐沉积（吕英军 供图）

图 5-56　病鸡腺胃表面有灰白色的尿酸盐沉积（李银 供图）

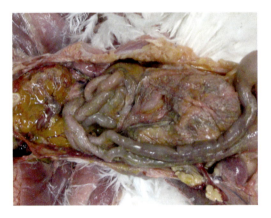

图 5-57 病鸡肠管膜表面有灰白色的尿酸盐沉积（孙卫东 供图）

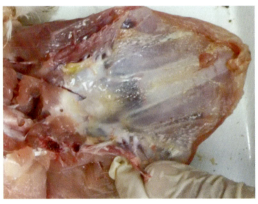

图 5-58 病鸡胸骨内壁有灰白色的尿酸盐沉积（孙卫东 供图）

图 5-59 病鸡肾肿大，输尿管增粗，内有尿酸盐结晶，呈花斑样（孙卫东 供图）

图 5-60 病鸡输尿管增粗如同筷子粗细（李银 供图）

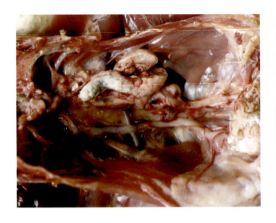

图 5-61 病鸡输尿管内白色条状物尿酸盐结石（李银 供图）

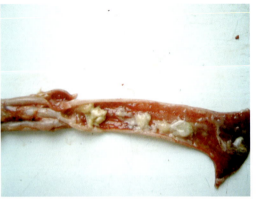

图 5-62 病鸡直肠黏膜出血、内有混杂尿酸盐的黏液（李银 供图）

(2) 关节型痛风 切开病死鸡肿胀的关节,可流出浓厚、白色黏稠的液体(见图 5-63),滑液含有大量由尿酸、尿酸铵、尿酸钙形成的结晶,沉着物常常形成一种所谓"痛风石"。有的病例见关节面及关节软骨组织发生溃烂、坏死。

【诊断】 根据症状、病理变化可做出初步诊断,确诊需要进行饲料的成分分析以及相关病原的分离和鉴定。

【类症鉴别】

1. 与传染性法氏囊病的鉴别

(1) 相似点 病鸡排出石灰水样稀粪、肾脏尿酸盐沉积呈"花斑肾"。

(2) 不同点 传染性法氏囊病鸡的内脏浆膜面很少出现尿酸盐沉着,主要表现为胸肌、腿肌的出血(见图 5-64)、法氏囊的病变(见图 5-65 和图 5-66)等。

图 5-63 病鸡跗关节内尿酸盐的沉着(李银 供图)

图 5-64 传染性法氏囊病鸡腿肌的出血、法氏囊肿大(李银 供图)

图 5-65 法氏囊表面胶冻样,浆膜面出血(李银 供图)

2. 与肾型传染性支气管炎的鉴别

(1) 相似点 病鸡排出石灰水样稀粪、肾脏尿酸盐沉积呈"花斑肾"(见图 5-67)。

(2) 不同点 肾型传染性支气管炎病鸡的内脏浆膜面很少出现尿酸盐沉着,主要表现为张口呼吸(见图 5-68)、气管支气管有分泌物或堵塞(见图 5-69)、输卵管发育不良(见图 5-70)、腺胃肿胀、腺胃壁增厚(见图 5-71)等。

3. 与磺胺类药物中毒的鉴别

(1) 相似点 病鸡排出石灰水样稀粪、肾脏有尿酸盐沉积呈"花斑肾"。

图 5-66　法氏囊内有黏液、出血（李银 供图）

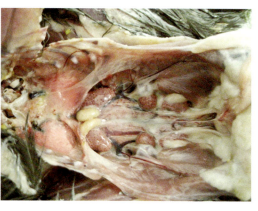

图 5-67　肾型传染性支气管炎病鸡肾脏尿酸盐沉积呈"花斑肾"（李银 供图）

图 5-68　肾型传染性支气管炎病鸡张口呼吸（李银 供图）

图 5-69　肾型传染性支气管炎病鸡气管与支气管内的分泌物及堵塞物（孙卫东 供图）

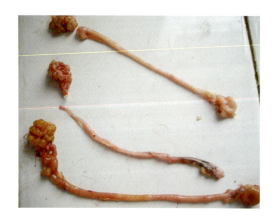

图 5-70　肾型传染性支气管炎病鸡输卵管发育不良（李银 供图）

图 5-71　肾型传染性支气管炎病鸡腺胃壁肿胀（李银 供图）

(2) 不同点　磺胺类药物中毒初期鸡群表现兴奋，后期精神沉郁，而鸡痛风早期一般无明显临床表现，后期表现为精神不振；用药、病史不同，磺胺类药物中毒鸡群有大剂量或长期使用磺胺类药物的病史。

【预防措施】加强饲养管理，合理配料，保证饲料的质量和营养的全价，防止营养失调，保持鸡群健康。自配饲料时应当按不同品种、不同发育阶段、不同季节的饲养标准规定设计配方，配制营养合理的饲料。饲料中钙、磷比例要适当，钙的含量不可过高，通常在开产前两周到产蛋率达5%以前的开产阶段，钙的水平可以提高到2%，产蛋率达5%以后再提至相应的水平。另外饲料配方中蛋白含量不可过高（20%以下），以免造成肾脏损害和形成尿结石；防止过量添加鱼粉等动物性蛋白饲料，供给充足新鲜的青料和饮水，适当增加维生素A、维生素D的含量。具体可采取以下措施：

(1) 添加酸制剂　因代谢性碱中毒是鸡痛风病重要的诱发因素，因此日粮中添加一些酸制剂可降低此病的发病率。在未成熟仔鸡日粮中添加高水平的蛋氨酸（0.3%～0.6%）对肾脏有保护作用。日粮中添加一定量的硫酸铵（5.3克/千克）和氯化铵（10克/千克）可降低尿的pH值，尿结石可溶解在尿酸中成为尿酸盐而排出体外，减少尿结石的发病率。

(2) 日粮中钙、磷和粗蛋白的允许量应该满足需要量但不能超过需要量　建议另外添加少量钾盐，或更少的钠盐。钙应以粗粒而不是粉末的形式添加，因为粉末状钙易使鸡患高血钙症，而大粒钙能缓慢溶解而使血钙浓度保持稳定。

(3) 其他　在传染性支气管炎的多发地区，建议4日龄时对苗鸡进行首免，并稍迟给青年鸡饲喂高钙日粮。充分混合饲料，特别是钙和维生素D_3。保证饲料不被霉菌污染，存放在干燥的地方。对于笼养鸡，要经常检查饮水系统，确保鸡能喝到水。使用水软化剂可降低水的硬度，从而降低禽痛风病的发病率。

【安全用药】

1. 西药疗法

目前没有特别有效的治疗方法。可试用阿托方（Atophanum，又名苯基喹啉羟酸）0.2～0.5克，每日2次，口服；但伴有肝、肾疾病时禁止使用。此药是为了增强尿酸的排泄及减少体内尿酸的蓄积和关节疼痛。但对重病例或长期应用者有副作用。有的试用别嘌呤醇（Allopurinol，7-碳-8氯次黄嘌呤）10～30毫克，每日2次，口服。此药化学结构与次黄嘌呤相似，是黄嘌呤氧化酶的竞争抑制剂，可抑制黄嘌呤的氧化，减少尿酸的形成，用药期间可导致急性痛风发作，给予秋水仙碱50～100毫克，每日3次，能使症状缓解。

近年来，对患病家禽使用各种类型的肾肿解毒药，可促进尿酸盐的排泄，对家禽体内电解质平衡的恢复有一定的作用。投服大黄苏打片，每千克体重1.5片（含大黄0.15克、碳酸氢钠0.15克），重病鸡逐只直接投服，其余鸡拌料，每天2次，连用3天。在投用大黄苏打片的同时，饲料内添加电解多维（如活力健）、维生素AD_3粉，并给予充足的饮水。或在饮水中加入乌洛托品或乙酰水杨酸治疗。

在上述治疗的同时，加强护理，减少喂料量（比平时减少20%），连续5天，并同时补充青绿饲料，多饮水，以促进尿酸盐排出。

2. 中草药疗法

（1）降石汤 取降香 3 份、石苇 10 份、滑石 10 份、鱼脑石 10 份、金钱草 30 份、海金砂 10 份、鸡内金 10 份、冬葵子 10 份、甘草梢 30 份、川牛膝 10 份。粉碎混匀，拌料喂服，每只每次服 5 克，每天 2 次，连用 4 天。说明：用本方内服时，在饲料中补充浓缩鱼肝油（维生素 A、维生素 D）和维生素 B_{12}，病鸡可在 10 天后病情好转，蛋鸡产蛋量在 3～4 周后恢复正常。

（2）八正散加减 取车前草 100 克、甘草梢 100 克、木通 100 克、萹蓄 100 克、灯芯草 100 克、海金沙 150 克、大黄 150 克、滑石 200 克、鸡内金 150 克、山楂 200 克、栀子 100 克。混合研细末，混于饲料中喂服，1 千克以下体重的鸡，每只每天 1～1.5 克；1 千克以上体重的鸡，每只每天 1.5～2 克；连用 3～5 天。

（3）排石汤 取车前子 250 克、海金沙 250 克、木通 250 克、通草 30 克。煎水饮服，连服 5 天。说明：该方为 1000 只 0.75 千克体重的鸡 1 次用量。

（4）取金钱草 20 克、苍术 20 克、地榆 20 克、秦皮 20 克、蒲公英 10 克、黄柏 30 克、茵陈 20 克、神曲 20 克、麦芽 20 克、槐花 10 克、瞿麦 20 克、木通 20 克、栀子 4 克、甘草 4 克、泽泻 4 克。共为细末，按每羽每日 3 克拌料喂服，连用 3～5 天。

（5）取车前草 60 克、滑石 80 克、黄芩 80 克、茯苓 60 克、小茴香 30 克、猪苓 50 克、枳实 40 克、甘草 35 克、海金沙 40 克。水煎取汁，以红糖为引，兑水饮服，药渣拌料，日服 1 剂，连用 3 天。说明：该方为 200 只鸡 1 次用量。

（6）取地榆 30 克、连翘 30 克、海金砂 20 克、泽泻 50 克、槐花 20 克、乌梅 50 克、诃子 50 克、苍术 50 克、金银花 30 克、猪苓 50 克、甘草 20 克。粉碎过 40 目筛，按 2% 拌料饲喂，连喂 5 天。食欲废绝的重病鸡可人工喂服。说明：该法适用于内脏型痛风，预防时去掉方中地榆，按 1% 拌料饲喂。

（7）取滑石粉、黄芩各 80 克，茯苓、车前草各 60 克，猪苓 50 克，枳实、海金砂各 40 克，小茴香 30 克，甘草 35 克。每剂上下午各煎水 1 次，加 30% 红糖让鸡群自饮，第 2 天取药渣拌料，全天饲喂，连用 2～3 剂为一疗程。说明：该法适用于内脏型痛风。

（8）取车前草、金钱草、木通、栀子、白术各等份。按每只 0.5 克煎汤喂服，连喂 4～5 天。说明：该法治疗雏鸡痛风，可酌加金银花、连翘、大青叶等，效果更好。

（9）取木通、车前子、瞿麦、萹蓄、栀子、大黄各 500 克，滑石粉 200 克，甘草 200 克，金钱草、海金砂各 400 克。共研细末，混入 250 千克饲料中供 1000 只产蛋鸡或 2000 只育成鸡或 10000 只雏鸡 2 天内喂完。

（10）取黄芩 150 克，苍术、秦皮、金钱草、茵陈、瞿麦、木通各 100 克，泽泻、地榆、槐花、公英、神曲、麦芽各 50 克，栀子、甘草各 20 克，水煎取汁，对水饮服，药渣拌料，日服 1 剂，连用 3 天。说明：该方为 1000 只成年鸡服用。

第六章

鸡免疫抑制和肿瘤性疾病的鉴别诊断与安全用药

第一节 鸡免疫抑制和肿瘤性疾病的发生

一、概述

鸡的免疫器官分中枢免疫器官（骨髓、胸腺、法氏囊）和外周免疫器官（淋巴组织、脾脏、哈德氏腺、黏膜免疫系统等）两大类。鸡的免疫系统是机体抵御病原菌侵犯最重要的防御系统。性成熟前的雏鸡感染传染性法氏囊病毒后法氏囊遭到破坏进而萎缩，严重影响体液免疫应答，导致疫苗免疫接种失败；若骨髓受到破坏，不仅严重损害造血功能，也将导致免疫缺陷症的发生。

二、鸡免疫抑制和肿瘤性疾病发生的因素

（1）生物性因素　主要是病毒性因素，如鸡传染性法氏囊病毒、马立克病毒、网状内皮组织增生症病毒、禽白血病病毒、鸡传染性贫血病病毒、圆环病毒-3等，这些病毒主要是通过破坏机体的淋巴组织或骨髓导致体液免疫或细胞免疫功能降低，而发生免疫抑制。它们还可引起淋巴细胞或网状内皮细胞无限制地增生从而诱发肿瘤形成。

（2）中毒因素　如饲料霉变引起的霉菌毒素中毒，造成内脏器官的损害，从而引起免疫抑制等。

（3）营养因素　长期饲喂低营养或单一营养

图6-1　给鸡仅提供麦类日粮（孙卫东 供图）

的日粮（见图 6-1）或过度限饲等引起的营养不良/衰竭，进而发生机体的免疫抑制。

（4）饲养管理因素　如鸡群水线/水壶未及时清理/消毒，或料线/料槽的剩料清理不及时，造成鸡的长期消化吸收不良；饲养密度过大、鸡舍潮湿或干燥、有害气体超标等引起鸡黏膜免疫的损伤。

（5）其他因素　某些重金属（如铅）、某些禁用药物（如氯霉素）等也可引起免疫抑制。

第二节　鸡免疫抑制性疾病的诊断思路及鉴别诊断要点

一、鸡免疫抑制性疾病的诊断思路

当鸡群出现免疫失败时，不仅应考虑免疫抑制性疾病，还要考虑其他可能导致鸡产生免疫抑制的因素。其诊断思路见图 6-2。

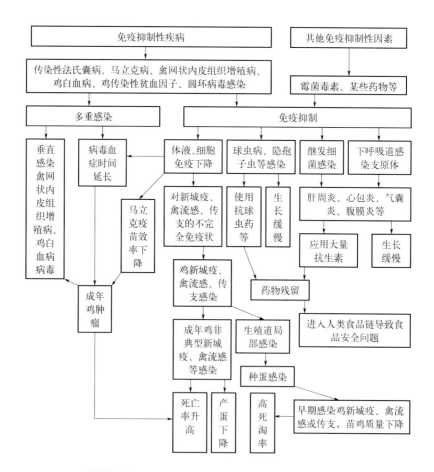

图 6-2　免疫抑制性疾病和免疫抑制性因素诊断思路

二、引起鸡免疫抑制常见疾病的鉴别诊断

引起鸡免疫抑制常见疾病的鉴别诊断见表6-1。

表6-1 引起鸡免疫抑制常见疾病的鉴别诊断

病名	鉴别诊断要点											
	易感日龄	流行季节	群内传播	发病率	病死率	粪便	呼吸	鸡冠肉髯	神经症状	胃肠道	心、肺、气管和气囊	其他脏器
内脏型马立克病	2～5月龄	无	慢	有时较高	高	正常	正常	萎缩	部分鸡有	各脏器多可形成肿瘤		
白血病	6～18月龄	无	慢	低	高	正常	正常	萎缩	有时瘫痪	有肿瘤	有时有肿瘤	肝肿大
传染性贫血病	2～4周龄	无	较慢	较高	高	正常	困难	苍白或黄染	无	贫血	贫血	肌肉、骨髓苍白
网状内皮组织增殖病	无	无	急性快，慢性较长	有时较高	高	白色稀便	正常	萎缩或苍白	无	有时有肿瘤	有时有肿瘤	胰腺、性腺、肾脏有时有肿瘤
传染性法氏囊病	3～6周龄	4～6月	很快	很高	较高	石灰水样稀粪	急促	正常	无	出血	心冠出血	胸肌、腿肌、法氏囊出血

第三节 鸡常见免疫抑制和肿瘤性疾病的鉴别诊断与安全用药

一、鸡传染性法氏囊病

鸡传染性法氏囊病（infections bursal disease，IBD）又称甘布罗病、传染性腔上囊炎，是由传染性法氏囊病毒引起的一种急性、高度接触性和免疫抑制性的禽类传染病。临床上以雏鸡突然发病，发病率高，病程短，腹泻，排石灰水样粪便，法氏囊水肿、出血、肿大或明显萎缩，胸肌和腿肌呈斑块状出血，肾脏肿大并有尿酸盐沉积，腺胃和肌胃交界处呈条状出血等为特征。本病属世界动物卫生组织（OIE）规定报告的疫病，我国将其列为三类动物疫病，严重威胁养鸡业，造成巨大经济损失。一方面由于鸡只死亡、淘汰率增加，影响增重造成直接经济损失；另一方面可导致免疫抑制，使鸡对多种疫苗的免疫应答下降，造成免疫失败，使鸡群对其他病原体的易感性增加。

【病原】传染性法氏囊病毒（IBDV）属于双RNA病毒科、禽双RNA病毒属。病毒粒子呈球形，无囊膜。IBDV有两种血清型，即血清Ⅰ型（鸡源毒株）和血清Ⅱ型（火鸡源毒株），其抗原相关性小于10%。IBDV的VP2含有型特异性抗原表位，其单克隆抗体可以区分两型病毒。IBDV变异毒株的致病性与经典毒株有所不同，主要以亚临床感染的免疫抑制为主，不引起法氏囊的明显炎症反应，但可引起法氏囊的迅速萎缩；变异毒株感染鸡胚的死亡率不高，但可以引起肝坏死和明显的脾脏肿大。IBDV超强毒株能够突破高母源抗体而感染鸡只，感染鸡群的死亡率高达60%～100%。此外，IBDV不同毒株间可以发生同源重组。IBDV无红细胞凝集特性，可在鸡胚上增殖。IBDV对外界环境的抵抗力强，在鸡舍可存活2～4个月。IBDV特别耐热，56℃5小时或60℃30分钟病毒仍有活力。-58℃保存18个月的组织毒的毒价不下降。病毒耐冻融，反复冻融5次病毒毒价不降低。超声波裂解不能灭活病毒。病毒耐酸不耐碱，在pH2的环境中60分钟仍可存活，在pH12的环境下60分钟或70℃30分钟条件下可被灭活。IBDV耐阳光和紫外线照射；对胰蛋白酶、乙醚、氯仿不敏感；可被酚制剂、甲醛、强碱、过氧化氢、复合碘胺类消毒药杀灭。

【流行特征】①易感动物：主要感染鸡和火鸡，鸭、珍珠鸡、鸵鸟等也可感染。火鸡多呈隐性感染。②传染源：主要为病鸡和带毒禽。病禽在感染后3～11天排毒达到高峰，该病毒耐酸、耐碱，对紫外线有抵抗力，在鸡舍中可存活122天，在受污染饲料、饮水和粪便中52天仍有感染性。③传播途径：主要经消化道、眼结膜及呼吸道感染。④流行季节：本病无明显季节性。

【临床症状】本病的潜伏期一般为2～3天。在自然条件下，3～6周龄鸡最易感。常为突然发病，迅速传播，1～2天内可波及全群。若不采取措施，邻近鸡舍在2～3周后也可被感染发病。表现为昏睡、呆立、羽毛逆立、翅膀下垂等症状（见图6-3）；病鸡以排白色石灰水样稀便为主（见图6-4），泄殖腔周围羽毛常被白色石灰样粪便污染，趾爪干枯（见图6-5），眼窝凹陷。一般发病后1～2天病鸡死亡率明显升高或直线上升（见图6-6），5～7天内死亡达到高峰并很快减少，呈尖峰形死亡曲线。发病率90%以上，甚至可达100%，死亡率一般为10%～30%，最高可高达40%。病鸡初、中期体温升高可达43℃，后期体温下降，最后衰竭而死。有时病鸡频频啄肛，严重者尾部被啄出血。发病1周后，病亡鸡数逐渐减少，迅速康复。

【剖检变化】病/死鸡通常呈现脱水，胸部（见图6-7）、腿部（见图6-8）肌肉常有条状、斑点状出血。法氏囊先肿胀、后萎缩。在感染后2～3天，法氏囊呈胶冻样水肿（见图6-9），体积和重量会增大至正常的1.5～4倍；法氏囊切开后，可见内壁水肿、少量出血或坏死灶（见图6-10），有的有多量黄色黏液或奶油样物。感染3～5天的病鸡可见整个法氏囊广泛出血，如紫色葡萄（见图6-11）；法氏囊切开后，可见内壁黏膜严重充血、出血（见图6-12），常见有坏死灶。感染5～7天后，法氏囊会逐渐萎缩，重量为正常的1/5～1/3，颜色由淡粉红色变为蜡黄色；但法氏囊病毒变异株可在72小时内引起法氏囊严重萎缩。死亡及病程后期的鸡肾肿大，尿酸盐沉积，呈花斑肾（见图6-13）。肝脏呈土黄色，有的伴有出血斑点（见图6-14）。有的感染鸡在腺胃与肌胃之间有出血带（见图6-15）；有的感染鸡胸腺可见出血点；脾脏可能轻度肿大，表面有弥漫性灰白色病灶。病理组织学检查可见法氏囊滤泡的结构发生改变，淋巴细胞明显减少；淋巴滤泡的皮质区变薄，被异染细胞、细胞残屑的团块和增生的网状内皮细胞取代；滤泡髓质区的大量淋巴细胞变性、坏死，出现异嗜粒细胞和浆细胞的坏死及吞噬现象（见图6-16）。脾脏的淋巴小结和小动脉周围的淋巴细胞变性、坏死。胸腺的淋巴细胞变性、坏死。盲肠扁桃体的淋巴细胞大量减少。肾脏上皮细胞变性、坏死。肝脏的血管周围有轻度的单核浸润。

图6-3　病鸡昏睡、呆立、羽毛逆立（孙卫东 供图）

图6-4　病鸡精神沉郁，垫料上有白色石灰样粪便（孙卫东 供图）

图6-5　病鸡泄殖腔周围羽毛被粪便污染，趾爪干枯（孙卫东 供图）

图6-6　病鸡一般发病后1～2天开始死亡（孙卫东 供图）

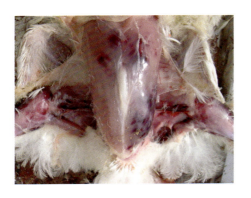

图6-7　病鸡胸肌出血（孙卫东 供图）

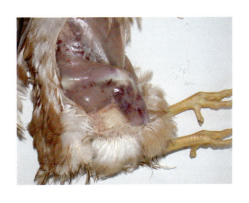

图6-8　病鸡腿肌出血（孙卫东 供图）

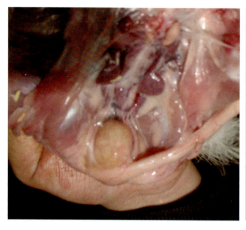 

图 6-9　病鸡的法氏囊外观呈胶冻样水肿（李银 供图）

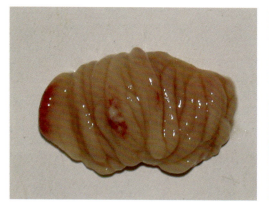 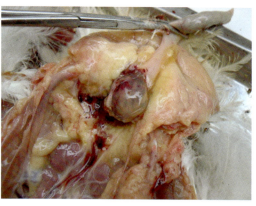

图 6-10　病鸡的法氏囊切开后内壁水肿，有少量出血和坏死（孙卫东 供图）

图 6-11　病鸡的法氏囊外观出血呈紫葡萄样（崔锦鹏 供图）

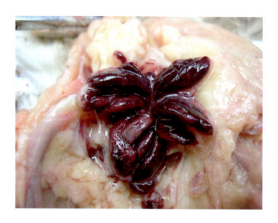 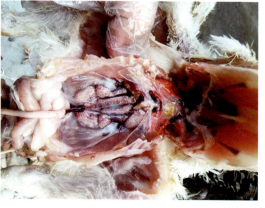

图 6-12　病鸡的法氏囊切开后内壁严重出血（崔锦鹏 供图）

图 6-13　病鸡的肾脏肿大，尿酸盐沉积，呈花斑肾（孙卫东 供图）

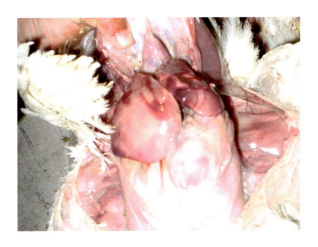

图 6-14 病鸡的肝脏呈土黄色,伴有出血斑点(孙卫东 供图)

 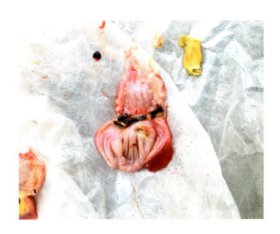

图 6-15 病鸡的腺胃与肌胃之间有出血带(孙卫东 供图)

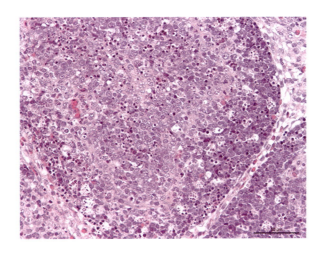

图 6-16 病鸡法氏囊局部滤泡间的界限消失,淋巴细胞明显减少,多量淋巴细胞坏死,并伴有多量异嗜性细胞浸润(孙卫东 供图)

【诊断】 根据本病的流行病学、临床症状和特征性剖检病变，如鸡群突然发病、发病率高、有明显的死亡高峰和迅速康复的特点、法氏囊水肿和出血等，可做出初步诊断。确诊依赖于病毒的分离和人工复制试验。此外，血清学试验中的琼脂扩散试验可进行流行病学调查和检测疫苗接种后产生的抗体，亦可用阳性血清检测法氏囊组织中的病毒抗原；荧光抗体技术可用于检测法氏囊组织中的病毒抗原；双抗体夹心 ELISA 可用于病毒抗原的检测；病毒中和试验可用于传染性法氏囊病毒的鉴定和分型；用于传染性法氏囊病诊断的分子生物学技术有原位 PCR、RT-PCR、RFLP、核酸探针等，这些方法可用于检测血清和组织中的病毒，且可进行血清学分型，区分经典毒株和疫苗毒株。

【类症鉴别】 本病出现的肾脏肿大、内脏器官尿酸盐沉积与磺胺类药物中毒、肾型传染性支气管炎、鸡痛风等出现的病变类似，详细鉴别请参考第五章中"鸡痛风"的类症鉴别。

【预防措施】 实行"以免疫为主"的综合性防治措施。

1. 免疫接种

（1）免疫接种要求　根据当地流行病史、母源抗体水平、禽群的免疫抗体水平监测结果等合理制定免疫程序、确定免疫时间及使用疫苗的种类，按疫苗说明书要求进行免疫。必须使用经国家兽医主管部门批准的疫苗。

（2）疫苗种类　鸡传染性法氏囊病的疫苗有两大类：活疫苗和灭活苗。活疫苗分为三种类型，一是温和型或低毒力型的活苗如 A80、PBG98、LKT、Bu-2、LZD258、CT 等，这类疫苗对法氏囊没有任何损伤，但免疫后抗体产生迟，效价也比较低，在 IBDV 污染程度较高的鸡场或地区使用的免疫效果不太理想，对鸡群的保护力低，在实际生产中已经很少使用；二是中等毒力型活苗如 J87、B2、D78、S706、BD、BJ836、TAD、Cu-1M、B87、NF8、K85、MB、Lukert 细胞毒等，这类疫苗对法氏囊有轻度的可逆性损伤，其免疫保护力高，在 IBDV 污染场或地区使用免疫效果较好，在实际生产中广泛使用，但在使用过程中切忌加大剂量，降低其对肾脏上皮细胞的损伤；三是高毒力型的活疫苗如初代次的 2512 毒株、J1 株等，对法氏囊的损伤严重，而且是不可逆的，可造成免疫鸡的法氏囊严重萎缩，影响其他疫苗对鸡群的免疫效果，使鸡群对其他细菌、病毒的易感性增高，因此对这类疫苗应慎重使用。灭活苗如 CJ-801-BKF 株、X 株、强毒 G 株等，也可用发病鸡的法氏囊组织制成灭活疫苗。利用 IBDV 的保护性抗原基因 *VP*2 研制的 IBDV 基因工程亚单位疫苗已经应用到养鸡生产中，但应注意其产生的抗体可能是不完全的中和抗体。

（3）鸡的免疫参考程序　①对于母源抗体水平正常的种鸡群，可于 2 周龄时选用中等毒力活疫苗首免，5 周龄时用同样的疫苗二免，产蛋前（20 周龄）和 38 周龄时各注射油佐剂灭活苗 1 次。②对于母源抗体水平正常的肉用雏鸡或蛋鸡，10～14 日龄选用中等毒力活疫苗首免，21～24 日龄时用同样的疫苗二免。对于母源抗体水平偏高的肉用雏鸡或蛋鸡，18 日龄选用中等毒力活疫苗首免，28～35 日龄时用同样的疫苗二免。③对于母源抗体水平低或无的肉用雏鸡或蛋鸡，1～3 日龄时用低毒力活疫苗首免，或用 1/3～1/2 剂量的中等毒力活疫苗首免，10～14 日龄时用同样的疫苗二免。如果存在 IBDV 变异毒株和超强毒株，免疫时应考虑使用多价疫苗进行免疫。

2. 加强监测

（1）监测方法　以监测抗体为主。可采取琼脂扩散试验（AGP）、病毒中和试验方法进行监测。

（2）监测对象　鸡、鸭、火鸡等易感禽类。

（3）监测比例　规模养禽场至少每半年监测一次。父母代以上种禽场、有出口任务养禽场的监测，每批次（群）按照0.5%的比例进行监测；商品代养禽场，每批次（群）按照0.1%的比例进行监测。每批次（群）监测数量不得少于20份。对散养禽和流通环节中的交易市场、禽类屠宰厂（场）、异地调入的批量活禽进行不定期监测。

（4）监测样品　血清或卵黄。

（5）监测结果及处理　监测结果要及时汇总，由省级动物防疫监督机构定期上报至中国动物疫病预防控制中心。监测中发现因使用未经农业农村部批准的疫苗而造成阳性结果的禽群，一律按传染性法氏囊病阳性的有关规定处理。

【注意事项】利用AGP方法测定1日龄雏鸡母源抗体推算IBDV疫苗首免日龄的方法：按总雏鸡数0.5%的比例采血，分离血清，用AGP测定1日龄雏鸡IBD母源抗体的阳性率。如果阳性率低于80%，鸡群在10～17日龄进行首免；若阳性率达80%～100%，在7～10日龄再采血测定1次；若阳性率低于50%，鸡群应在14～17日龄首免；若超过50%，鸡群在17～24日龄首免。

3. 引种检疫

国内异地引入种禽及其精液、种蛋时，应取得原产地动物防疫监督机构的检疫合格证明。到达引入地后，种禽必须隔离饲养7天以上，并由引入地动物防疫监督机构进行检测，合格后方可混群饲养。

4. 加强饲养管理，提高环境控制水平

饲养、生产、经营等场所必须符合《动物防疫条件审核管理办法》的要求，并取得动物防疫合格证。饲养场实行全进全出饲养方式，控制人员出入，严格执行清洁和消毒程序。各饲养场、屠宰厂（场）、动物防疫监督检查站等要建立严格的卫生（消毒）管理制度。

【安全用药】宜采取抗体疗法，同时配合抗病毒、对症治疗。

1. 抗体疗法

（1）高免血清　利用鸡传染性法氏囊病康复鸡的血清[中和抗体价在（1∶1024）～（1∶4096）之间]或人工高免鸡的血清[中和抗体价在1∶（16000～32000）]，每只皮下或肌内注射0.1～0.3毫升，必要时第二天再注射1次。

（2）高免卵黄抗体　每羽皮下或肌内注射1.5～2.0毫升，必要时第二天再注射1次。利用高免卵黄抗体进行法氏囊病的紧急治疗效果较好，但也存在一些问题。一是卵黄抗体中可能存在垂直传播的病毒（如禽白血病病毒、减蛋综合征病毒等）和病菌（如沙门菌、大肠杆菌）等，接种后造成新的感染；二是卵黄中含有大量蛋白质，注射后可能造成应激

反应和过敏反应等；三是卵黄液中可能含有多种疫病的抗体，注射后干扰预定的免疫程序，导致免疫失败。

2. 抗病毒

防治本病的抗病毒商品中成药有：速效管囊散、速效囊康、独特（荆防解毒散）、克毒Ⅱ号、瘟病消、瘟喘康、黄芪多糖注射液（口服液）、病菌净口服液、抗病毒颗粒等。

3. 对症治疗

在饮水中加入肾肿解毒药/肾肿消/益肾舒/激活/肾宝/活力健/肾康/益肾舒/口服补液盐（氯化钠3.5克、碳酸氢钠2.5克、氯化钾1.5克、葡萄糖20克、水2500～5000毫升）等水盐及酸碱平衡调节剂让鸡自饮或喂服，每天1～2次，连用3～4天。同时在饮水中加入抗生素（如环丙沙星、氧氟沙星、卡那霉素等），效果更佳。

附：变异株鸡传染性法氏囊病

【发病特点】

1. 发病日龄范围变宽

早发病例出现在20日龄之前，迟发病例推迟到160日龄，明显比典型传染性法氏囊病的发病日龄范围宽，即发病日龄有明显提前和拖后的趋势，特别是变异株传染性法氏囊病毒引起的3周龄以内的鸡感染后通常不表现临床症状，而呈现早期亚临床型感染，可引起严重而持久的不可逆免疫抑制；而90日龄时发病比例明显增大，这很可能与蛋鸡二免后出现的90日龄到开产之间抗体水平较低有关，应该引起养鸡者的重视。

2. 多发于免疫鸡群

病程延长，死亡率明显降低，且有复发倾向，主要原因是免疫鸡群对鸡传染性法氏囊病毒有一定的抵抗力，个别或部分抗体水平较低的鸡只感染发病，成为传染源，不断向外排毒，其他鸡只陆续发病，从而延长了病程，一般病程超过10天，有的长达30多天。死亡率明显降低，一般在2%以下，此外，治愈鸡群可再次发生本病。

3. 剖检变化不典型

法氏囊的病变不明显；肌肉（腿肌、胸肌）出血的情况显著增加；肾脏肿胀较轻，尿酸盐很少沉积；病程越长，症状和病变越不明显，病鸡多出现食欲正常、粪便较稀、肛门清洁有弹性、肠壁肿胀呈黄色。

【预防措施】

（1）加强种鸡免疫　发病日龄提前的一个主要原因，是雏鸡缺乏母源抗体的保护。较好的种鸡免疫程序是：种鸡用传染性法氏囊D78的弱毒苗进行二次免疫，在18～20周龄和40～42周龄再各注射一次油佐剂灭活苗。

（2）选用合适疫苗接种　疫苗接种是预防本病的主要方法。由于毒株变异或毒力变化，先前的疫苗和异地疫苗难以奏效，应选用合适的疫苗（如含本地鸡场感染毒株或中等毒力的疫苗）。另外，灭活疫苗与活疫苗的配套使用也是很重要的。对于自繁自养的鸡场来说，从种鸡到雏鸡，免疫程序应当一体化，雏鸡群的首免可采用弱毒疫苗，然后用灭活疫苗加强免疫或弱毒疫苗与灭活疫苗配套使用。也可使用新型疫苗，如 *VP*5 基因缺失疫苗等。

（3）加强饲养管理　合理搭配饲料，减少应激，提高鸡机体的抗病力。

【安全用药】请参考鸡传染性法氏囊病的临床用药部分。

二、鸡马立克病

鸡马立克病（Marek's disease，MD）是由马立克病毒引起的，以危害淋巴系统和神经系统，引起外周神经、性腺、虹膜、各种内脏器官、肌肉和皮肤的单个或多个组织器官发生肿瘤为特征的禽类传染病。该病具有高度传染性，也是一种免疫抑制性疾病。目前呈世界性分布，对养禽业造成严重的经济损失。

【病原】为疱疹病毒科、α 疱疹病毒亚科、马立克病毒属的马立克病病毒。该病毒分为三个血清型，血清 I 型包括有致病力的 MDV 强毒株及其致弱毒株；血清 II 型在自然情况下存在于鸡体内，但不致瘤；血清Ⅲ型为无致瘤性的火鸡疱疹病毒（HVT）。MDV 是高度细胞结合性病毒，体内病毒感染和扩散是通过被感染细胞的直接接触而发生的。在体外，细胞融合可加强细胞与细胞间感染传播。MDV 与细胞间的相互作用有 3 种类型：生产性感染、转化感染和潜伏感染。感染鸡的羽毛（主要在囊部）或皮屑含有完全感染性病毒。病毒在垫料中可存活 44 天，在鸡粪中可存活 16 周。病毒在 4℃时可存活 2 周，在 22～25℃时存活 4 天，在 37℃时存活 18 小时，在 56℃时存活 30 分钟，在 60℃时存活 10 分钟，故其在孵化的温度和湿度条件下很难持续存活。各种消毒剂处理 10 分钟即可使病毒失活。反复冻融、超声波处理等破坏细胞的方法，也会使 MDV 细胞结合毒失活。

【流行特征】①易感动物：鸡是主要的自然宿主。鹌鹑、火鸡、雉鸡、乌鸡等也可发生自然感染。2 周龄以内的雏鸡最易感。6 周龄以上鸡可出现临床症状，12～24 周龄鸡最为严重。②传染源：病鸡和带毒鸡。③传播途径：呼吸道是主要的感染途径，羽毛囊上皮细胞中成熟型病毒可随着羽毛和脱落皮屑散毒。病毒对外界抵抗力很强，在室温下传染性可保持 4～8 个月。此外，进出育雏室的人员、昆虫（甲虫）、鼠类可成为传播媒介。④流行季节：无明显的季节性。

【临床症状】本病的潜伏期变动范围很大，因其不能垂直传播，自然发病应在 4 周以后，临床上的发病案例多见于 50 日龄以上鸡，产蛋鸡通常在 16～20 周龄以后发生。根据临床症状分为 4 个型，即神经型、内脏型、眼型和皮肤型。本病的病程一般为数周至数月。因感染的毒株、易感鸡品种（系）和日龄不同，其发病率和死亡率的变动范围大，发病损失在 5%～60%。少数有症状的病鸡，在发病后数周可以康复。

（1）神经型　MD 急性暴发时，大多数鸡精神极度沉郁，几天后感染鸡出现不对称性、进行性瘫痪。常见腿和翅膀完全或不完全麻痹，表现为一只腿伸向前方，另一只腿伸向后方，呈"劈叉状"（见图 6-17）、翅膀下垂；嗉囊因麻痹而扩大。

(2) 内脏型 常表现极度沉郁，有时不表现任何症状而突然死亡。有的病鸡表现厌食、消瘦（见图6-18）和昏迷，最后衰竭而死。

图6-17 病鸡呈"劈叉"姿势（孙卫东 供图）

图6-18 病鸡消瘦、龙骨突出（孙卫东 供图）

(3) 眼型 视力减退或消失。虹膜失去正常色素（见图6-19），呈同心环状或斑点状。瞳孔边缘不整，严重阶段瞳孔只有针尖大小。

(4) 皮肤型 全身皮肤毛囊肿大，以大腿外侧（见图6-20）、翅膀（见图6-21）、腹部、胸前部（见图6-22）尤为明显。

图6-19 病鸡视力减退或消失，虹膜失去正常色素（孙卫东 供图）

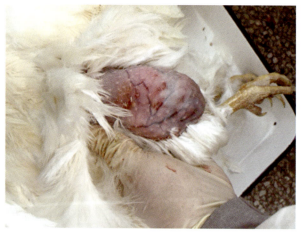

图6-20 病鸡腿部的肿瘤（孙卫东 供图）

【剖检变化】

(1) 神经型 常在翅神经丛、坐骨神经丛、坐骨神经、腰荐神经和颈部迷走神经等处发生病变，病变神经可比正常神经粗 2～3 倍，横纹消失，呈灰白色或淡黄色。有时可见神经淋巴瘤。

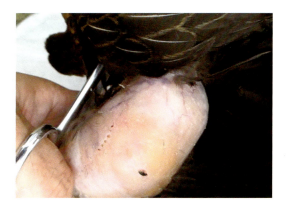 

图 6-21　病鸡翅部的肿瘤（孙卫东 供图）　　图 6-22　病鸡胸前部的肿瘤（孙卫东 供图）

（2）内脏型　在心（见图 6-23）、肝（见图 6-24）、脾（见图 6-25）、胰（见图 6-26）、睾丸、卵巢（见图 6-27）、肾（见图 6-28）、肺（见图 6-29）、腺胃（见图 6-30）、肠管（见图 6-31）等脏器出现广泛的结节性或弥漫性肿瘤。

 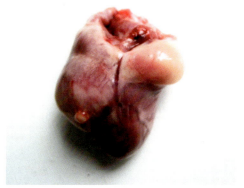

图 6-23　病鸡心脏上的肿瘤结节（李银 供图）

（3）眼型　虹膜失去正常色素，呈同心环状或斑点状。瞳孔边缘不整，严重阶段瞳孔只剩下一个针尖大小的孔。

（4）皮肤型　常见毛囊肿大，大小不等，融合在一起，形成淡白色结节，在拔除羽毛后的尸体上尤为明显（见图 6-32）。肿瘤切开后可见肿瘤部有多个坏死灶（见图 6-33）。

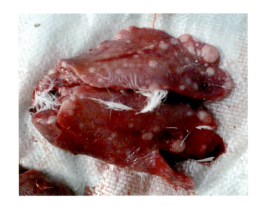

图 6-24　病鸡肝脏上的肿瘤结节（孙卫东　供图）

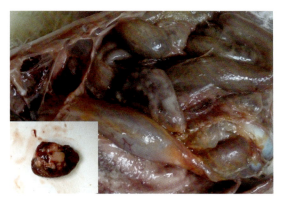

图 6-25　病鸡脾脏上的肿瘤结节（左下角为脾脏肿瘤的横切面）（孙卫东　供图）

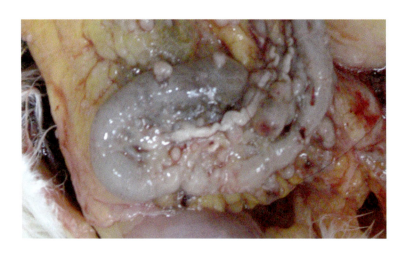

图 6-26　病鸡胰腺上的肿瘤结节（孙卫东　供图）

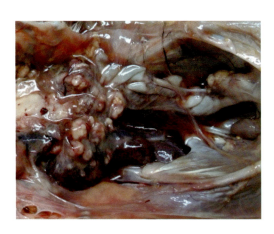

图 6-27　病鸡卵巢上的肿瘤结节（孙卫东　供图）

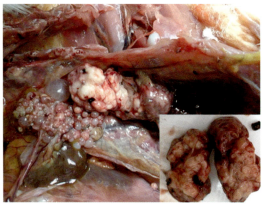

图 6-28　病鸡肾脏上的肿瘤结节（孙卫东　供图）

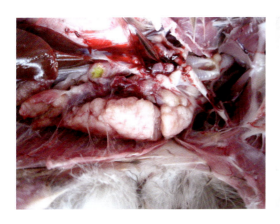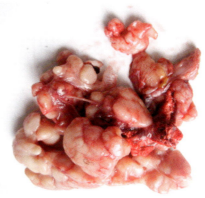

图 6-29 病鸡肺脏上的肿瘤结节（李银 供图）

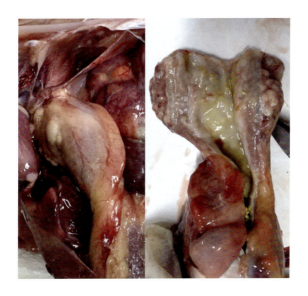

图 6-30 病鸡腺胃上的肿瘤结节（孙卫东 供图）

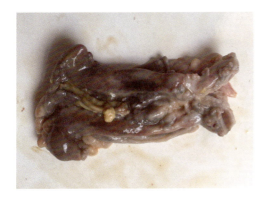

图 6-31 病鸡肠道上的肿瘤结节
（孙卫东 供图）

图 6-32 病鸡股内侧皮肤上的肿瘤结节
（孙卫东 供图）

图 6-33　腿部（左）和翅部（右）肌肉肿瘤切开后可见肿瘤部有多个坏死灶（孙卫东 供图）

【诊断】目前诊断最可靠的方法仍然是临床综合诊断，特别是病理剖检变化。用单克隆抗体做间接荧光检测、PCR 和基因探针，可区分马立克病毒的三种血清型。琼脂扩散试验常用于监测感染或疫苗接种免疫后的鸡群。

【类症鉴别】本病内脏型肉眼病变与淋巴性白血病、网状内皮组织增殖病的病变十分相似，应注意鉴别。建立在大体病变和年龄基础上的诊断，至少符合以下条件之一，可考虑诊断为马立克病：①外周神经淋巴组织增生性肿大；② 16 周龄以下鸡发生多种组织的淋巴肿瘤（肝、心脏、性腺、皮肤、肌肉、腺胃）；③ 16 周龄或更大的鸡，在没有发生法氏囊肿瘤的情况下，出现内脏淋巴肿瘤；④虹膜褪色和瞳孔不规则。

【预防措施】实行"以免疫为主"的综合性防治措施。

1. 免疫接种

（1）免疫接种要求　应于雏鸡出壳 24 小时内进行免疫。所用疫苗必须是经国务院兽医主管部门批准使用的疫苗。

（2）疫苗的种类　目前使用的疫苗有三种，人工致弱的Ⅰ型（如 CVI 988、R2/23）、自然不致瘤的Ⅱ型（如 SB-1、301B/1、Z4）和Ⅲ型 HVT（如 Fc126）。HVT 疫苗使用最为广泛，但有很多因素可以影响疫苗的免疫效果。

（3）参考免疫程序　选用火鸡疱疹病毒（HVT）疫苗或 CVI988 病毒疫苗，小鸡在 1 日龄接种；或用低代次种毒生产的 CVI 988 疫苗，每头份的病毒含量应大于 3000 PFU，通常一次免疫即可，必要时还可加上 HVT 同时免疫。疫苗稀释后仍要放在冰瓶内，并在 30 分钟内接种完毕。

2. 加强监测

养禽场应做好死亡鸡肿瘤发生情况的记录，并接受动物防疫监督机构监督。20 世纪 80 年代首先分离到 MD 超强毒（vvMD），20 世纪 90 年代又发现 MD 超超强毒（vv+

MD），免疫马立克火鸡疱疹病毒疫苗（HVT）的鸡群不能有效保护鸡群感染上述超强毒。因此，对可能存在超强毒株的高发鸡群使用 814+SB-1 二价苗或 814+SB-1+Fc126 三价苗进行免疫接种。

3. 引种检疫

国内异地引入种禽时，应经引入地动物防疫监督机构审核批准，并取得原产地动物防疫监督机构的免疫接种证明和检疫合格证明。

4. 加强饲养管理

（1）防止雏鸡早期感染　种蛋入孵前应进行消毒；育雏室、孵化室、孵化箱和其他笼具应彻底消毒；雏鸡最好在严格隔离的条件下饲养；采用全进全出的饲养制度，防止不同日龄的鸡混养于同一鸡舍。

（2）提高环境控制水平　饲养、生产、经营等场所必须符合《动物防疫条件审核管理办法》的要求，并取得动物防疫合格证。饲养场实行全进全出的饲养方式，控制人员出入，严格执行清洁和消毒程序。

5. 加强消毒

各饲养场、屠宰厂（场）、动物防疫监督检查站等要建立严格的卫生（消毒）管理制度。

【安全用药】对于患该病的鸡群，目前尚无有效的治疗方法。一旦发病，应隔离病鸡和同群鸡，鸡舍及周围进行彻底消毒，对重症病鸡应立即扑杀，并连同病死鸡、粪便、羽毛及垫料等进行深埋或焚烧等无害化处理。

三、网状内皮组织增生症

网状内皮组织增生症（reticuloendotheliosis，RE）是由网状内皮组织增生症病毒（REV）引起的一组综合征。临床上可表现为急性网状内皮细胞肿瘤、矮小病综合征以及淋巴组织和其他组织的慢性肿瘤等。该病对养禽业主要造成间接危害，即 REV 感染鸡引起免疫抑制，严重影响其他疫苗的免疫效果，并引起混合或继发感染。REV 常因污染禽类活疫苗而造成严重损失。

【病原】REV 属反转录病毒科禽 γ 型反转录病毒属，包括 REV-T 株（来自火鸡）、REV-A 株、雏鸡合胞体病毒（CSV）、鸭传染性贫血病毒（DIAV）、脾坏死病毒（SNV），目前已从世界各地分离到 30 多种毒株。REV 对热不稳定，37℃ 20 分钟病毒感染性丧失 50%；37℃ 1 小时病毒感染性丧失 99%；病毒在 -70℃ 和 -196℃ 可长期保存；在碱性条件下病毒可被乙醚、氯仿灭活。病毒的反转录酶以 Mn^{2+} 为辅助因子，这点不同于禽白血病病毒。值得注意的是，REV 和 MDV 在同一细胞上共同培养时，REV 前病毒能整合到 MDV 基因组中，也就是说可以在 MDV 基因组中发现 REV 的部分插入片段。这意味着，

REV 可潜在性地引起其他病毒突变。

【流行特点】①易感动物：该病的感染率因鸡的品种、日龄和病毒的毒株不同而不同。该病毒对雏鸡特别是 1 日龄雏鸡最易感，低日龄雏鸡感染后引起严重的免疫抑制或免疫耐受，较大日龄雏鸡感染后，不出现或仅出现一过性的病毒血症。②传播途径：病毒可通过口、眼分泌物及被粪便中病毒污染的鸡舍和垫料等水平传播，尤其是通过与感染鸡、火鸡和鸭直接接触传播，也可通过蛋垂直传播。此外，商品疫苗（特别是马立克病和鸡痘疫苗）的种毒如果受到该病病毒的意外污染，会人为造成全群感染。

【临床症状和病理剖检变化】因病毒的毒株不同而不同。

（1）急性网状内皮细胞肿瘤病型　潜伏期较短，一般为 3～5 天，死亡率高，常发生在感染后的 6～12 天，新生雏鸡感染后死亡率可高达 100%。剖检见肝脏、脾脏、胰腺、性腺、心脏等肿大，并伴有局灶性或弥漫性浸润病变。

（2）矮小病综合征病型　病鸡羽毛发育不良（见图 6-34），腹泻，垫料易潮湿（俗称湿垫料综合征），生长发育明显受阻（见图 6-35），机体瘦小 / 矮小。剖检见胸腺和法氏囊萎缩，并有腺胃炎、肠炎、贫血、外周神经肿大等症状。

图 6-34　病鸡羽毛发育不良（孙卫东 供图）

图 6-35　病鸡生长发育明显受阻，脚鳞发白，易腹泻、被毛潮湿（孙卫东 供图）

（3）慢性肿瘤病型　病鸡形成多种慢性肿瘤，如鸡法氏囊淋巴瘤（见图 6-36）、鸡非法氏囊淋巴瘤、火鸡淋巴瘤和其他淋巴瘤等。

【诊断】本病的确诊，不仅要根据典型的临床症状、病理变化，而且需要从临床病例中进行病毒的分离、鉴定。在肿瘤细胞中检测到感染性病毒、病毒抗原和前病毒 DNA 才具有诊断价值。此外，可用间接免疫荧光试验、病毒中和试验、琼脂凝胶扩散试验、ELISA 等血清学方法进行诊断；PCR 反应检测前病毒 RNA，用于诊断肿瘤和检测 REV 污染的疫苗。

【类症鉴别】请参考马立克病相应部分的叙述。

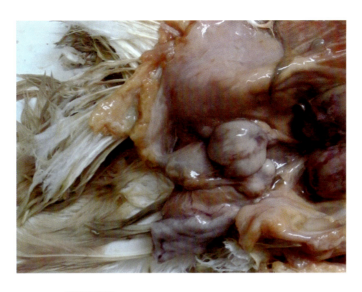

图 6-36 鸡法氏囊淋巴瘤外观(孙卫东 供图)

【预防措施】目前尚无有效预防本病的疫苗。在预防上主要是采取一般性综合措施，防止引入带毒母鸡，加强原种鸡群中该病毒抗体的检测，淘汰阳性鸡，同时对鸡舍进行严格消毒。平时进行相关疫苗的免疫接种时，应选择 SPF 鸡胚制作的疫苗，防止疫苗的带毒污染。

【安全用药】请参考马立克病相应部分的叙述。

四、黄曲霉毒素中毒

黄曲霉毒素中毒是因鸡采食了被黄曲霉菌、毛霉菌、青霉菌侵染的饲料，尤其是由黄曲霉菌侵染后产生的黄曲霉毒素而引起的一种中毒病。黄曲霉毒素是黄曲霉菌的一种有毒代谢产物，是危害很大的一种毒素，对鸡和人类都有很强的毒性。临床上以急性或慢性肝中毒、全身性出血、腹水、消化机能障碍和神经症状为特征。

【病因】黄曲霉毒素。

【临床症状】2～6 周龄的雏鸡对黄曲霉毒素最敏感，很容易引起急性中毒。最急性中毒者，常没有明显症状而突然死亡。病程稍长的病鸡主要表现为精神不振，食欲减退，嗜睡，生长发育缓慢，消瘦，贫血，体弱（见图 6-37），冠苍白，翅下垂，腹泻，粪便呈浅绿色至墨绿色（见图 6-38），偶尔混有血液，鸣叫，运动失调，甚至严重跛行，腿、脚部皮下可出现紫红色出血斑，死亡前常见有抽搐、角弓反张等神经症状，死亡率可达 100%。青年鸡和成年鸡中毒后一般引起慢性中毒，表现为精神委顿、运动减少、食欲不佳、羽毛松乱、蛋鸡开产期推迟、产蛋量减少、蛋小、蛋的孵化率降低。中毒后期鸡有呼吸道症状，伸颈张口呼吸，少数病鸡有浆液性鼻液和肝脏包膜腔积液，有波动感（见视频 6-1 和视频 6-2），最后卧地不起，昏睡，最终死亡。

视频 6-1

视频 6-2

图 6-37　病鸡消瘦，贫血，体弱（孙卫东 供图）

图 6-38　病鸡排出的粪便呈浅绿色到墨绿色（孙卫东 供图）

【剖检变化】急性中毒死亡的雏鸡可见肝脏肿大，色泽变淡，呈黄白色（见图 6-39），表面有出血斑点（见图 6-40），胆囊扩张，肾脏苍白稍肿大。胸部皮下和肌肉常见出血。成年鸡慢性中毒时，剖检可见肝脏变黄，逐渐硬化（见图 6-41 和视频 6-3），体积缩小常分布白色点状或结节状病灶呈网格状（见图 6-42）。剪开肝脏，切面硬化，有时可见积液从肝脏切面流出（见视频 6-4）。心包和腹腔中常有积液（见图 6-43），小腿皮下也常有出血点。有的鸡腺胃肿大，有的鸡胸腺萎缩（见图 6-44）。中毒时间在 1 年以上的，可形成肝脏肿瘤结节（见图 6-45）。

视频 6-3

【诊断】根据临床症状、病理剖检变化，结合饲料中黄曲霉毒素的检验结果即可确诊。

【预防措施】根本措施是不喂霉变的饲料。平时要加强饲料的保管工作，注意干燥、通风，特别是温暖多雨的谷物收割季节更要注意防霉。饲料仓库若被黄曲霉菌污染，最好用福尔马林熏蒸或用过氧乙酸喷雾，才能杀灭霉菌孢子。凡被毒素污染的用具、鸡舍、地面，用 2% 次氯酸钠消毒。

视频 6-4

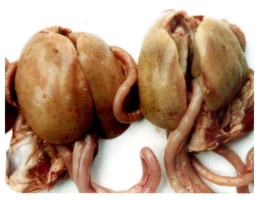
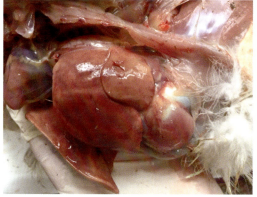

图 6-39　病鸡肝脏肿大，色泽变淡，呈土黄色（孙卫东 供图）

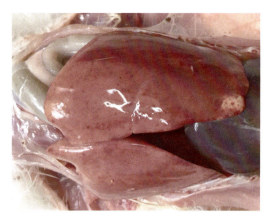

图 6-40　病鸡肝脏上的出血点（左）和出血斑（右）（孙卫东 供图）

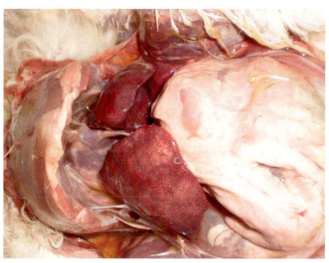

图 6-41　病鸡的肝脏硬化、体积缩小（左），切面硬化（右）（孙卫东 供图）

 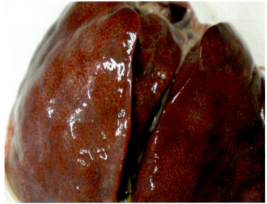

图 6-42　病鸡的肝脏硬化、体积缩小（左），伴网格状病灶（右）（唐芬兰 供图）

 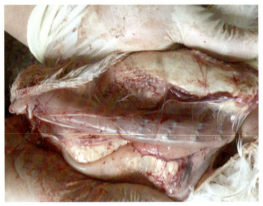

图 6-43　病鸡心包积液（孙卫东 供图）　　图 6-44　幼龄病鸡的胸腺萎缩（孙卫东 供图）

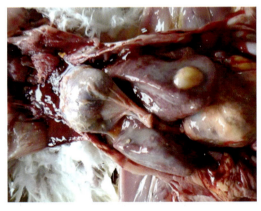 

图 6-45　病鸡慢性黄曲霉毒素中毒后在肝脏上形成肿瘤结节（孙卫东 供图）

【安全用药】目前尚无有效解毒药物,发病后立即停喂霉变饲料,更换新料,可投服盐类泻剂,排出肠道内毒素,并采取对症治疗,如饮服葡萄糖水、维生素C,饲料中增加矿物元素和复合维生素的用量等。

【注意事项】黄曲霉毒素不易被破坏,加热煮沸不能使毒素分解,所以中毒死鸡、排泄物等要销毁或深埋,坚决不能食用。粪便清扫干净,集中处理,防止二次污染饲料和饮水。

附录

附录一　鸡的病理剖检方法

鸡的病理剖检在鸡病诊治中具有重要的指导意义,因此在养鸡场内建立常规的病理剖检制度,对鸡场中出现的病、残或死鸡进行尸体剖检,可及时发现鸡群中存在的潜在问题,对即将发生的疾病作出早期诊断,防止鸡场疾病的暴发和蔓延。

一、病理剖检的准备

(1) 剖检地点的选择　养鸡场的剖检室应建在远离生产区的下风处。若无剖检室,且须剖检时,应选择在下风处比较偏僻的地方,尽量远离生产区,下垫防渗漏的材料(如搪瓷盘、塑料布/袋),避免病原的传播和二次污染。

(2) 剖检/采样器械的准备　对于鸡的剖检,一般有剪刀和镊子即可工作。另外可根据需要准备骨剪、肠剪、手术刀、搪瓷盘、标本缸、广口瓶、消毒注射器/一次性注射器、针头、培养皿、酒精灯、试管、抗凝剂、福尔马林固定液、记录本等,以便采集各种组织标本。

(3) 剖检防护用具的准备　工作服、胶靴、橡胶手套或一次性医用手套、脸盆或塑料水桶、消毒剂、肥皂、毛巾等。若需要进入鸡舍收集病/死鸡,还须准备一次性隔离服。

(4) 尸体处理设施的准备　大型鸡场应建尸体发酵池或购置焚尸炉,以便处理剖检后的尸体和平时鸡场出现的病/死和淘汰鸡。中小型鸡场应对剖检后的尸体进行深埋或焚烧。

二、病理剖检的注意事项

(1) 做好防护工作　在进行病鸡病理剖检前,如果怀疑待检鸡感染的疾病可能对人有接触传染时(如鸟疫、丹毒、流感等),必须采取严格的卫生预防措施。剖检人员在剖检前换上工作服、胶靴，配戴优质橡胶手套、帽子、口罩等，在条件许可的条件下最好戴上细颗粒物防护面具，以防吸入病鸡的组织或粪便形成的尘埃等。

（2）剖检前消毒　用消毒药液将病/死鸡的尸体、剖检的台面、搪瓷盘或防漏垫等完全浸湿和消毒。

（3）及时剖检病/死鸡　如果病鸡已死亡则应立即剖检，寒冷季节一般应在病鸡死后24小时内剖检，夏天则相应缩短，以防尸体腐败（见附图1）对剖检病理变化的影响。此外，在剖检时应对所有死亡鸡进行剖检，且特别注意所剖检的病/死鸡在鸡群中是否具有代表性，所出现的病理变化应与鸡死后出现的尸斑（见附图2）等相区别。

附图1　死鸡尸体腐败、发绿（左），内脏腐败发黑（右）（孙卫东 供图）

（4）严格剖检和采样程序　剖检过程应遵循从无菌到有菌的程序，对未经仔细检查且粘连的组织，不可随意切断，更不可将腹腔内的管状器官（如肠道）切断，造成其他器官的污染，给病原分离带来困难。

（5）认真观察病理变化　剖检人员在剖检过程中须认真检查和观察病变，做好记录，切忌草率行事。如需进一步检查病原和病理变化，应按检验目的正确采集病料送检。

（6）剖检人员出现损伤的处理　在剖检过程中，如果剖检人员不慎割破自己的皮肤，应立即停止工作，先用清水洗净，挤出污血，涂上药物，用纱布包扎或贴上创可贴；如果剖检的液体溅入眼中，应先用清水洗净，再用20%的硼酸冲洗。

附图2　死鸡血液下沉、出现淤血尸斑（下侧）（孙卫东 供图）

（7）剖检后的消毒　剖检完毕后，所穿的工作服、剖检用具要清洗干净，消毒后保存。剖检人员应用肥皂或洗衣粉洗手、洗脸，并用 75% 的酒精消毒手部，再用清水洗净。剖检后的鸡尸体、剖检产生的废弃物等应进行无害化处理。剖检场地进行彻底消毒。

三、病理剖检的程序

（1）活鸡的宰杀　对于尚未死亡的活鸡，应先将其宰杀。常用的方法有断颈法（即一手提起双翅，另一手掐住头部，将头部急剧折向垂直位置的同时，快速用力向前拉扯）；颈动脉放血（见附图 3A）；静脉注射安乐死的药液、二氧化碳（CO_2）等。

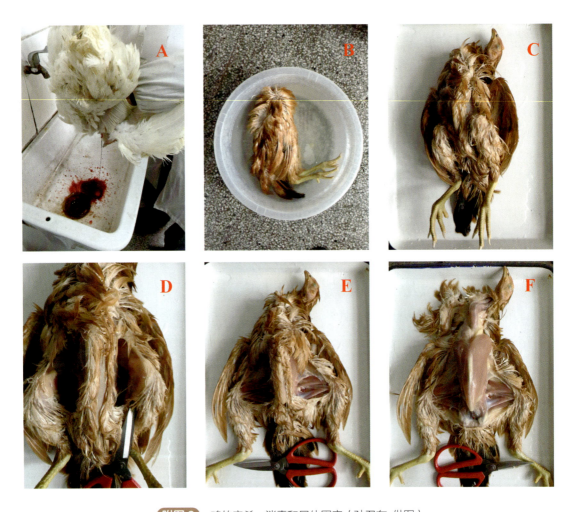

附图 3　鸡的宰杀、消毒和尸体固定（孙卫东 供图）

A—病活鸡的宰杀；B—尸体的浸泡消毒；C—将消毒后的尸体移至搪瓷盘内；D—切开腿腹之间的皮肤；
E—掰开双腿直至股骨头和髋臼分离；F—剥离皮肤

(2) 尸体的浸泡消毒　将病/死鸡或宰杀后的鸡用消毒药液将其尸体表面及羽毛完全浸湿（见附图3B），然后将其移入搪瓷盆或其他防漏垫上准备剖检（见附图3C）。

(3) 固定尸体　将鸡的尸体背位仰卧，在腿腹之间切开皮肤（见附图3D），然后紧握大腿股骨，用手将两条腿掰开，直至股骨头和髋臼分离，这样两腿将整个鸡的尸体支撑在搪瓷盆上（见附图3E）。

(4) 剥离皮肤　从鸡的腹部后侧剪开一个皮肤切口或沿中线先把胸骨嵴和泄殖腔之间的皮肤纵行切开，然后向前剪开胸、颈的皮肤，剥离皮肤暴露颈、胸、腹部和腿部的肌肉（见附图3F），观察皮下脂肪、皮下血管、龙骨、胸腺、甲状腺、甲状旁腺、肌肉、嗉囊等的变化。

(5) 内脏的检查　用剪刀在胸骨和泄殖腔之间横行切开腹壁，沿切口的两侧分别向前用骨钳或剪刀剪断胸肋骨、乌喙突和锁骨（此过程需仔细操作，不要弄断大血管），然后移去胸骨，充分暴露体腔（见附图4和附图5）。

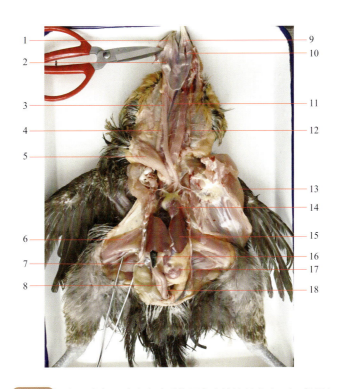

附图4　打开青年母鸡胸腹腔后的器官直接外观（孙卫东 供图）

1—舌头；2—喉口；3—气管；4—食道；5—嗉囊；6—股部肌肉；7—腹气囊；8—胰腺；9—上腭；10—腭裂；11—颈静脉；12—胸腺；13—胸肌；14—心脏；15—肝脏；16—胆囊；17—肌胃；18—十二指肠

此时应：①从整体上观察各脏器的位置、颜色变化、器官表面是否光滑、有无渗出物及性状、血管分布状况，体腔内有无液体及其性状，各脏器之间有无粘连。若要采集病料，应在此时进行。②检查胸、腹气囊是否增厚、混浊、有无渗出物及其性状，气囊内有无干酪样团块，团块上有无霉菌菌丝。③检查肝脏大小、颜色、质地、边缘是否钝圆，形状有无异常，表面有无出血点、出血斑、坏死点或大小不等的圆形坏死灶。检查胆囊大小、胆汁的多少、颜色、黏稠度及胆囊黏膜的状况。④检查脾脏的大小、颜色、表面有无

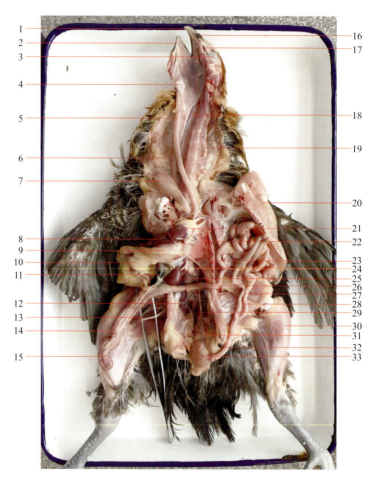

附图5　打开青年母鸡胸腹腔后（挪开胃肠道）的器官直接外观（孙卫东 供图）

1—上喙；2—下喙；3—眼睛；4—勺状软骨；5—气管；6—食道；7—嗉囊；8—肝脏；9—腺胃；10—肌胃；11—胆囊；12—肾脏；13—坐骨神经；14—十二指肠；15—胰腺；16—鼻孔；17—眶下窦；18—颈静脉；19—胸腺；20—胸肌；21—心脏；22—肺脏；23—胸气囊；24—卵巢；25—脾脏；26—空肠；27—盲肠；28—回肠；29—输卵管；30—小腿肌肉；31—法氏囊；32—直肠；33—泄殖腔

出血点和坏死点，有无肿瘤结节，剪断脾动脉，取出脾脏，将其切开检查淋巴滤泡及脾髓状况。⑤在心脏的后方剪断食道，向后牵引腺胃，剪断肌胃与背部的联系，再顺序地剪断肠道与肠系膜的联系，连同泄殖腔一起剪断，取出胃肠道。观察肠系膜是否光滑，有无结节。剪开腺胃、肌胃、十二指肠、小肠、盲肠和直肠，检查内容物的性状、黏膜、肠管的变化。⑥在直肠背侧可看到腔上囊，剪去与其相连的组织，摘取腔上囊。检查腔上囊大小，观察其表面有无出血，然后剪开腔上囊，检查黏膜是否肿胀，有无出血，皱襞是否明显，有无渗出物及其性状。⑦检查肾脏的颜色、质地、有无出血和花斑状条纹，肾脏和输

尿管道有无尿酸盐沉积等。⑧检查睾丸的大小和颜色，观察有无出血、肿瘤，两侧是否一致；检查卵巢发育情况，卵泡大小、颜色、形态、有无萎缩、坏死和出血，是否发生肿瘤，剪开输卵管，检查黏膜情况，有无出血和渗出物。⑨纵行剪开心包膜，检查心包积液的性状，心包膜是否增厚和混浊；观察心脏外纵轴和横轴的比例，心外膜是否光滑，有无出血、渗出物、结节和肿瘤，将进出心脏的动、静脉剪断后取出心脏，检查心冠脂肪有无出血点，心肌有无出血和坏死，剖开左右两心室，注意心肌断面的颜色和质度，观察心内膜有无出血。⑩从肋骨间用剪刀取出肺脏，检查肺的颜色和质地，观察其是否有出血、水肿、炎症、实变、坏死、结节和肿瘤，观察切面上支气管及肺泡囊的性状。

（6）口腔及颈部的检查　沿下颌骨从一侧剪开口角，再剪开喉头、气管、食道和嗉囊，观察鼻孔、腭裂、喉头、气管、食道和嗉囊等的异常病理变化。此外在鼻孔的上方横向剪开鼻裂腔（见附图6），观察鼻腔和鼻甲骨的异常病理变化。

（7）周围神经的检查　在脊柱的两侧，仔细将肾脏剔除，可露出腰荐神经丛；在大腿的内侧，剥离内收肌，可找到坐骨神经（见附图7）；将病鸡的尸体翻转，在肩胛和脊柱之间切开皮肤，可发现臂神经；在颈椎的两侧可找到迷走神经；观察两侧神经的粗细、横纹和色彩、光滑度。

（8）脑部的检查　切开头顶部的皮肤，将其剥离，露出颅骨，用剪刀在两侧眼眶后缘之间剪断额骨，再剪开顶骨至枕骨大孔（见附图8），掀开脑盖骨，暴露大脑、丘脑和小脑，观察脑膜、脑组织的变化。

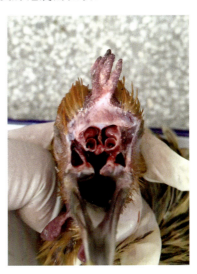

附图6　横向剪开鼻腔，观察鼻腔和鼻甲骨的变化（孙卫东 供图）

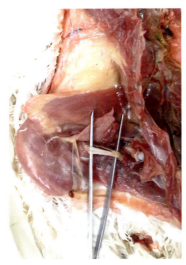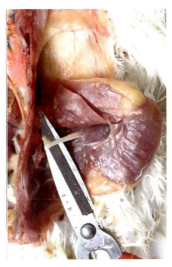

附图7　在大腿内侧剥离内收肌，找到坐骨神经（孙卫东 供图）

（9）骨骼和关节的检查　用剪刀剪开关节囊，观察关节内部的病理变化（见附图9）；用手术刀纵向切开骨骼，观察骨髓、骨骺的病理变化。

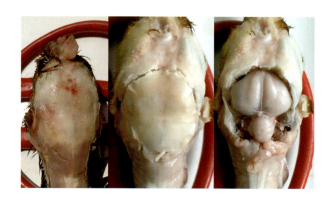

附图8　脑部的剪开与观察（孙卫东 供图）

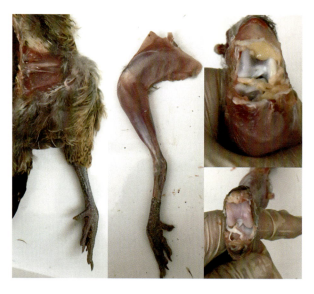

附图9　后肢和后肢关节的检查（孙卫东 供图）

附录二　鸡场常用免疫方法

一、滴鼻、点眼免疫

（1）免疫部位　幼禽眼结膜囊内、鼻孔内。

（2）操作步骤　首先准备疫苗滴瓶，将已充分溶解稀释的疫苗滴瓶装上滴头，将瓶倒置，滴头向下拿在手中，或用点眼滴管吸取疫苗，握于手中并控制好胶头；其次是保定，左手握住鸡，食指和拇指固定住鸡头部，使鸡的一侧眼或鼻孔向上；最后滴疫苗，滴头与眼或鼻保持1厘米左右距离，轻捏滴瓶/管，滴1～2滴疫苗于鸡的眼或鼻中（见附图10和附视频1），稍等片刻，待疫苗完全吸收后再将鸡轻轻放回地面。

附视频1

 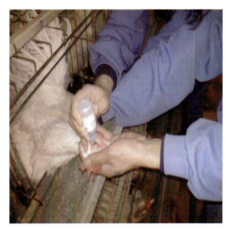

附图10 鸡滴鼻（上）和点眼（下）免疫接种示意图（郎应仁 供图）

二、肌内注射免疫

（1）免疫部位 胸肌或腿肌。

（2）操作步骤 调试好连续注射器，确保剂量准确。注射器与胸骨成平行方向，针头与胸肌成30°～45°角，在胸部中1/3处向背部方向刺入胸部肌肉，也可于腿部肌内注射，以大腿无血管处为佳（见附图11）。

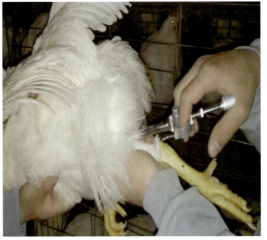

附图 11　鸡胸部（左）和腿部（右）肌内注射免疫接种示意图（孙卫东 供图）

三、颈部皮下注射免疫

（1）免疫部位　颈背部下 1/3 处。

（2）操作步骤　首先用左手/右手握住鸡；其次在颈背部下 1/3 处用大拇指和食指捏住颈中线的皮肤并向上提起，使其形成一囊，或用左手将皮肤提起呈三角形；最后将注射针头与颈部纵轴基本平行，针孔方向向下，针头与皮肤呈 45°角从前向后方向刺入皮下 0.5～1 厘米，推动注射器活塞，缓缓注入疫苗，注射完后快速拔出针头。现在一些孵化场为提高效率，已经采用机器进行苗鸡的颈部皮下注射（见附图 12 和附视频 2、附视频 3）。

附视频 2

附视频 3

附图 12　鸡颈部皮下注射免疫接种示意图（左为人工注射，右为机器自动注射）（郎应仁 供图）

四、皮肤刺种免疫

（1）免疫部位　鸡翅膀内侧三角区无血管处。

（2）操作步骤　首先用左手/右手握住鸡，然后用左手抓住鸡的一只翅膀，右手持刺种针插入疫苗瓶中，蘸取稀释的疫苗液，在翅膀内侧无血管处刺针（见附图13）；拔出刺种针，稍停片刻，待疫苗被吸收后，将鸡轻轻放开；再将刺针插入疫苗瓶中，蘸取疫苗，准备下次刺种。

附图13　鸡皮肤刺种免疫示意图（孙卫东 供图）

五、饮水免疫

（1）停水　鸡群停止供水1～4小时，一般当70%～80%的鸡找水喝时，即可进行饮水免疫。

（2）疫苗稀释及饮用　饮水量为平时日耗水量的40%，一般4周龄以内的鸡每千只12升，4～8周龄的鸡每千只20升，8周龄以上的鸡每千只40升。计算好疫苗和稀释液用量后，在稀释液中加入0.1%～0.3%脱脂奶粉。将配制好的疫苗水加入饮水器（见附视频4）或水线（见附视频5），给鸡饮用。疫苗饮水时间一致，饮水器分布均匀，使同一群鸡基本上同时喝上疫苗水，并在1～1.5小时内喝完。

附视频4

附视频5

六、气雾免疫

（1）粗雾滴喷雾免疫法　喷雾器可选择手提式或背负式喷雾器。喷雾量按1000只鸡计算，1日龄雏鸡150～200毫升，平养鸡250～500毫升，笼养鸡250毫升。操作：1日龄雏鸡装在纸箱内，纸箱排成一排，在距离鸡40厘米处向鸡喷雾，边喷边走，往返2～3次将疫苗均匀喷完。喷完后应使鸡在纸箱内停留半小时。平养鸡在喷雾前先将鸡轻轻赶靠到较暗的一侧墙根，在距离鸡50厘米处对鸡喷雾，边喷边走，至少应往返喷雾2～3次将疫苗均匀喷完。笼养鸡与平养鸡喷雾方法相同。

（2）细雾滴喷雾免疫法　喷雾器选择同前所述（见附视频6）。喷雾量按1000只鸡计算，平养鸡400毫升，多层笼养鸡200毫升。操作：在鸡上方1～1.5米处喷雾，让鸡自然吸入带有疫苗的雾滴。

附视频6

附录三 鸡场参考免疫程序

一、种鸡和蛋鸡的建议参考免疫程序

种鸡和蛋鸡的建议参考免疫程序见附表1。

附表1 种鸡和蛋鸡的建议参考免疫程序表

免疫日龄	免疫用疫苗	免疫接种方法	免疫剂量
1	鸡马立克病疫苗 传染性支气管 H120、491/类491 或 Ma5 或 ND-H_{120} 二联苗	颈部皮下注射 点眼、滴鼻或喷雾	1～2 头份 1～2 头份
7～10	新城疫-禽流感二价油剂灭活苗	颈部皮下注射	0.3 毫升
15	法氏囊三价苗或进口法氏囊苗	滴口或饮水	1～2 头份
17～21	VH-H_{120}-28/86 三联弱毒疫苗或 ND-H_{120} 二联苗① 新-肾二联油苗或新城疫-肾传支-腺胃传支三联油苗②	点眼/滴鼻 颈部皮下注射	1～1.5 头份 0.5 毫升
28	法氏囊中等毒力疫苗	滴口或饮水	1 头份
30～35	鸡痘疫苗	翅膜刺种	1 头份
42	传染性喉气管炎苗（疫区用）	点眼或涂肛	1 头份
40～50	大肠杆菌油苗	颈部皮下注射	0.5 毫升
50～60	VH-H_{120} 二联苗 免疫新城疫-禽流感多价油乳剂灭活疫苗 传染性喉气管炎苗（非疫区用） 新支三联苗或新城疫Ⅰ系苗	滴鼻点眼 颈部皮下注射 点眼或涂肛 饮水或肌注	1～2 头份 0.5 毫升 1 头份 1 头份
80	传染性喉气管炎苗（疫区用）	点眼或涂肛	1 头份
90	传染性脑脊髓炎苗（疫区用）	饮水或滴口	1 头份
90～100	鸡痘疫苗 传染性脑脊髓炎苗（疫区用）	翅膜刺种 饮水或滴口	1 头份 1 头份
120	ND+IB+EDS+AI 多价四联苗或 ND 二价+IB+EDS+AI 多价及腺胃传支四联苗	颈部皮下注射	1 毫升
140	法氏囊油苗	胸部肌注	0.5 毫升
160～180	新城疫Ⅳ系冻干苗	饮水或喷雾	2 头份
220～240	新城疫-禽流感多价油乳剂灭活疫苗	肌内注射	0.5 毫升
300～320	法氏囊油苗或新城疫-法氏囊二联油苗	颈部皮下注射	0.5 毫升

注：其他如慢性呼吸道病、传染性鼻炎、禽霍乱及葡萄球菌病等视疫情而定。不同地区选用不同免疫程序。①和②最好同时使用。

二、肉种鸡的建议参考免疫程序

肉种鸡的建议参考免疫程序见附表 2。

附表 2　肉种鸡的建议参考免疫程序表

免疫日龄	免疫用疫苗	免疫接种方法	免疫剂量
1	鸡马立克病疫苗	颈部皮下注射	1~2 头份
5	病毒性关节炎弱毒苗	颈部皮下注射	1 头份
7	肾型传染性支气管炎 H120-491/ 类 491 或 Ma5 或 ND-H$_{120}$ 二联苗	点眼、滴鼻或喷雾	1~1.5 头份
15	法氏囊弱毒苗或进口法氏囊苗	滴口或饮水	1 头份
17~21	新城疫 Lasota 系或 Clone30+ 传支 H$_{120}$ 二联苗或 VH-H$_{120}$-28/86 三联苗① 新城疫 - 禽流感二价油剂灭活苗②	滴鼻或点眼 颈部皮下注射	1~1.5 头份 0.3 毫升
25~28	法氏囊中等毒力疫苗	滴口或饮水	1 头份
30~35	鸡痘疫苗 大肠杆菌油苗	翅膜刺种 颈部皮下注射	1 头份 0.5 毫升
40	传染性喉气管炎苗（疫区用）	点眼或涂肛	1 头份
45	传染性鼻炎灭活菌	肌注	0.5 毫升
60	VH-H$_{120}$ 二联苗 免疫新城疫 - 禽流感多价油乳剂灭活疫苗 传染性喉气管炎苗（非疫区用） 新支三联苗	点眼/滴鼻 颈部皮下注射 点眼或涂肛 点眼/滴鼻/饮水	2 头份 0.5 毫升 1 头份 1 头份
75	传染性喉气管炎苗（疫区用）	点眼或涂肛	1 头份
80	传染性鼻炎灭活菌	肌注	0.5 毫升
90	鸡痘疫苗 传染性脑脊髓炎苗（疫区用）	翅膜刺种 饮水或滴口	1 头份 1 头份
100	传染性喉气管炎苗（非疫区用）	点眼或涂肛	1 头份
115	病毒性关节炎弱毒苗	颈部皮下注射	1 头份
120	ND+IB+EDS+AI 多价四联苗或 ND 二价 +IB+EDS+AI 多价及腺胃传支四联苗① 法氏囊油苗②	颈部皮下注射 颈部皮下注射	1 毫升 0.5 毫升
145	法氏囊油苗或新城疫 - 法氏囊二联苗	颈部皮下注射	0.5 毫升
220~240	新城疫 - 禽流感多价油乳剂灭活疫苗	肌内注射	0.5 毫升
300	法氏囊油苗或新城疫 - 法氏囊二联苗	颈部皮下注射	0.5 毫升

注：其他如慢性呼吸道病。传染性鼻炎，禽霍乱及葡萄球菌病等视疫情而定。
①和②最好同时使用。

三、商品肉鸡的建议参考免疫程序

商品肉鸡的建议参考免疫程序见附表3。

附表3　商品肉鸡的建议参考免疫程序表

免疫日龄	免疫用疫苗	免疫接种方法	免疫剂量
1	ND-H_{120}二联苗或VH-H_{120}-28/86三联弱毒疫苗	喷雾、点眼或滴鼻	1～1.5头份
7～10	新城疫Ⅳ系+传支Ma5活疫苗（若1日龄使用了新支二联疫苗，则此次不用该疫苗）① 新城疫-禽流感二价油剂灭活苗皮下注射1～1.5羽份②	点眼或滴鼻 颈部皮下注射	1.5头份 0.3毫升
14	传染性法氏囊炎活疫苗（D78）	滴口或饮水	1头份
19～21	新城疫Ⅳ系+H_{52}活疫苗	喷雾或饮水	2头份
24～26	传染性法氏囊炎活疫苗（法倍灵）	滴口或饮水	1～1.5头份
30～35	鸡痘疫苗（疫区用）	翅膜刺种	1头份
40	传染性喉气管炎苗（疫区用）	点眼或涂肛	1头份
60	VH-H_{120}二联苗或新支三联苗 免疫新城疫-禽流感多价油乳剂灭活疫苗	点眼或滴鼻 颈部皮下注射	1头份 0.5毫升

注：其他如葡萄球菌病等视疫情而定。
①和②最好同时使用。

主要参考文献

[1] 孙卫东，程龙飞. 鸡病鉴别诊断图谱与安全用药[M]. 北京：机械工业出版社，2023.

[2] 陈鹏举，李海利，尤永君，等. 常见鸡病诊治原色图谱[M]. 版. 郑州：河南科学技术出版社，2022.

[3] David E Swayne. 禽病学[M]. 刘胜旺，李慧昕，陈化兰译.14版. 沈阳：辽宁科学技术出版社，2021.

[4] 廖明. 禽病学[M].3版. 北京：中国农业出版社，2021.

[5] 孙卫东，李银. 鸡病类症鉴别与诊治彩色图谱[M]. 北京：化学工业出版社，2020.

[6] 刁有祥. 简明鸡病诊断与防治原色图谱[M].2版. 北京：化学工业出版社，2019.

[7] 岳华，汤承. 禽病临床诊断与防治彩色图谱[M]. 北京：中国农业出版社，2018.

[8] 刘金华，甘孟侯. 中国禽病学[M].2版. 北京：中国农业出版社，2016.

[9] 沈建忠，冯忠武. 兽药手册[M].7版. 北京：中国农业大学出版社，2016.

[10] 王新华. 鸡病诊疗原色图谱[M].2版. 北京：中国农业出版社，2015.

[11] 王永坤，高巍. 禽病诊断彩色图谱[M]. 北京：中国农业出版社，2015.

[12] 孙卫东. 土法良方治鸡病[M].2版. 北京：化学工业出版社，2014.

[13] Moniqe Bestman. 蛋鸡的信号[M]. 马闯，马海艳译. 北京：中国农业科学技术出版社，2014.

[14] 胡元亮. 兽医处方手册[M].3版. 北京：中国农业出版社，2013.

[15] 崔治中. 禽病诊治彩色图谱[M].2版. 北京：中国农业出版社，2010.